ISBN 978-1-332-37138-9
PIBN 10359863

# Vorwort.

Glücklich sind die Gelehrten zu schätzen, denen es verstattet ist, sich ganz dem erwählten Fache zu widmen: sie können mit Ruhe arbeiten und ihre ganze Kraft auf einen Gegenstand concentriren. Anders liegt die Sache, wenn äussere Verhältnisse zwingend eingreifen, wenn man für sein eigentliches Fach nur auf die wenigen freien Stunden angewiesen ist, welche das Brotamt übrig lässt. Dann muss die ganze Liebe zur Wissenschaft aufgeboten werden, wenn man nicht im Kampfe mit allerlei Widerwärtigkeiten erlahmen, wenn man immer wieder geduldig von vorne beginnen soll, sobald unfreiwillige grössere Pausen in der Arbeit den Zusammenhang des Gedankenganges unterbrachen, dem Werke den Stempel der Einheitlichkeit in der Durchführung zu rauben drohten. Unter solchen Umständen ist die vorliegende Arbeit, nach langjährigem, mühsamem Sammeln und Sichten, entstanden. Wenn der Verfasser auch glücklich ist in dem Bewusstsein, wenigstens *eine* Ordnung der Säuger möglichst vollständig in Beziehung auf ihre geographische Verbreitung bearbeitet zu haben, so fühlt er dennoch recht wohl, dass die Arbeit so manche Lücken und Mängel aufzuweisen hat, und er wird etwaige Berichtigungen und Ergänzungen mit Dank vermerken.

Die beigegebenen Tabellen und Karten sollen die allgemeine Uebersicht, das alphabetische Speciesverzeichniss am Ende des

Buches das Aufsuchen der behandelten Thiere erleichtern. Da es dem Verfasser daran lag, ein schnelles und bequemes Ueberschauen der Synonyme und Autoren zu ermöglichen, wurden dieselben nicht in historischer, sondern in alphabetischer Reihenfolge angeordnet. Die Orthographie ist die von den internationalen Congressen zu Paris und Moskau (1889, 1892) festgesetzte.

Um Raum zu sparen, wurden Hinweise unter dem Text auf die bezüglichen Litteraturstellen fortgelassen und die benutzte Litteratur zum Schluss alphabetisch geordnet gegeben.

Moskau, December 1893.

**Carl Grevé.**

# Die geographische Verbreitung der jetzt lebenden Raubthiere.

# Einleitung.

Mehr und mehr richten die Zoologen ihr Augenmerk auf die geographische Vertheilung der Thiere und besonders auf die Ursachen, welche die verschiedenen Erscheinungen derselben bedingen. Abgesehen von der wichtigen Rolle, welche hierbei die klimatischen Verhältnisse spielen, die Beschaffenheit der Oberfläche des Bodens, die Vertheilung der Gebirge, Flüsse und Festländer, der Inseln und Meere; abgesehen von dem grösseren oder geringeren Reichthume der Flora in dieser oder jener Region, von welchem wieder die Existenz und das Leben der Thiere abhängt, welche anderen Lebewesen zur Nahrung dienen sollen, muss man auch noch die fortschreitende geologische Entwickelung der Erdkruste, die dadurch bedingten Veränderungen in den äusseren Lebensbedingungen — welche, wie wir das an den fossilen Thieren erkennen, sehr erhebliche Schwankungen zu bestehen hatten — in Betracht ziehen. Ausserdem darf man den Einfluss des Menschen durch die Bodenbearbeitung und die grössere oder geringere Fähigkeit der Thiere, sich den veränderten Lebensverhältnissen anzupassen, nicht vergessen. Schliesslich muss man alle möglichen zufälligen Factoren berücksichtigen, wie Epidemieen, Hungersnoth, Dürre, Ueberschwemmungen, ja selbst den Geschlechtstrieb, — welche entweder das Verschwinden einer ganzen Art, oder die Wanderung gewisser Thiere aus einem Gebiete in ein anderes hervorrufen können.

Das gründliche Studium aller dieser Ursachen, sozusagen der philosophischen Seite der Zoogeographie, ist für die Wissenschaft jedenfalls sehr wichtig, aber wir können nicht eher mit Erfolg an dasselbe gehen, als bis wir eine erschöpfende Arbeit, nicht nur über die Verbreitung der bekanntesten Arten, sondern a l l e r bekannten Arten aus dieser oder jener Gruppe, aus dieser oder jener Klasse von Thieren besitzen. Die Zusammenstellung einer detaillirten Arbeit über die Verbreitung aller Arten der Säugethiere, ist natürlich eine zu grosse Anforderung an die Kraft eines einzelnen Menschen; aber man kann ja die Arbeit theilen.

Nachdem ich in einer langen Reihe von Jahren ein ansehnliches Material angesammelt, habe ich eine Arbeit über die geographische Vertheilung der Raubthiere angefangen, welche alle bisher bekannt gewordenen Arten derselben umfassen sollte; ich hoffe, dass es mir gelungen ist, das vorgesteckte Ziel zu erreichen, und dass keine wesentlichen Lücken nachweisbar sein werden. Natürlich ist es unmöglich, die ganze Litteratur, welche irgendwie auf die Naturgeschichte und Verbreitung der Raubsäuger Bezug hat, sich zu verschaffen, doch meine ich, nichts Wesentliches übersehen zu haben.

Die grössten Schwierigkeiten bot die Zusammenstellung der Synonyme. Einige Autoren lieben es, immer neue Species zu schaffen, indem sie sich schliesslich auf sehr fragwürdige Merkmale stützen; andererseits geht eine grosse Menge von Klassificatoren mit zu grossem Eifer an die Zusammenziehung von ihnen zweifelhaft erscheinenden Arten; ferner sind die Prinzipien, nach denen die einzelnen Forscher bei der Aufstellung von Artkennzeichen vorgehen, sehr verschiedene — Alles das macht in vielen Fällen die Ausscheidung einer wirklich guten Art rein unmöglich und lässt den Synonymenwust nur immer mehr anwachsen.

Als Vorstudien hatte ich im V. und VI. Bande der „Zoologischen Jahrbücher“ die Verbreitung der Hyaeniden, Caniden, Feliden, wie Ursiden erscheinen lassen. Im vorliegenden Buche wird der Leser manche Abweichung von meiner damaligen Anordnung und Synonymisirung der Species finden; ich wurde dazu durch neuere grundlegende Arbeiten, die mir vordem nicht zugänglich waren, veranlasst.

Die Eintheilung der zoogeographischen Regionen habe ich der Arbeit des Herrn Professors Moebius „Thiergebiete der Erde“ (Archiv für Naturgeschichte, 1891, Heft 3) entlehnt, da ich zur Ueberzeugung gekommen bin, dass sie für die Säugethiere jedenfalls mehr der Wirklichkeit entsprechen, als die zoogeographischen Regionen von Wallace. In den weiter folgenden Tafeln bediene ich mich der römischen Ziffern, um die zehn, für die Raubsäuger in Betracht kommenden Regionen zu bezeichnen.

I. Arktische Region. Ihre Südgrenze entspricht der nördlichen Grenze der Wälder in Europa, Asien und Amerika.

II. Europäisch-sibirische Region. Die Nordgrenze derselben verläuft in Europa mit 70°, in Asien mit 70,5° nördl. Br. In Europa reicht die Südgrenze bis an die Pyrenäen und den Balkan (43°), in Asien bis an den Kaspi-, Aral- und Balkaschsee (47°). In Ostasien steigt sie nach Norden bis zum Baikalsee und an die Mündung des Amur (51—52° nördl. Br.).

III. Mediterrane Region. Hierher müssen wir Süd-Europa, die Azoren, Nord-Afrika vom 18. bis 15. Grad nördl. Br. (Abessynien), Madeira, die Canaren und Süd-West-Asien rechnen, in welchem diese Region den Bolor-dagh, Hindu-kuh, das Suleiman-Gebirge, Persien, Mesopotamien, Arabien (ausser dem südlichsten Uferstreifen), Syrien, Klein-Asien und die Ebene von Turkestan umfasst. Ihre Nordgrenze verläuft vom 43. bis 47. Grad nördl. Br.

IV. Indische Region. Hierher gehört Hindostan, Hinterindien, Süd-China, die grossen Sundainseln und die Philippinen. Celebes gehört nicht zu derselben. Die Nordgrenze reicht in Hindostan bis 32° nördl. Br., die Südgrenze geht ungefähr unter 8° südl. Br.

V. Chinesische Region. Sie begreift das östliche Central-Asien, Japan, Sachalin und die Kurilen, sowie Nord-China. Im Norden geht sie bis 48—54° nördl. Br. (Mündung des Amur, Sachalin), im Süden, im Himalaya, verläuft sie mit dem 25. bis 30. Grad nördl. Br.

VI. Afrikanische Region. Im Norden erreicht dieselbe den 18. bis 15. Grad nördl. Br. Sie umfasst ganz Süd- und Central-Afrika und die südlichste Uferzone Arabiens.

VII. Madagassische Region. Madagaskar, die Comoren, Amiranten, Seychellen, Bourbon, Mauritius und Rodriguez.

VIII. Nordamerikanische Region. Im Norden reicht sie an die Waldgrenze, im Süden bis an den Wendekreis. Die Südhälfte Floridas ist ausgeschlossen.

IX. Südamerikanische Region. Diese begreift Mittel- und Süd-Amerika, Süd-Florida, die Bahamas und Antillen. Im Norden erreicht sie fast 28° nördl. Breite, im Süden 55° südl. Br.

X. Australische Region. Sie umfasst Australien, Neu-Guinea, Celebes, die kleinen Sunda-Inseln, Bali und Polynesien.

Neu-Seeland und der antarktische Continent kommen für uns nicht in Betracht, da sie keinen Carnivoren aus den sechs Familien *Viverridae, Felidae, Canidae, Hyaenidae, Mustelidae* und *Ursidae* aufzuweisen haben.

---

Schon gelegentlich meiner in den „Zool. Jahrbüchern" erschienenen Arbeiten hatte ich mich der Meinung Professor Eimer's angeschlossen, die er in seinen Arbeiten im „Humboldt" über die Zeichnung der Thiere ausgesprochen hat. Somit haben wir die Viverren als die Stammform der jetzt lebenden Raubsäuger anzusehen. Von ihnen zweigen sich die Hyänen und diesen nahe verwandt, die Caniden ab; einen anderen Zweig bilden die Feliden, einen dritten die marderartigen und die Bären. Ehe wir nun an unsere eigentliche Aufgabe gehen, müssen wir noch einen kurzen Ueberblick über die fossilen Raubthiere zu gewinnen suchen, denn nur dann kann man die Verbreitung und den Zusammenhang der jetzt lebenden Formen recht verstehen.

Die ältesten Formen der Raubsäuger scheinen die Creodonten (mit 44 Zähnen) vorzustellen. Sie bieten Anklänge an die Viverren und Caniden, welche beiden Formen auch zu den frühesten im Eocen gehören, während marder- und katzenartige später, im Miocen, die bären- und hyänenartigen zuletzt, im Obermiocen, erscheinen. Echte Bären treten erst im Pliocen auf. Die bekanntesten dieser Urraubsäuger sind die hundeartigen *Hyaenodontidae* (*Hyaenodon leptorhynchus* aus dem älteren Tertiär Europas, vom Whyteriver aus der Puercofauna, ebenso wie *Oxhyaena* aus letzterer, und *Pterodon* aus Europa), die schleichkatzenähnlichen *Proviverridae* (*Proviverra* aus den Pariser Gypsen, der Vaucluse bei Debruge, von der Insel Wight und aus Amerika, ferner *Cynohyaenodon* oder *Stypolaphus* aus denselben Fundorten und den Phosphoriden von Quercy in Süd-Frankreich und von Tarbes), die an Hunde und Dachse erinnernden *Arctocyonidae* (*Arctocyon primaevus* Mey., eines der ältesten Thiere aus dem unteren Eocen, im Departement Aisne, bei Rheims, ungefähr wolfgross — dann *Arctocyon Deuilei* Blainv., dachsähnlich, aus Nord-Amerikas Puercofauna und dem Eocen von Rheims), und schliesslich die *Mesonychidae* (*Mesonyx ossifragus* aus Amerika).

Eimer (Humboldt, Jahrg. 1890) vermuthet, dass von den Creodonten die *Cynodictis* Europas, (*Didymictis* Amerikas), und dann von letzteren oder einer *Amphicyon*-Art die Hunde, von *Amphicyon* (durch *Dinocyon* und *Hyaenarctos*) die Bären abstammen, während die Katzen vielleicht von *Patriofelis* (Creodont) oder *Ailurogale* herkommen. Natürlich sind das nur Hypothesen, über welche sich streiten lässt. Unsere Aufgabe ist es nicht, hier eine Kritik an der Auffassung fossiler Verwandtschaftsbeziehungen zu üben. Wir wollen im Folgenden eine Zusammenstellung der wichtigsten fossilen Carnivoren geben, wie sie in den geologischen Schichten vertheilt sind und hoffen, dass so ein ziemlich klares Bild ihres Zusammenhanges mit den recenten Fleischfressern gewonnen werden wird.

Aus dem **Eocen** kennen wir folgende Formen, von denen man einzelne Zweige unserer Raubthiere ableiten kann:

I. **Viverrenähnliche:** *Ictitherium* aus Indien und Europa (Frankreich) schliesst an die Hyänen (*Palhyaena*) an; *Cynodictis* (*Didymictis*) ebenso nahe zu den Schleichkatzen wie zu den Hunden, wurde in der Puercofauna Nord-Amerikas, im Whiteriver-Tertiär und in Europa nachgewiesen.

II. **Hundeähnliche:** *Amphicyon steinheimensis* von Göriach bei Turnau in Steiermark, Steinheim. Er leitet zu den bärenartigen, wie schon oben bemerkt, auch zu *Daphaenus* und *Ailurus*; *Canis gypsorum* G. Cuv. vom Montmartre; *Canis Filholi* aus Frankreich, der an *Icticyon* und *Otocyon* einerseits, an die Viverren andererseits anknüpft. Ausser diesem Gliede der *Cynodictis*-Gruppe gehören ins Eocen *Cynodictis intermedius, crassidens, Boriei, leptorhynchus* und *Grayi*.

III. **Bärenähnliche:** Ausser *Amphicyon*-Arten, welche von manchen Paläozoologen als Stammeltern der Bären angesehen werden, sind keine aus dem unteren Tertiär bekannt.

IV. **Katzenartige:** *Ailurictis, Eusmilus* aus den Phosphoriten Frankreichs; *Dinictis* und *Bunailurus* aus Nord-Amerika (Whiteriver-Tertiär), welche nach Köllner ebenso gut als Urformen der Musteliden gelten können; ferner *Ailurogale* und *Drepanodon*, eine Form, die nicht direct mit den heutigen Katzen zusammenhängt.

Aus dem **Miocen** haben wir schon zahlreichere Reste.

I. **Viverrenähnliche:** Ausser dem schon im Eocen auftretendem *Ictitherium* sind zu nennen *Amphictis* (alte Welt, Phosphorite von Quercy),

*Palaeoprionodon*, der an *Stenoplesictis* anklingt und mit diesem in den französischen Phosphoriten gefunden wurde, und eine Art *Herpestes* (Europa).

II. **Hundeähnliche:** *Cynodictis Cayluxi* aus Europa und den Vereinigten Staaten (leitet zu den Viverren hin): diesen nahe verwandt *Galecynus* Owen, fuchsartig, aus dem Whiteriver-Tertiär der Vereinigten Staaten und von Oeningen; an diesen und an *Icticyon* schliesst *Temnocyon* (auch vom Whiteriver); aus der Auvergne stammt Aimard's *Cynodon* und der fuchsähnliche *Canis oeningensis*, welcher zuerst in der Schweiz gefunden wurde. Den *Cynodictis* nahe, zwischen Fuchs und Schakal, steht *Canis borbonicus* Bravard (= *C. megamastoideus* Pomel).

III. **Bärenähnliche:** An *Amphicyon steinheimensis*, der auch im Miocen getroffen wird, schliesst sich *Daphaenus* (*Ailurus* ähnlich) aus den Union-Staaten, und *Dinocyon* aus der Vaucluse (Debruge), den Pariser Gypsen, den Phosphoriten von Quercy und von der Insel Wight, welcher zu *Hyaenarctos* hinüberleitet. Letzterer, verwandt auch mit *Cephalogale*, stammt aus Europa (Red cray, England) und Süd-Asien. Zusammen mit den Resten von *Dinocyon* findet man auch diejenigen von *Pseudamphicyon*. Eine dem Waschbären nahe verwandte Form des Miocens ist der nordamerikanische *Enhydrocyon*.

IV. **Marderähnliche:** *Plesictis* und *Palaeogale* sind den Viverren (*Stenoplesictis*) nahe verwandte Formen aus den Phosphoriten von Süd-Frankreich (Quercy). *Ailurodon* hat Anklänge an die Bären (Nord-Amerika). *Taxotherium parisiense* Blainv. (*Nasua parisiensis* F. Cur., *Nasua nicensis* Keferstein) von Paris ist den Dachsen nahestehend. Von den Schleichkatzen zu den Ottern führt *Potamotherium Valetoni* Geoffr. (*Lutrictis Valetoni* Filhol., *Stephanodon* H. v. M.) von St. Géraud le Puy, Allier, in Frankreich. Ein Bindeglied zwischen Ottern und Mardern im engeren Sinne bildet *Trochictis* (ähnlich der *Lutra dubia* Lartet) aus Frankreich, Sansans. Zur *Enhydriodon*-Gruppe gehören *Lutra sivalensis* aus dem Sivalik und *Lutra Campani* aus Italien. Andere miocene Ottern sind *Lutra palaeindica* (nahe der *Lutra sumatrana* und *L. batygnatus*) aus dem Sivalik, und *Lutra antiqua* und *clavera* Lesson aus der Auvergne.

V. **Hyänenähnliche:** An die Schleichkatzen schliessen *Lychhyaena macrostoma* aus Indien und *Lychhyaena chaeretis* von Pikermi. Den echten

Hyänen sehr nahe stehen *Hyaenictis sivalensis* aus Indien und *Hyaenictis germanica* von Steinheim.

VI. **Katzenartige:** Wir finden im Miocen schon fast lauter rein ausgesprochene Katzen. Abgesehen von den wenig bekannten *Nimravus, Archailurus, Pogonodon, Hoplophoneus* aus dem amerikanischen Miocen, fällt hier die mit gewaltigem, zweischneidigem Eckzahne im Oberkiefer bewehrte Gesellschaft der *Machaerodus* auf (*Mach. palmidens* Blainv. = *Felis palmidens* Blainv. = *Fel. meganthereon* Croiz. Job. aus dem Arnothal, der Auvergne und Sansans; *Mach. primaevus* Leidy von Nebraska; *Mach. latidens* aus England; *Mach. neogaeus* Lund. vom Felsengebirge und aus den Höhlen Brasiliens; *Mach. crenatidens*). Ein Tiger dieser Periode ist *Felis protopanther* Lund. aus Amerika. Pantherähnlich erscheinen *F. pardoides* aus dem Pariser Gyps vom Montmartre. und *F. quadridentatus* Blainv. (*Pseudailurus quadridentatus* Ger.) von Sansans. Auch eine *Cynailurus*-Form finden wir hier in Frankreich, nämlich *Proailurus.*

Im **Pliocen** begegnen uns einige miocene Arten wieder, ausserdem aber eine Menge neuer Formen, die den recenten schon bedeutend näher stehen.

I. **Viverrenartige:** Unser alter Bekannter, das *Ictitherium* wird auch noch in diesen Schichten des Tertiär gefunden. Echte Viverren sind schon *Viverra pepratxi* von Roussillon, *Viv. antiqua* Blainv. aus dem subvulkanischen Boden der Auvergne, *Viv. parisiensis* G. Cuv. und *Viv. exilis* Blainv. von Sansans, *Viv. zibethoides* Blainv. von hier und dem Subapennin, endlich *Herpestes nipalensis* aus Höhlen bei Madras.

II. **Canidenartige:** Die Hunde des Pliocen greifen zum Theil auch schon in das Diluvium hinüber, so dass hier eine Grenze schwer zu ziehen ist. Von der grossen Zahl derselben mögen folgende genannt werden: *Pachycyon robustus* aus Virginia, Elycave; *Palaeocyon* aus Süd-Amerika; *Canis giganteus* G. Cuv. (von 5 Fuss Höhe und 8 Fuss Länge!); *C. protalopex* und *troglodytes* Lund, welche beide dem *C. jubatus* nahe stehen; *C. spelaeus* Goldf. nahe verwandt mit *C. lupus,* aus Gaylenreuth, Lüttich, Lunel Viel, Sants (Charente-inferieure), Milhac (Dordogne), Abbeville, Kent und Cagliari (Sardinien); *C. issiodorensis* Croiz. Job et Perrier, *C. neschersensis* Croiz., *C. juvillacus* und *medius* Bravard, *C. Tormeli* und *Buladi* Cz. Job. von Issoire, St. Géraud und Juvillac in der Auvergne; die fuchsähnlichen *C.* (*Vulpes*) *curvipalatus* aus dem Sivalik, welcher an *Otocyon* schliesst — *C. brevirostris* Blainv.; der Torfhund, *C. palustris* Jeitt. von Oeningen, der vielleicht mit *C. aureus*, welcher im Sivalik ja nachgewiesen wurde, identisch ist; *C. Cautleyi* aus Indien scheint mit *C. pallipes* nahe verwandt; *C. dingo* wurde in den quaternären Schichten der Colonie Victoria gefunden; *C. vulpes* kam schon im Pliocen von England (Suffolk, Kirkdale, Kent), Frankreich (Lunel Viel), Belgien (Lüttich), Italien, der Schweiz und Deutschland (Gaylenreuth, Oeningen) vor; ein dem heutigen *Lycaon pictus* sehr nahestehender *Lycaon anglicus* stammt aus Glamorganshire. Schliesslich mögen noch einige pliocene Hunde genannt werden, bei denen wir keine Fundortangaben feststellen konnten und die sich vielleicht — wenigstens in einigen Fällen — als Synonyme anderer fossiler Arten des Genus *Canis* ausweisen dürften, es sind dies: *Canis avus, brachypus, cadurcensis, cultridens, dirus, edwardsianus, etruscus, Falconeri, fossilis, Haydeni, hercynicus, indianensis, palaeolycus, projubatus, robustior, saevus, Sussi, temerarius, validus, viverroides, wheelerianus.*

III. **Bärenartige:** Von den schon im Miocen auftretenden Arten begegnen wir im Pliocen dem *Hyaenarctos.* Eine neue Form ist *Simocyon* aus Europa. Unserem Petz sehr nahekommende Formen bilden *Ursus Theobaldi* (ähnlich dem Lippenbär) aus dem Sivalik, *Urs. etruscus* G. Cuv. (= *Urs. avernensis* Croiz. Job., *Urs. minimus* Croiz. Job., *Urs. cultridens*) aus dem europäischen Oberpliocen, *Urs. sivalensis* Cautley et Falc. (*Amphiarctos* und *Sivalarctos* Blainv.) aus Indien, *U. brasiliensis* Lund (*Urs. americanus* indentisch?) von Mittel-Amerika. *Agnotherium major* Lartet, *Agnotherium minor* Blainv., das erstere von Auche, das zweite von Sansans (Kaup's *Gulo diaphorus*) und *Ailurus anglicus* aus England und Verwandte des heutigen *Ailurus fulgens.*

IV. **Marderartige:** *Ailurodon mustelinus* Cope (*Martes mustelinus, Mustela mustelina, Mustela parviloba* Cope) vertritt diese Klasse in Amerika zusammen mit *Putorius nambianus* Cope (*Martes nambianus, Mustela nambiana* Cope) von Santa Fé und Nord-Mexico. *Mustela genettoides* Blainv. von Sansans und *Must. pardinensis* Croiz. Job. aus der Auvergne, gehören Frankreich an. Unser heutiger Edelmarder (*Must. martes*) ist aus dem Sivalik, aus England (Kent, Torbay, Kirkdale), Frankreich (Knochenbreccie im Departement Herault) und Belgien (Lüttich) bekannt. Andere fossile Marder dieser und jüngerer

Schichten sind: *Must. sectoria, Must. angustifrons, Must. Larteti* (nahe dem *Ictonyx*), und ein *Conepatus* aus den Höhlen Brasiliens. Die Dachse sind durch *Meles Morreni* Laurillard aus dem Brüsseler Kalk, die Honigdachse durch *Mellivorodon* aus dem Sivalik vertreten. Auch der Otter wurde in mehreren Arten aufgefunden, die mehr oder weniger mit unserem Fischotter verwandt sind, so *Lutra piscinaria* Leidy von Sinker-Creek, Idaho, *Lutra hessica* von Darmstadt, *Lut. clermontensis* Croiz. Job. aus der Auvergne und auch *Lutra vulgaris* aus Europa.

V. **Hyänenartige:** Es giebt im Pliocen noch Hyänen, die an Viverren (*Ictitherium*) anschliessen, wie *Palhyaena hipparionum* und die mit dieser verwandte *Hyaenictis graeca*, welche andererseits an *Hyaena striata* erinnert. *Crocuta*-ähnliche Hyänen aus Asien und Europa sind *Lepthyaena* Lyddecker aus dem Sivalik, Pendjab und den Karnulhöhlen bei Madras, *Hyaena spelaea* Goldf. (*H. crocuta spelaea*) aus England, von Pikermi, aus der Grotte de Gargas und Indien. Eine der *Hyaena brunnea* nahe Art ist *H. Perrieri* Croiz. aus Frankreich (Issoire). *H. fusca* ist durch *H. intermedia* M. de Serres aus der Lunel-Viel-Grotte (Montpellier) vertreten. Andere Hyänen, die sich von den recenten wenig unterscheiden, fand man in Frankreich (*H. etuariorum et issiodorensis* Croiz. Job. aus der Auvergne), in Italien (*H. robusta*), Griechenland (*Hyaena eximia,* Pikermi) und Indien (*H. Colvini*).

VI. **Feliden.** Die grosszähnigen *Machaerodus* begegnen uns auch im Pliocen, und zwar als *Mach. smilodon* (*Mach. cultridens* Burm., *Felis smilodon* Lund., *Fel. atrox* Leydy) aus den Unions-Staaten und Brasilien, *Mach. sivalensis* aus Indien. Eine Tigerart stellt *Fel. cristata* Cautly et Falc. (*Felis tigris cristata* Falc. et Cautly) vom unteren Himalaya und dem Sivalik vor, während in Europa *Fel. spelaea* Goldf. (England, Frankreich, in der Auvergne, Lunel Viel, im italienischen Arnothal und den Höhlen von Gaylenreuth und Muggendorf in Deutschland) dieselbe vertritt. Löwenähnlich ist *Fel. leo aphanista* (*Fel. prisca* Kaup) aus Deutschland und Frankreich. Die fossilen Luchse sind im Pliocen durch *Fel. lynx* Blainv. (*Fel. antediluviana* Kaup, *F. issiodorensis* Croiz. Job., *Fel. brevirostris, Perrieri* Croiz. Job., *F. engiboliensis* Schmerling, *F. serval* M. de Serres) aus dem Arnothal und der Auvergne (Lunel Viel, Montpellier) repräsentirt. Die heutige *F. viverrina* ist in *F. subhimalayana* Falc. et Cautly aus dem Sivalik wieder zu erkennen. Aus den jüngeren Schichten dieses Zeitalters rühren die asiatisch-europäischen *F. bengalensis* und die nordamerikanische *F. angusta*.

Im **Diluvium** sehen wir viele Arten erscheinen, die noch jetzt leben.

I. **Caniden.** Besonders reich an Resten fossiler Hunde ist Europa. Der Wolf (*C. lupus, C. spelaeus minor* M. Wagn.), den wir schon als *C. spelaeus* Goldf. aus dem Pliocen kennen, wurde in den Pfahlbauten, in den Höhlen von Veirier bei Genf, in Deutschland (Gaylenreuth, fränkische Schweiz), Frankreich, Italien, England, den Altaihöhlen am Chanchar und Tscharysch und auf der Ljachowinsel nachgewiesen. Unser Fuchs (*C. vulpes*) fehlt hier ebensowenig wie im Pliocen, denn man fand seine Knochen in den Pfahlbauten, diluvialen Sanden und Torfen Mittel-Europas (in Mecklenburg bei Wismar, Höhle von Cotancher bei Neuchatel, Veirier bei Genf) und auch auf der Ljachowinsel, wie in den nishneudinsker Höhlen. Der Eisfuchs (*C. lagopus*) ist vom Montmartre, aus den Pariser Gypsen als *C. parisiensis, C. montis martyrum* von Cuvier beschrieben, kommt aber auch in Deutschland (Hermannshöhle im Harz, Thiede, Westeregeln, in der Lindenthalhöhle, Höschhöhle in Oberfranken, bei Hohlefels in Schwaben, in der Buchenlochshöhle bei Geroldstein), der Schweiz (Schussenquelle, Kesselloch bei Schaffhausen), in Mähren (bei Przedmost, Höhle bei Wierzschow), Böhmen, Polen und England sowie auf Ljachow und in den Höhlen von Nishneudinsk in zahlreichen Knochenfragmenten vor. Reste von *C. corsak* L. fand man in den Altaihöhlen. Aus dem Rheindiluvium kennt man *C. propagator* Kaup; aus Oregons Pleistocen beschrieb Cope den *Icticyon crassivultus*, aus Brasilien *Icticyon major* (*C. pacivorus* Blainv., *Spheotus pacivorus* Lund), welche dem jetzt lebenden *Icticyon* Guyanas sehr nahe stehen. *Cuon nishneudensis* Tschersky stammt aus dem Postpliocän von Nishneudinsk.

II. **Ursiden.** Von pliocenen Bären gehören ebenfalls dem Diluvium an: *Urs. avernensis* Croiz. Job. im Pleistocen der Auvergne und *U. sivalensis* Cautly et Falc. aus dem Sivalikhügel Unserem braunen Bären gleichen *U. spelaeus* Blum. (*U. Pitorri* M. de Serres, *U. metoposcairius* M. de Serres, *U. leodiensis, giganteus* Schmerl., *U. neschersensis* Croiz. Job.) aus Frankreich, Deutschland (Masmünster oder Massevaux im Reichslande, Gaylenreuth, Epfingen, Hohlefels bei Blaubeuren in Württemberg, Einhornshöhle von Schwarzfeld im Harz, Thüringen, Franken, Westphalen, Schwaben, Mazuren zwischen Lötzen und

Lyk bei Szontag im Kreis Gumbinnen, bei Gadebusch, Schwerin und Parchim in Mecklenburg), Oesterreich (Böhmen, Slouper Höhle, Mähren, Kreuzberghöhle bei Laos in Krain), Ungarn, Schweiz (Wildkirchli, Canton Appenzell, Grotte Cotancher bei Neuchatel, Rheinsand bei Basel), Italien (Höhle Buca di San Doná im District Fonzaso, Laglis bei Como), Belgien, England (Waterford), Irland (Dungarvon), Schweden, Russland (Steinbrüche von Nerubaj bei Odessa, Miaskische Höhle im Ural, Kiew, Nowgorod-Sewersk, Kaukasus, Transkaukasien bei Kutais, District Scharopau, Höhle Rgani, fehlt aber Sibirien); ferner *U. arctoideus* Goldf. (*U. planus* Oken, *U. fornicatus major* und *minor* Schmerling, *U. planifrons* Denny), *U. priscus* Goldf., vielleicht eine blosse Varietät des gemeinen Bären, aus den Höhlen von Blaubeuren, Ariége und Transkaukasien; *U. tarandinus* Fraas lagerte mit Rennthierresten bei Hohlefels und an der Schussenquelle; *U. arctos* L. fand man im Postpliocän im Olekminsker Kreise an der Lena 58° 28′ n. Br., in den Altaihöhlen, bei Nischneudinsk und auf der Ljachowinsel; Italien lieferte *U. etruscus*, Süd-Frankreich *U. pomelianus*. Aus Asien kennt man *U. japonicus affinis* (China, Yünnan), *U. namadicus* (aus dem Nerbadhathal, verwandt mit *U. malayanus*), *U. labiatus* (Höhlen von Madras). Für Nord-Afrika beschrieb Bourguignat vier fossile Bären: *U. lartetianus, letourneuxianus, Rouvieri* und den nur fuchsgrossen *U. faidherbianus*, alle aus dem Atlas (Grotte am Djebel Thaya, Knochenbreccie der Caverne de la Mosquée bei Oran). Amerika besass den *U. amplidens* Leidy und im Oligocen und Pleistocän von Californien und Brasilien das bärenähnliche *Arctotherium vetustum* Ameghino, einen Coati *Cyonasua argentina* Ameghino (Oligocen Paranas), aber auch den echten *Nasua* (Brasilien) und den *Procyon* (Nord-Amerika).

III. **Marderartige.** Fast alle Musteliden des Diluviums gehören auch unserer Epoche an, so *Must. zibellina* aus den Altaihöhlen und von Nishneudinsk; *Putorius sibiricus* ebendaher; *Mustela martes* aus den subfossilen Knochenhöhlen Englands (Burwell Fen, Cambridgshire), aus den Torfen und Pfahlbauten Deutschlands und der Schweiz; *Mustela foina* aus Deutschland und der Schweiz; *Putorius foetorius* aus den Knochenhöhlen und diluvialen Sanden von Genf, den schweizerischen Torfen und Pfahlbauten, aus Deutschland (Gaylenreuth und Oeningen), Frankreich (Departement Herault, Lunel Viel), Belgien (Lüttich), England und sogar Asien (Sivalik und Altaihöhlen); *Putor. vulgaris* und *erminea* aus der Schweiz, Deutschland (mittlere Etage der Pfahlbauten bei Thiede, Dorf Holzen, Buchenlochs bei Geroldstein), Asien (Balagansker Höhlen im Gouvernement Irkutsk); *Gulo spelaeus* Goldf. (*Gulo antediluvianus*) aus Mittel-Europa (Gaylenreuth, Sundwicher, Lütticher Höhlen, fränkische Schweiz, Alpen, Eppelsheim, Hessen-Darmstadt). Knochen vom Vielfrass fand man auch auf den Melville-Inseln, am Irtysch, in dem nishneudinsker Höhlen und auf der Insel Ljachow. *Galictis intermedia* Lund. ist häufig in den Höhlen Brasiliens (Minos Geraes) und schliesst an *Galictis crassidens* und *Allamandi*. Die Stinkthiere, die im Pliocen durch *Conepatus* vertreten waren, werden hier durch *Mephitis frontata* Coues aus postpliocenen Höhlen Pensylvaniens und Lund's Funde in Brasilien repräsentirt. Der Dachs (*Meles taxus*) findet sich in den meisten Knochenhöhlen Europas (in Deutschland an einzelnen Orten massenhaft, z. B. in der Balver Höhle in Westphalen, in den Sanden und Torfen der Schweiz, bei Veirier, am Mont Salève, in den Pfahlbauten, in der Lombardei in der Grotte dei Levrange, in Frankreich Lunel Viel, Departement Herault, Aviso und St. Macaire im Departement Gironde, in Belgien bei Lüttich, England bei Kent, Devonshire) und auch Asiens (Altaihöhlen und Unterpliocen von Maragha in Persien). Der Fischotter, welcher im Pliocen schon getroffen wurde, liefert im Diluvium noch zahlreichere Reste, besonders in der Nähe von Seen, z. B. in Deutschland bei Lötzen und Lyk (Szontagsee in Mazuren), aber auch im übrigen Europa (Schweiz, Pfahlbauten und Torfe).

Nicht directe Verwandte unserer Marder im Diluvium sind *Galera macrodon* Cope aus dem Postpliocen von Maryland, Charles county und *Galera perdicida* Cope (*Hemiacis perdicida* Cope) aus Virginien, Whyte county.

IV. **Hyänen.** Vor allen begegnen wir wieder der *H. spelaea* in den Höhlen Deutschlands (Ludwigswunder-, Wunder-, Oswalds-, Gaisloch- und Rosenmüllerhöhle, Sundwig bei preussisch Arnsberg, Gaylenreuth, Muggendorf, Quedlinburg), in Yorkshire (Kirkdale), im Arnothale, in der Auvergne, bei Lüttich in Belgien und in Asien im Hymalaya sowie den Höhlen am Chanchar und Tscharysch im Altai. Die griechische *H. eximia* von Pikermi lebte auch noch — ausserdem sind nun, der *H. striata* sehr nahestehende Arten zu verzeichnen, nämlich *H. prisca* M. de Serres (= *H. monspessulana* de Christol., *H. arvernensis* Croiz. Job.) aus Süd-Frankreich und dem Arnothale, und *H. sivalensis* Baker aus Indien. Andere fossile Hyänen sind *H. fossilis* G. Cuv. (wohl synonym mit *H. spelaea*), *H. neogaea* Lund aus Brasilien und *H. sinuensis* Koken aus China, Yünnan.

V. **Feliden.** Im Diluvium finden wir die letzten Vertreter der *Machaerodus* (*Mach. nestianus* und *Mach. necator*) aus Amerika. Der Höhlentiger (*F. spelaea*) wurde wahrscheinlich in dieser Periode vom Menschen ausgerottet. Seine Reste liegen in Höhlen (Gaylenreuth, Muggendorf, Moosbach bei Wiesbaden, Taubacher Knochensande bei Weimar, Rotheberg bei Saalfeld in Thüringen, Balve in Westfalen, Przedmost bei Prerau in Mähren, Spy in Belgien). *F. tigris* L. findet man im Postpliocän auf Java, in den Altaihöhlen und auf der Ljachowinsel. Pantherähnliche Katzen repräsentiren *F. pardus* aus dem Pleistocen Deutschlands, Frankreichs (Sansans, Languedoc, Auvergne), Belgiens, Italiens (Arnothal), Spaniens und Englands; *F. uncia,* der Irbis aus den Altaihöhlen. *F. onca* Lund (*Guepardа minuta*, *Cynailurus minutus* Lund) aus Texas und Brasilien; *F. ogygea* Kaup (*F. antiqua* Cuv., *F. leopardus* Owen, M. de Serres, *F. arvernensis* Croiz. Job) aus den Höhlen von Gaylenreuth und Lunel Niel; *F. macrura* Lund, eine Art *Ozelot*, aus Brasilien. Die *Eyra* ist fossil als *F. exilis* Lund bekannt. *F. lynx* = *F. spelaea* Eichwald stammt aus dem Postpliocän Ost-Sibiriens und des Altai. Unser Wildkater *F. catus* (*F. catus* Schmerling, *F. ferus* M. de Serres, *F. magnus* und *minutus* Schmerling) ist in England (Kent, Essex, Devonshire, Bleadonhöhle, Mendiphügel), Belgien (Spyer Höhle, Lüttich), Frankreich (Lunel Niel), Deutschland (Balver Höhle), Schweiz (Bern) gefunden worden. Dawkins stellte einige dieser Reste näher zu *F. maniculata* und nannte diese *F. caffra.*

Im **Alluvium** endlich finden wir ausser den Resten jetzt lebender Formen auch noch die Gebeine mancher pliocener und diluvialer Thiere, so in Amerika von *F. onça* Lund. (Texas), bei Paris von *F. spelaea* Goldf., in den vulkanischen alluvialen Schichten der Auvergne von *U. arvernensis* G. Cuv. und bei Puy de Dôme *Mustela plesictis* Laiger et Parieu.

Somit wären wir bei der Jetztzeit angelangt und können an unsere eigentliche Aufgabe, die Verbreitung der jetzt lebenden wilden Carnivoren, gehen.

---

# Die geographische Verbreitung der jetzt lebenden Raubthiere.

Die Raubthiere im engeren Sinne (mit Ausschluss der *Pinnipedia*) kann man in folgende systematische Ordnung bringen:

## Familien der Carnivoren:

| | | | | |
|---|---|---|---|---|
| Im Gebiss alle drei Arten von Zähnen; 4 oder 5 stets krallentragende Zehen; Ordo: **Carnivora.** | Reisszahn deutlich, | hinter dem Reisszahn oben 1, unten kein Höckerzahn (bei *Proteles* Reisszahn undeutlich), | Vorne 5, hinten 4 Zehen . . . . | Fam. 1. *Felidae.* |
| | | | Vorne 4 oder 5, hinten stets nur 4 Zehen, Rücken abschüssig | „ 2. *Hyaenidae.* |
| | | hinter dem Reisszahn oben wie unten je 2 Höckerzähne . . . . . . . . . | | „ 3. *Canidae.* |
| | | hinter dem Reisszahn oben 2, unten je 1 Höckerzahn . . . . . . . . . . | | „ 4. *Viverridae.* |
| | | hinter dem Reisszahn oben und unten je 1 Höckerzahn . . . . . . . . . . | | „ 5. *Mustelidae.* |
| | Reisszahn undeutlich, Vorne wie hinten 5 Zehen, mehr-weniger Sohlengänger . . . . . . . . . . . | | | „ 6. *Ursidae.* |

Die Feliden bewohnen neun von den oben aufgeführten zehn Regionen, denn die von mir in der Litteratur gefundenen Angaben, dass *Felis macroscelis* und *F. marmorata* auf Celebes vorkommen sollen, erscheinen zum Mindesten sehr zweifelhaft und konnte ich diese meine, gelegentlich des internationalen Congresses zu Moskau (1892) ausgesprochene Ansicht von Autoritäten getheilt sehen, wie Dr. Jentink und A. Milne-Edwards. Die arktische Region darf insofern als von Feliden bewohnt angesehen werden, als *F. lynx* in manchen Gegenden in dieselbe weit hineinstreift, wenn auch nur zeitweilig.

Die Caniden fehlen der madagassischen Region. Die Viverriden findet man weder in der arktischen, noch in den beiden amerikanischen Regionen (wenn wir von an verschiedenen Punkten Südamerikas und Westindiens gemachten Acclimatisationen absehen). Die Musteliden mangeln Madagaskar und Australien, die Ursiden diesen selben Regionen und Afrika, während die Hyaeniden nur die mittelländische, afrikanische und indische Region bewohnen. Die beifolgende Tafel wird diese Vertheilung deutlich machen. Das ? soll den Zweifel des Verfassers an den in der Litteratur gefundenen Angaben ausdrücken. Die römischen Ziffern der Rubriken entsprechen der Numeration der Regionen in der Reihenfolge, wie sie oben (in der Einleitung) gegeben war.

**Vertheilung der Familien nach Regionen.**

| | I. | II. | III. | IV. | V. | VI. | VII. | VIII. | IX. | X. | |
|---|---|---|---|---|---|---|---|---|---|---|---|
| Fam. *Felidae* . | * | * | * | * | * | * | * | * | * | ? | durch 9 Regionen verbreitet. |
| „ *Canidae* . | * | * | * | * | * | * | . | * | * | * | „ 9 „ „ |
| „ *Mustelidae* | * | * | * | * | * | * | | * | * | | „ 8 „ „ |
| „ *Viverridae* | | * | * | * | * | * | * | | | * | „ 7 „ „ |
| „ *Ursidae* . | * | * | * | * | * | | | * | * | | „ 7 „ „ |
| „ *Hyaenidae* | | | * | * | | * | | | | | „ 3 „ „ |
| . im Ganzen | 4 | 5 | 6 | 6 | 5 | 5 | 2 | 4 | 4 | 2 | Familien. |

---

Indem wir nun zur Behandlung der Verbreitung der einzelnen Species übergehen, möge darauf hingewiesen werden, dass jeder Familie eine systematische Tabelle vorausgeht, während nach Abschluss der einzelnen Familien die Uebersicht über die Vertheilung ihrer Species in einer nach Regionen eingetheilten Tabelle geboten wird. Am Schlusse fassen wir alle Resultate nochmals zusammen, indem wir die Anzahl aller bekannten Arten und Varietäten aufführen. Wenn diese Zahlen immerhin nur Annäherungswerthe sein können, weil, wie schon früher bemerkt, der Begriff „Art“ und „Varietät“ ein sehr relativer ist, so wird doch das eine klar zu erkennen sein, dass bisher die Artzahl in jedem Falle zu hoch gegriffen wurde, wenn man dieselbe mit „ungefähr 300 Species“ ansetzte. Um Allen aber gerecht zu werden, sollen Formen, welche der Verfasser nur als Localrassen auffassen kann, die andere Autoren aber als Varietäten oder gar als Species ansehen, bei Besprechung der Verbreitung stets erwähnt werden, wenn dieselben auf den Karten auch nicht besonders abgegrenzt werden können, weil sie nur die Klarheit des Gesammtbildes beeinträchtigen würden.

## Familie I. Viverridae.

Subfam. I. *Viverrinae.* Krallen mehrweniger retractil.

- A. Schnauze oben mit Längsfurche in der Mitte, der Schwanz lang.
  - 1. Tarsus und Metatarsus behaart.
    - Oberer 2. Molar vorhanden. Genus 1. *Viverra* L.
    - „ „ „ fehlt . . „ 2. *Prionodon* Horsf.
  - 2. Eine nackte Linie auf der Sohle.
    - „ „ „ vorhanden. „ 3. *Genetta* Cuv.
    - „ „ „ fehlt . . „ 4. *Poiana* Gray.
  - 3. Zwei nackte Flecke auf der Sohle . . „ 5. *Fossa* Gray.
  - 4. Sohle halbnackt, bulla auditoria theilweise verknöchert . . . . . . . . „ 6. *Nandinia* Gray.
  - 5. Sohle halbnackt, bulla auditoria ganz verknöchert.
    - a. Transversal gestreift . „ 7. *Hemigalea* Gourd.
    - b. Nicht gestreift.
      - Zähne klein „ 8. *Arctogale* Gray.
      - Zahne gross „ 9. *Paradoxurus* Cuv.
- B. Schnauze ohne mittlere Längsfurche, Schwanz kurz . „ 10. *Cynogale* Gray.

Subfam. II. *Herpestinae.* Krallen nicht retractil.

- A. Vorne und hinten je fünf Zehen.
  - 1. Schnauze unten mit Längsfurche.
    - a. P.M. $^4/_4$ . . . . . . „ 11. *Herpestes* Jllig.
    - b. „ $^3/_3$. Sohle ganz nackt . . . . . . . . „ 12. *Helogale* Gray.
  - 2. Schnauze unten ohne Längsfurche.
    - a. Tarsus an der Sohle behaart . . . . . . . . „ 13. *Rhinogale* Gray.
    - b. Tarsus an der Sohle nackt. „ 14. *Crossarchus* Cuv.
- B. Vorne 5, hinten 4 Zehen . . . . . . . . . . . „ 15. *Cynictis* Ogilby.
- C. „ 4, „ 4 „
  - 1. Schnauze unten mit Furche . . . . . . „ 16. *Bdeogale* Peters.
  - 2. Schnauze unten ohne Furche . . . . . . „ 17. *Suricata* Desm.

Subfam. III. *Galidictinae.* Krallen retractil, Alisphenoid-Canal fehlt.

- A. Unterer Hundszahn sehr lang . . . . . . . . . . „ 18. *Galidictis* Geoffr.
- B. Unterer Hundszahn nicht sehr lang.
  - 1. Erster oberer P.M. fehlt, zweiter oberer M. sehr klein . . . . . . . . „ 19. *Galidia* Geoffr.
  - 2. Erster oberer P.M. vorhanden, zweiter M. massig gross . . . . „ 20. *Hemigalidia* Doyere.
  - 3. Erste 3 P.M. durch grosse Spacien getrennt . . . „ 21. *Eupleres* Jourd.

## Subfamilie I. Viverrinae.

### Genus I. Viverra L.

1. *Viverra civetta* L. 1735.

*Hyaena odorifera* Castellus 1638. — *Viverra civetta* Brandt, Cuv., Ratzeb., Schreb. — *Viverra jubata* Eimer. — *Viverra Poortmanni* Pucheran.

Die Civette führt bei den Arabern den Namen „sabad“ oder „miskich“; in Amhara heisst sie „anér, terén“, in Schoa „angeso“; im Dialect des Geshengebirges „ankaso“; die Somal und Danakil bezeichnen sie mit „domed-sobada“, während sie von den in Liberia angesiedelten Negern „racoon“ genannt wird. In Central-Afrika finden wir bei den Djur den Namen „juoll“, bei den Bango „kurruku“, bei den Njamnjam „tijä“. Die Heimath der Civette ist das intertropicale Afrika zwischen 31 ° nördl. Br. und 25 ° südl. Br. Im Westen treffen wir sie in Ober- und Unterguinea, im Liberiagebiete, am Gabun, am Congo, in den portugiesischen Besitzungen von Angola und Loango. Durch das westliche Sudân und Inner-Afrika reicht ihr Verbreitungsgebiet nach Osten über den Bahr el Ghasal bis Chartûm, an den Bahr el abiad, das Gebiet von Kordofân, die Gebirgslandschaft Fasogl, Ost-Sennaar, Hahab, Fadasi in Süd-Nubien, Bongo, Njamnjam, Djur, Chupango und bis zum Sambesigebiet, wo man sie bei Sena und Tete antraf. Längs Afrikas Ostküste findet man das Thier in Sansibar und Deutsch-Ost-Afrika, im Galla- und Somalilande. Einige Reisende führen es auch westlich vom Tanganjika auf, doch sind diese Angaben nicht ganz zweifellos. Bei Banana am Congo und im südlichen West-Afrika kommt die Lokalvarietät *Viv. Poortmanni* Pucheran vor. Da das Thier früher an vielen Orten des Zibeths wegen als Hausthier gehalten wurde, so trifft man es jetzt auch verwildert an in Gegenden, wo es nicht ursprünglich zur Lokalfauna gehört, so auf Sokotora, an manchen Stellen Aegyptens. Als Hausthier sehen wir es noch heute in Aegypten, Nubien, Darfur, Habesch (wo mancher Zibethhändler an 300 Stück hält), an der Mozambiqueküste; mehr im Innern des Erdtheils hält man es in Bornu, Sokoto, in Süd-Schoa, Kafa, Inarya, Kasna und hie und da bei den Gallas in den Häusern. Auf St. Thomé fand sie Greef.

### 2. *Viverra civettina* Jerd.

*Viv. civettina* Blyth.

Ueber diese Art haben wir leider nur nothdürftige Mittheilungen in der Litteratur finden können, so dass es nicht zu entscheiden war, ob man es mit einem Synonym oder einer guten Species zu thun hat, weshalb wir sie auch einstweilen als solche aufführen.

Sie soll in West- und Süd-Indien zu Hause sein, besonders an der Malabarküste, von der Breite von Honowar an bis zum Cap Comorin. Ob sie nördlicher vorkommt, ist fraglich. Gemein ist sie in Travancore, in der Provinz Coorg, den Districten Wynaad und Tellichery. Was die Insel Ceylon anbelangt, sind die vorhandenen Angaben voller Widerspruch. Während einige Berichterstatter diese Insel als Fundort des Thieres aufführen, betonen andere Reisende ganz besonders sein Fehlen daselbst.

### 3. *Viverra zibetha* L.

*Civetta maculata.* — *Civ. nipalensis.* — *Civ. pallida* Cuv. — *Civ. tangalunga* Gray. — *Civ. undulata* Gray. — *Martes philippensis* Camilli. — *Meles zibethica.* — *Viverra civettoides* Hodgs. — *Viv. megaspila* Blyth, Günther. — *Viv. melanurus* Hodgs. — *Viv. orientalis* hodie *melanurus* Hodgs. — *Viv. tangalunga* Cantor, Gray. — *Viv. undulata* Gray. — *Viv. zeylanica* Gmel. — *Viv. zeylonensis* Poll. — *Viv. zibetha* Blyth, Brandt, Cuv., Griff., Jerdon, Raffl.. Ratzeb., Schreb. — *Viv. zibetha* var. *philippinensis.* — *Zibetha orientalis* Oken.

Diese Art, welche im Allgemeinen in Süd-Asien vom 21. Grad nördl. Br. bis 9. Grad südl. Br. sich findet, führt bei den Völkern, deren Gebiete sie bewohnt, eine Menge verschiedener Namen. Die Malayen bezeichnen unser Thier mit „tangalong, musang-jebat“; in den verschiedenen Provinzen Indiens heisst es „bagdos, katas, mach-bhondar, pudoganla“; in Bengalen „bhran“; in Nepal „kung“; „mit-biralu“ im Teray; im Bhutan wird es „saphiong“; bei den Leptcha „kyung-myeng“ genannt.

Im Dekhan und in den Mittelprovinzen fehlt *Viv. zibetha,* aber im Hindostan, an der Malabarküste begegnen wir ihr, ebenso in Bengalen, wo sie bis Orissa und Chutia-Nagpur, vielleicht auch weiter nach Süd-West geht.

Im Norden treffen wir sie in Sikhim und Nepal bis ziemlich hoch in den Himalaya hinauf. Nach Osten wird sie häufiger, so in Birma, Yado, Bhamo, Assam, Pegu, Siam und auf Malacca. Nach einigen Quellen soll sie in Unter-Cochinchina nördlich nur bis zum District von Prone reichen, andere nennen sie ganz entschieden für Süd-China, Hankiang, Provinz Schensi, mit dem Bemerken, dass sie den Hoangho nach Norden nicht überschreite. Von Hinter-Indien aus verbreitet sie sich über die Sunda-Inseln Sumatra, Java, Borneo, Celebes (Menado), Sandak, die Philippinen, Molukken, Amboina, Buru, Ternate, Ceram, Halmahera, die Visayas-Gruppe (Negros). Für Ceylon ist sie ebenfalls nachgewiesen. Von den Philippinen brachten sie die Spanier nach Süd-Amerika, wo sie verwilderte.

4. *Viverra indica* Geoffr.

*Genetta rasse* Cuv., Gray. — *Viverra bengalensis* Gray. — *Viv. gunda* Hammilton. — *Viv. indica* Desm., Desmoul., Elliot, Gervais. — *Viv. indica* var. *chinensis.* — *Viv. malaccensis* Gmel., Sonnerat. — *Viv. pallida* Cuv., Gray. — *Viv. rasse* Horsf., Raffl. — *Viverricula indica* Geoffr., Hodgs. — *Viverric. malaccensis* Anders, Blyth, Gmel., Jerd., Thom. — *Viv. rasse* Hodgs.

Die verschiedenen Volksbezeichnungen der indischen Viverre in ihrer Heimath sind folgende: Bei den Hindu „machk-hilla", „khatas"; in Bengalen „gandha-gokal", „gando-gaula"; im Kolaba-District „sogot"; bei den Mahratten „jowadi-mandjur"; in Nepal und Teray „saiyar", „bagmyul"; in Canuri-Dialect „punagin-bag"; bei den Telingas (Orissa) „punagu-pilli"; bei den Singhalesen Ceylons „uralawa"; in Birma „kasturi, kung-kado" und in Arakan „wa-young-kyoung-byouk".

Das von diesem Thiere bewohnte Gebiet ist ein ziemlich ausgedehntes, denn es wird gefunden: In Indien (mit Ausnahme des Sind, Pendjab und der Radjpatana), im Sambhar, Dukhun, in den West-Ghats, in Gangootra, in der Umgebung von Bombay sowohl, wie von Madras, nördlich im Nepal. Ueber Birma, Tenassarim und Assam können wir das Thier einerseits nach Hinter-Indien und Malacca, bis Singapore hin verfolgen, andererseits durch Cambodja und Cochinchina bis nach China hinein, wo man es bei Amoy und Futschau fing. Obwohl nun englische Quellen als Nordgrenze den Hoangho angeben, müssen wir dieselbe weiter hinausschieben, da man Exemplare vom Rostolnij am Suifun und von Koreas Grenze kennt. Auch auf einigen Inseln Ost- und

Süd-Asiens kommt *Viv. indica* vor, so auf Formosa, den Philippinen, den kleinen (Lombok) und grossen Sunda-Inseln (Sumatra, Java), auf Pulupinang und den Bavean-Inseln, sowie Ceylon. Eingeführt und verwildert ist sie auf den Comoren (Anjuan), Madagaskar und Sokotora.

5. *Viverra Schlegeli* Pollen.

*Viverricula Schlegeli* Pollen.

Diese kleine zierliche Viverre stammt aus Madagaskar, von Mayotte und Nossi-Faly.

## Genus II. Prionodon Horsf.

6. *Prionodon gracilis* Horsf. 1833.

*Felis gracilis* Horsf. — *Genetta maluccensis* L. — *Linsang gracilis* Müll. — *Paradoxurus linsang.* — *Prionodon gracilis* Desm. — *Prion. prehensilis* Lesson. — *Viverra delungung.* — *Viv. gracilis* Desm., Schinz. — *Viv. linsang* Cuv., Hardwicke. — *Viv. prehensilis* Horsf.

In Hinter-Indien nennt man das Thier „linsang“, auf Sumatra „delungung“, auf Java „matjang-tjankok“. Ausser diesen beiden Inseln lebt die *Prionodon*-Schleichkatze noch in Siam, auf Malacca und auf Borneo, sowie Banka, wo sie von holländischen Reisenden gefunden wurde.

7. *Prionodon pardicolor* Hodgs.

*Linsang pardicolor* Hodgs. — *Prionodon pardicolor* Anders., Blyth, Jerd. — *Viverra pardicator* (sic!) Reichenb. — *Viv. pardicolor* Hodgs. — *Viv. perdicator* (sic!) Schinz.

Diese Art, welche Reichenbach und Schinz unter offenbar entstellten Namen aufführen, ist in Bhutan unter dem Namen „zik-chum“, bei den Leptcha als „suligu“ bekannt. Von Bhutan durch Sikhim, wo es sehr häufig auftritt, geht unser Thier nach Osten bis Yünnan und Birma. Es lebt in mässigen Höhen auch in den Vorbergen Nepals und des Himalaya.

8. *Prionodon maculosus* W. Blanf.

*Prionodon maculosus* Thom.

Möglicher Weise sind diese und die vorhergehende Art identisch, leider gestattet das unzureichende Material nicht, die Frage endgiltig zu entscheiden, daher lassen wir bis auf Weiteres die Art gelten. Ihr Vorkommen ist nur für Tenasserim, besonders aber das südliche (Bankasu) und Moulmein verbürgt.

## Genus III. Genetta Cuv.

### 9. *Genetta vulgaris* Gray.

*Civetta abyssinica* Rüpp. — *Genetta afra* F. Cuv., Geoffr. — *G. Bonapartei* Loche. — *G. felina* Gray, Smuts, Thunb. — *G. maculata* Gray. — *G. pardalis* Flower. — *G. pardina* Geoffr., Guer. — *G. senegalensis* Cuv., Flower, Geoffr. — *G. tigrina* Flower. — *G. vulgaris* Lesson. — *Viverra afra* F. Cuv. — *V. abyssinica* Rüpp. — *V. felina* Smuts, Thunb. — *V. genetta* Desm., L. — *V. genetta* var. *barbara* Wagn. — *V. genettoides* Temm. — *V. macrura* Temm. — *V. pardina* Geoffr. — *V. senegalensis* Cuv., Fisch. — *V. tigrina* Gray, Schreb., Smuts, Sonnerat, Thunb.

Schon die vielen Synonyme dieser Art beweisen zur Genüge, wie sehr sie zum Variiren neigt, was übrigens bei der weiten Verbreitung nicht zum Verwundern ist. Die Benennungen bei den verschiedenen Völkern, denen das Thier bekannt ist, sind folgende: In Sardinien „hiena pintu"; bei den Kabylen „schebirdu, ischebirdu"; bei den Arabern „qet-zobad": im Maghreb „qet-ghali"; im Kordofân „dejum"; in Amhara und Gondar „aner": bei den Dinka „angonn"; bei den Djur „anjara"; bei den Bongo „dongbo"; bei den Njamnjam „mbelli"; bei den Golo „nifah": bei den Kredj „ndilli"; bei den Ssehre „mehre".

Die gemeine Genette oder Ginsterkatze gehört auch Europa an, denn man findet sie in Frankreich, in einigen Departements südlich von der Loire, ferner in Spanien und Portugal, sowohl in den waldlosen Ebenen und Gebirgen, als auch im Walde. Auf Sardinien kommt sie ebenfalls vor. In der Türkei wird sie als nützliches, die Nager vertilgendes Thier, trotz ihres Geruches, in den Häusern gehalten.

In Asien bewohnt sie nur den südwestlichen Theil, bis zum Karmelberge. Einmal fanden wir sie unter der Bezeichnung „musang sapulut" bei Raffles für Sumatra aufgeführt, doch ist das jedenfalls eine Verwechselung, oder aber das Thier ist daselbst importirt und später verwildert.

Die eigentliche Heimath der Ginsterkatze ist der schwarze Erdtheil, Afrika, aus welchen ja auch die meisten von uns oben aufgeführten volksthümlichen Benennungen der *Genetta vulgaris* herstammen, was bei der Vielstämmigkeit der Negerbevölkerung und der Häufigkeit des Thieres nun auch nicht Wunder nehmen kann, denn wir treffen es hier allenthalben verbreitet. Beginnend mit den Atlasländern und der Berberei, also Tunis, Algier und Marokko, wo man sie vielfach als Hausthier hält, folgen wir ihr längs der Westküste durch Senegambien, das Gebiet von Liberia und Sierra Leone, die Gold- und Sklavenküste, Togoland, weiter durch die portugiesischen Besitzungen von Angola bis zum Cap Natal. Am Ostufer begegnen wir derselben in Mozambique, Deutsch-Ost-Afrika, im Kilimandscharo-Gebiet, wo sie bei Moschi bis 1430 m, um Taveita bis 660 m sehr gemein ist. Doch ist das nicht ihre höchste Verticalgrenze, denn man beobachtete sie auch noch bei 2000 m. Weiter nördlich lebt die Genette im Somalilande und der abessynischen Küste, von wo sie sich über die Bahjudasteppe zwischen Ab-dôm und Chartum, südlich davon an der Tura el chadra am Bahr el abiad, durch Sennaar und Kordofan, das Bogosland nach dem Sudan hin verbreitet (Wadi Dongolah). In Central-Afrika wurde sie ebenfalls erbeutet, so z. B. im Mombuttulande, in Lado, am Ugallaflusse, bei Moçimboa und Tschintschotscho.

## Genus IV. Poiana Gray.

10. *Poiana poënsis* Flow.

*Genetta poënsis* Schinz, Waterh. — *Gen. Richardsoni* Thom. — *Poiana Richardsoni* Thom. — *Viverra Richardsoni* Thunb.

Diese, nach der Ansicht mancher Systematiker der vorhergehenden Art sehr nahestehende Form, ist nicht nur auf die Guineainsel Fernando Po beschränkt, sondern wurde auch im tropischen West-Afrika, an der Sierra-Leone-Küste, im Mombuttu-Lande beobachtet. Dem Gebisse nach unterscheidet sie sich wohl von *Genetta vulgaris* durch das Fehlen des zweiten oberen Molars, woher wir uns veranlasst sehen, das von Gray aufgestellte Genus beizubehalten.

## Genus V. Fossa Gray.

11. *Fossa d'Aubentoni* Gray.

*Fossa fossa* Schreb. — *Viverra fossa* Erxl., L., Schreb.

Die „Fossane" der Colonisten, „fussa" der Eingeborenen, gehört Madagaskar an. Ein Exemplar der Hamburger Sammlung soll aus Ost-Afrika herrühren, doch dürfte an der Richtigkeit dieser Angabe gezweifelt werden. Sehr oft ist unser Thier mit der Fossakatze *Cryptoprocta ferox*

Bennett. verwechselt worden, welche ja den Viverren nahe steht, mit dieser Schleichkatze auch die Heimath theilt.

## Genus VI. Nandinia Gray.

12. *Nandinia binotata* Gray.

*Cynogale velox* Pechuel-Lösche. — *Nandinia binotata* Temm. — *Paradoxurus binotata* Temm. — *Paradox. binotatus* Gray, Temm. — *Paradox. Hamiltoni* Gray, Temm. — *Viverra binotata* Gray, Reinw.

Die „mbala" der Congoneger, „bushcat" der Liberianer, gehört der Westküste Afrikas an. Man hat sie im Gebiet von Liberia (Schiffelinsville), am Niger in den Wasserwäldern, in Kamerun, am Gabun und am Ogowe erbeutet. Aber auch am Congo (Banana) und im Loangogebiet ist das Thier ziemlich gemein. Eine Heimathsangabe bei Temmink, nämlich das indische Festland, beruht auf Irrthum.

## Genus VII. Hemigalea Jourdan. 1837.

13. *Hemigalea Hardwicki* Gray.*)

*Hemigalea derbyana* Gray. — *Hemig. zebra* Blainr. — *Hemigalus zebra* Jourd. — *Hylogale zebra.* — *Paradoxurus derbyanus* Gray. — *Paradox. zebra* Gray. — *Viverra Boiei* Henrici, Müll., Schleg. — *Viverra Derbyi* Temm. — *Viv. fasciata* Gmel. — *Viv. Hardwicki* Gray, Lesson.

Die Heimath dieser Art haben wir auf der Halbinsel Malacca und auf den beiden Sundainseln Borneo und Java zu suchen. Auf Sumatra ist sie, wie es scheint, selten, doch besitzt das Leydener Museum Exemplare aus Tadjong-morawa auf dieser Insel.

## Genus VIII. Arctogale Gray.

14. *Arctogale leucotis* Blanf.

*Arctogale stigmatica* Gray, Horsf., Temm. — *Arctog. trivirgata* Gray, Mivart. — *Ichneumon prehensilis* H. Smith. — *Paguma stigmatica* Gray. — *Paguma*

*) Aus Nord-Borneo (Kini-balu, Mount Dulit, bis 1145 m Höhe) beschreibt Thomas in den Proc. der Lond. Zool. Soc. eine neue Art, *Hemigalea Hosei*, welche der *H. Hardwicki* sehr nahe steht.

*trivirgata* Cantor, Gray. — *Paradoxurus leucotis* Blyth, Gray, Horsf. — *Paradox. prehensilis* Gray, Hardw., Sclater. — *Paradox. stigmaticus* Gray, Jentink, Temm. — *Paradox. trivirgatus* Blyth, Horsf. partim.

Die Namen, welche dieses Thier bei den Eingeborenen führt, sind folgende: In Arakan „kyung-na-rweck“; in Tenasserim „kyung-na-ga“; bei den Malayen „musang-akar“.

Diese Form der Arctogale kommt nur östlich vom bengalischen Meerbusen vor, am häufigsten in Silbet, Assam, Tenasserim und auf Malacca. Die Nordgrenze derselben geht durch Birma und Arakan. Im Süden findet man sie auf Singapore und Sumatra, wo sie bis 860—1430 m ins Gebirge steigt, ferner auf Java und Borneo (Tadjong-Morawá).

15. *Arctogale trivirgata* Blanf.

*Arctogale trivirgata* Temm. — *Arctog. trivirgata* var. *alba*. — *Paradoxurus trivirgatus* Giebel partim, Gray, Horsf. partim, Jentink, Müll., Schinz partim, Schreb. partim, Temm.

Die Heimath dieser, mit der vorhergehenden sehr nahe verwandten Art, ist die Insel Java. Für die Gebirgswälder Sumatras ist sie noch nicht ganz zweifellos nachgewiesen. Auf den Philippinen lebt die Localrasse *Arctogale trivirgata* var. *alba*.

## Genus IX. Parodoxurus Cuv.

16. *Paradoxurus typus* F. Cuv.

*Herpestes albifrons*. — *Ichneumon bondar* H. Smith. — *Musang sapulot* Raffl. — *Paguma bondar* Horsf. — *Paradoxurus albifrons* Leister. — *Parad. bondar* Desm., Giebel, Gray, Hardw., Jerdon, Schinz, Temm. — *Parad. hermaphroditus* Blanf., Gray. — *Parad. hirsutus* Hodgs., Schreb., Wagn. — *Parad. leucopus* Giebel, Gray, Ogilby, Schinz, Schreb., Temm., Wagn. — *Parad. musanga* Blyht partim, Jerd. partim (nec *Viverra musanga* Raffl.) — *Paradox. niger* Blanf., Desm. — *Parad. Pallasi* Gray. — *Parad. Pennanti* Gray, Hardw. — *Parad. typus* Blainr., Desm., Elliot, Fischer, Giebel, Gray, Horsf., Kelaert, Schinz, Schreb., Sykes, Temm., Wagn. — *Platyschista hermaphrodita* Otto. — *Platyschista Pallasi* Otto. — *Viverra bondar* Blainv.,

Desm. — *Viv. genetta* Raffl. — *Viv. hermaphrodita* Pall. — *Viv.* (*Paradoxurus*) *hermaphrodita* Blainv. — *Viv. nigra* Desm.

Der Palmenroller heisst bei den Engländern in Indien „musky weasel, toddy cat“. Bei den eingeborenen Stämmen sind folgende Namen im Gebrauch: Die Hindu bezeichnen ihn mit „lakati, chingar, khatas, jharka khatas“; die Bewohner Nepals und des Teray mit „malwa, machabba“; im Dekhan heisst er „menuri“; in Bengalen „bham, bhoudar“; bei den Singhbhum „togot“; bei den Mahratten „ud“; die Canaresen nennen ihn „kera bek“; die Tamilen „maru pilli, veruvu“; die Telugu-Drawidas „manu pilli“; die Singalesen „ugudora“; die Malayen „marrapilli“.

In Ost-Indien ist er in der Nähe menschlicher Wohnsitze sowohl, wie im Walde ziemlich gemein. Am häufigsten begegnen wir ihm in Ober-Bengalen, Nepal, Seherum, bei Delhi, am Himalayafuss. In den nordwestlichen Provinzen ist er selten und im Pendjab und Sindh scheint er überhaupt zu fehlen. Im südlichen Indien bewohnt er die Küsten von Koromandel und Malabar, wird bei Bombay und Pondichery angetroffen, überall als Plünderer der Pisang-, Ananas- und Kaffeeplantagen bekannt. Wie weit seine Verbreitung in Hinterindien geht, steht noch dahin — sicher lebt er auf Malacca, in Birma (Kokareet, Meetan) und wurde auch auf Java, Luwack und Ceylon erbeutet.

### 17. *Paradoxurus hermaphroditus* Blanf.

*Paradoxurus albicauda* Temm. — *Parad. crassipes* Pucheran. — *Parad. Crossi* Gray, Hardw., Ogilby, Schreb., Wagn. — *Parad. dubius* Gray. — *Parad. fasciatus* Gray, Ogilby. — *Parad. felinus* Schreb., Wagn. — *Parad. Finlaysoni* Gray, Horsf. — *Parad. hermaphroditus* Gray. — *Parad. musanga* Cantor, Giebel, Gray, Horsf., Müll., Schreb., Temm., Wagn. (Blyth und Jerdon partim). — *Parad. musangoides* Gray. — *Parad. nigrifrons* Gray. — *Parad. Nubiae* F. Cuv., Schinz. — *Parad. Pallasi* Gray, Hardw., Horsf. — *Parad. prehensilis* Bennett, Gray, Horsf., Schreb., Temm., Wagn. — *Parad. quadriscriptus* Gray, Hodgs. — *Parad. quinquelineatus* Gray, Schinz., Schreb., Wagn. — *Parad. Schwaneri* Temm. — *Parad. setosus* Hombr. et Jacq. — *Parad. strictus* Gray, Hodgs. — *Parad. typus* var. *β. sumatranus* Fischer. — *Viverra fasciata* Geoffr. nec Desm. — *Viv. Geoffroyi* Fisch. — *Viv. hermaphrodita* Bodd., Gmel., Pall., Shaw, Schreb., Zimm. — *Viv. musanga* Desm., Horsf., Marsden,

Raffl. — *Viv. musanga* var. *javanica* Horsf. — *Viv. prehensilis* Blainv. nec Kerr.

Diese Art heisst in Bengalen „bhondar, bagh-dokh“: bei den Birmanen „kyung-won-baik, kyung-naga“; bei den Talain „khabbo polaing“; bei den halbmongolischen Karengs in Siam „sapa miaing“; bei den Malayen „musang, musang pandan“; endlich auf Sumatra „mulambulau“.

Vom Himalayafuss, Nepal und Unter-Bengalen sowie Sikhim verbreitet sich dieser Roller über Birma, Assam, Pegu, Malacca und Siam. Durch Sumatra, Java, Borneo, Ceram, die Bavian-Inseln, Timor, Sulla Bessie, Matabella, Salyer, Sandelwood, Rotti (südwestlich von Timor) können wir ihm bis auf die Kei-Inseln (zwischen den Molukken und Neu-Guinea) folgen, während für Celebes sein Vorkommen noch fraglich ist. Rosenberg nennt ihn unter den Thieren Neu-Guineas, doch muss das wohl erst bestätigt werden. Auf Pulopinang und einigen anderen kleinen indomalayischen Inseln hat man ihn hin und wieder erbeutet.

### 18. *Paradoxurus philippensis* F. Cuv.

*Parad. philippensis* Giebel, Gray, Ogilby, Schinz, Schreb. Temm., Wagn. — *Parad. philippinensis* Blanf., Jourd. — *Parad. zeylanicus* Gray. — *Martes philippensis* Camilli.

Die Heimath dieser Art ist auf die Philippinen, hauptsächlich Manilla, nördliches Mindanao, beschränkt und auf die Palavangruppe, sowie Nord-Borneo.

### 19. *Paradoxurus Jerdoni* Blanf.

Dieses, bei den Malayen „kart-nai“ (Waldhund) genannte Thier, kommt am häufigsten in der Gegend von Madras, in den Palnihügeln bei Madura den höheren Regionen Travancores vor. Ausserdem kennt man es aus dem Nilgherri-Gebirge und den gebirgigen Partien des westlichen Süd-Indien. Ob es auch der Fauna von Cochinchina angehört, kann bei den unklaren Angaben, welche wir fanden, nicht mit Sicherheit festgestellt werden.

### 20. *Paradoxurus aureus* F. Cuv.

*Paguma zeylanica.* — *Parad. aureus* Blanf., Desm., Gray. — *Parad. montanus* Blyth, Kelaert. — *Parad. zeylanicus* Blyth, Kelaert (nec *Parad. zeylanicus* Gray, nec *Viverra zeylanica* Gmel., nec *Viv. zeylonensis* Pall., Schreb.).

Die „kula-wedda" der Singhalesen bewohnt Ceylon bis hoch in das Gebirge hinein.

21. *Paradoxurus Grayi* Blanf.

*Paguma Grayi* Gray, Hodgs., Horsf. — *Paradoxurus Grayi* Bennett, Blyth., Horsf., Jerd., Schreb., Wagn. — *Parad. nipalensis* Hodgs., Schinz, Schlegel, Schreb., Wagn. — *Parad. sublarvatus* Schlegel. — *Parad. Tytleri* Tytler.

Von Simla und Chutia-Nagpur in West-Bengalen nach dem östlichen Himalaya, durch Sikhim, Nepal, Landour bis nach Birma (bei Taho, Yado, Padaung, Meteleo bis 1300 m Höhe), Assam und Arakan verbreitet sich diese Form auf dem Festlande und kommt auch auf den Andamanen vor. In Vorder-Indien scheint sie zu fehlen, und ob sie in Nord-Cirkars (nordöstliche Ecke der Madraspräsidentschaft) vorkommt, ist noch nicht entgültig entschieden.

22. *Paradoxurus larvatus* Gray.

*Gulo larvatus* Griff., H. Smith, Temm. — *Paguma laniger* Gray, Hodgs. — *Pag. larvata* Gray, Swinhoe. — *Paradoxurus Grayi* Bennett. — *Parad. laniger* Blanf., Hodgs., Gray, Schreb., Wagn. — *Parad. larvatus* Blanf., Giebel, Schinz, Schreb., Temm., Wagn.

Der „yu-min-mao" der Chinesen lebt in Süd-China und erreicht im Norden den Hoangho. In der Nähe von Kanton, Fukjen, Hangtscheu ist er oft erbeutet worden. Durch die Provinz Schensi, in welcher er die südlicheren Partien bewohnt, geht er in die niedrigeren Theile des Himalaya und bis nach Nepal hinein. Ein Exemplar wurde aus Tibet nach England gebracht. Formosa und die Molukken beherbergen ihn ebenfalls.

23. *Paradoxurus leucomystax* Blanf.

*Ambliodon aurea* Jourdan (1837). — *Ambliodon d'oré* Blainv., Jourd. — *Paguma leucomystax* Cantor, Gray. — *Paradoxurus auratus* Blainv. — *Parad. Jourdani* Gray, Ogilby, Schreb., Temm., Wagn. — *Parad. leucomystax* Blyth, Giebel, Gray, Müll., Schinz, Schreb., Temm., Wagn. — *Parad. Ogylbyi* Fraser. — *Parad. philippensis* Temm. — *Parad. rubidus* Blyth.

Dieses, bei den Dajaks „tobon uwan" benannte Thier wird auf der Halbinsel Malacca, auf Sumatra, Borneo (und wahrscheinlich auch anderen indomalayischen Inseln) getroffen. Java fehlt es, wohl aber gehört es zur Fauna der Philippinen.

24. *Paradoxurus Musschenbroeki* Schlegel.

*Parodoxurus Musschenbroeki* Blanf.

Bisher ist über diese Art nur sehr wenig bekannt geworden — sie scheint nur auf Celebes heimisch zu sein, wo man dieselbe bei Menado, Kinilo, Gorontalo, im Toelabollo-Walde fing und beobachtete. Der Name bei den Eingeborenen lautet „oengo-no-bocto" (wilder Hund).

## Genus X. Cynogale Gray.

25. *Cynogale Bennetti* Gray.

*Cynogale barbata* S. Müller. — *Cynog. Bennetti* Owen. — *Paradoxurus leucomystax* Gray, Temm. — *Potamophilus barbatus* Müll. — *Viverra (Lamictis) carcharias* Blainv.

Der „Mampalon" lebt an den Gewässern der malayischen Halbinsel, Sumatras und Borneos, wo er den Krabben, Fischen und sogar Vögeln nachstellt.

# Subfamilie II. Herpestinae.

## Genus XI. Herpestes Illig.

26. *Herpestes ichneumon* L.

*Herpestes dorsalis* Gray. — *Herp. ichneumon* O. Thom., Wagn. — *Herp. numidianus* F. Cuv., Fisch., Geoffr. — *Herp. numidicus* F. Cuv., Fisch., Geoffr. — *Herp. pharaonis* Desm., Geoffr. — *Herp. Smithi* Gray. — *Herp. vera.* — *Ichneumon Aegypti* Tiedem. — *Ichn. pharaonis* Geoffr., Lacepéde. — *Mangusta ichneumon* Fisch. — *Mang. numidica* Cuv. — *Viverra ichneumon* L.

Der Ichneumon, „yer-kiopek" der kleinasiatischen Türken, „mbaku" der Mafiote, „nims" und „aeksch" der Araber, „mutcheltchela" der Amharesen, „suddoh" der Bewohner Tigres, „seloh-lohot, tetha" der Abessynier überhaupt — gehört vor allen Dingen der Fauna von Nord-Ost-Afrika an, verbreitet sich von hier aus über den grössten Theil des nördlichen Afrika, überall die Rohrdickichte an den Flussläufen bewohnend, so am Nil, in Aegypten, in Algier und Marokko, mehr südlich am Bahr el Djebel, am Setith, im Qedarĉf. Im Westen Afrikas erreicht er durch die Berberei den Senegal, ja geht auch bis an den Congo (Banana) und Loango hinab, obwohl er hier sehr selten auftritt. Im Osten findet man ihn an der Somaliküste und am Rothen Meere (in einer kleineren Lokalrasse). Nach Madagaskar ist er importirt und dann verwildert.

Auch nach Asien geht der Ichneumon hinüber und bewohnt hier Palästina, Syrien und Klein-Asien. Die Angabe für Calcutta, die wir fanden, ist — falls es sich nicht um gezähmte Thiere handelt — entschieden eine irrige.

27. *Herpestes Widdringtoni* Gray.

Diese von Gray im Jahre 1842 aufgefundene europäische Art, der „melon, meloncillo" der Spanier, steht dem eigentlichen Ichneumon sehr nahe, ja wird von einigen Autoren ohne Weiteres mit demselben vereinigt. Er bewohnt Portugal (Ribatejo, Alemtejo) und Süd-Spanien, auch wie sein Vetter, die Flussniederungen bevorzugend. Am häufigsten ist er in Andalusien, Estremadura, in den Espartograssümpfen und Marismas am Guadalquivir, seltener trifft man ihn an einigen Stellen am Guadiana und in der Sierra Morena.

28. *Herpestes griseus* Desm.

*Herpestes Bennetti* Gray? — *Herp. caffer* Gmel., Licht., Thom., Wagn. — *Herp. griseus* Smuts. — *Herp. madagascariensis* Smith. — *Viverra caffra* Gmel., L. — *Viv. grisea* Thunb.

Dieser Ichneumon gehört den südlich von der Sahara gelegenen Theilen Afrikas an. Obwohl er kein eigentliches Bergthier ist, wurde er doch am Kilimandscharo, bei Moschi in einer Höhe von 1430 m gefunden. Am häufigsten erhält man ihn aus dem Kaffernlande, von der Algoabay und dem Cap.

Sehr nahe mit ihm verwandt, vielleicht bloss eine kleinere Spielart, bildet

29. *Herpestes persicus* Gray.

*Herpestes auropunctatus* Anders., Blanf., Hodgs. — *Herp. auropunctatus birmanicus* Thom. — *Herp. birmanicus* Blanf. — *Herp. griseus minor* Jard. — *Herp. javanicus* F. Cuv., Desm., Horsf., Müll. — *Herp. nipalensis* Gray, Jardon. — *Herp. pallipes* Blyth. — *Herp. persicus* Anders., Blanf., Murray. — *Ichneumon javanicus* Geoffr. — *Mangusta auropunctata* Hodgs. — *Mangusta galera.* — *Mang. javanica.* — *Viverra mungo* Gmel. partim.

Der persische Ichneumon, „mush i khurma“ (Dattelratte) der Perser, „nûl“ der Kashmirianer, ist ein Bewohner Asiens. Von Mesopotamien an, wo er sowohl im Mündungslande des Euphrat, als auch weiter hinauf, am Oberlaufe beider Ströme, in den Gärten von Bagdad und Mohammerah häufig gesehen wird, erstreckt sich sein Verbreitungsgebiet durch Süd-Persien (Schiraz, die Persepolisebene), Beludschistân und Süd-Afghanistan, bis nach Kashmir im Norden, und über das Pendjab, Sindh, die indischen Nord-West-Provinzen, über den unteren Himalaya und Bengalen bis nach Hinter-Indien hinein. Bei Calcutta und Midnapur, in der Centralregion Nepals und bei Manipur ist er ebenso gemein wie im Chittagongdistrict, Cachar, Birma und Assam. Bei Bhamo scheint seine Südgrenze auf dem festen Lande zu sein, denn für Tenasserim, Arakan und Pegu wird er nicht aufgeführt, und für Malacca sind die Angaben unsicher. Dagegen begegnen wir ihm wieder auf Java und Sumatra, wo er in ziemlicher Menge die Gebäude, Steinhalden und bebuschten Wasserläufe bewohnt.

30. *Herpestes gracilis* Ruepp.

*Herpestes aduilensis* Heugl. — *Herp. badius* Smith. — *Herp. Galinieri* Guerr. — *Herp. gambianus* Ogilby. — *Herp. gracilis* O. Thom. — *Herp. jodoprymnus* Heugl. — *Herp. Lefebvrei* des Murs et Puch. — *Herp. mutcheltchela* Heugl. — *Herp. mutgigella* Ruepp. — *Herp. ochromelas* Pucheran. — *Herp. ornatus* Peters. — *Herp. punctatulus* Gray. — *Herp. ruficauda* Heugl. — *Ichneumon nigricaudatus* Geoffroye.

Der „sakkié“ der Massauaner, „mutcheltchela“ der Abessynier, ist in Afrika sehr weit verbreitet. Im Allgemeinen könnte man sagen, er sei vom Cap Verde bis Massaua, von Habesch bis Port Natal überall zu finden, wo es feuchte und offene Niederungen giebt. Besonders nennen ihn die Reisenden für Abessynien, Simên, Hoch-Sennaar (Sero bei Launi), Dembea, Dar-Setith, Qedarêf, Kassala und die Küsten von Habesch und Adaïl (Tadjura). Im Bogoslande, in der Samharâ, bei Mozambique ist er nicht selten, ebenso in den offenen Triften der Goldküste Liberias, bei Mossamedes und am Okowango. Im Ost-Sudan tritt er nur sporadisch auf, ebenso am Kilimandscharo.

Als Varietäten zu dieser Art können die drei folgenden Mangusten angesehen werden, da sie sich nicht so weit von ihr unterscheiden, um zu selbstständigen Species erhoben werden zu können:

Var. 1. *Herpestes melanurus* O. Thom.

*Herp. melanurus* Mart., Wiegm. — *Cynictis melanura* Fraser, Mart.

Nachgewiesen für West-Afrika, die Sierra-Leone-Küste, Kamerun und das Damaraland.

Var. 2. *Herpestes badius* O. Thom.

*Calogale venatica* Gray. — *Herpestes badius* Smith. — *Herp. grandis?* — *Herp. Granti* Gray. — *Ichneumon Caui* (*Cawi*) A. Smith. — *Ichneumon Ratlamuchi* A. Smith.

Die „Fischmanguste" lebt in Felslöchern am Luvule, in den Wäldern am Lualaba bei Urua, und geht nordwärts bis Sansibar, wo sie die Sandebenen, jedoch nicht unmittelbar an der Küste, bewohnt. Man erbeutete diese Varietät auch bei Ugogo und Unyamwesi nicht selten in verlassenen Termitenbauen, ferner bei Mgunda-mkali, am Olifantkloof und in der Kalaharisteppe.

Var. 3. *Herpestes ochraceus* O. Thom.

*Cynictis ochraceus* Gray. — *Galerella ochracea* und *Herpestes ochraceus* Gray.

Diese Abart wird nur für Abessynien (Hora) aufgeführt.

31. *Herpestes sanguineus* O. Thom.

*Calogale sanguinea* Gray, Ruepp. — *Herpestes sanguineus* Ruepp.

Diese in Abessynien „abu-wusiêh" genannte Manguste ist auf Aegypten, Habesch und Kordofân beschränkt.

32. *Herpestes galera* Erxl.

*Athylax paludosus, robustus, vansire* Gray. — *Atilax vansire* F. Cuv. — *Antilax vansire?* — *Herpestes athylax* Wagn. — *Herp. galera* Desm., Gr., O. Thom., Wagn. — *Herp. loempo* Gray. — *Herp. major* Geoffr. — *Herp. paludinosus* Cuv. — *Herp. pluto* Temm. — *Herp. robustus* Gray, Thom. — *Herp. Smithi* Gray. — *Herp. unicolor* Temm. — *Herp. urinator* Smuts. — *Herp. urinatrix* Smith. — *Ichneumon galera* Geoffr. — *Ichn. major* Geoffr. — *Mangusta urinatrix* Smith. — *Mustela afra* Kerr. — *Must. galera* Erxl., Schreb. — *Viverra nems* Kerr.

In Sansibar lautet der Name für dieses Thier „tschetsche", auf Madagascar „vansire, insire" oder — wie es eigentlich richtiger sein soll — „vohang-shira, voun-tsira".

Seine Heimath sind die Sümpfe und Flussufer Süd-Afrikas. An der Westküste geht es nach Loango, an den Congo (Banana), ja selbst bis in die offenen Gegenden der Goldküste und Liberias hinauf. Im Osten reicht sein Gebiet vom Cap, über die Mozambiquekiiste bis an den Bahar el abiad. In Madagascar, und auf der Insel Sansibar ist er auch heimisch, auf Mauritius verwildert. Auf dem Kilimandscharo steigt er bis 1430 m hinauf.

33. *Herpestes pulverulentus* Wagn.

*Herpestes apiculatus* Gray. — *Herp. pulverulentus* O. Thom.

Diese Species ist über ein sehr engumgrenztes Gebiet verbreitet, denn man besitzt dieselbe in den Sammlungen nur aus der Osthälfte der Capcolonie von King Williamstown.

34. *Herpestes punctatissimus* Temm.

*Herpestes punctatissimus* O. Thom.

Haust von der Algoabay (Port Elisabeth am Cap) am Westufer Afrikas bis in das Gebiet des Gabun hinauf, allenthalben also in den deutschen, portugiesischen Besitzungen Süd-West-Afrikas.

35. *Herpestes albicaudus* G. Cuv.

*Bdeogale nigripes* Puch. — *Herpestes albicaudatus*, *Herp.* (*Ichneumia*) *albicaudata* O. Thom. — *Herp. grandis* O. Thom. — *Herp. leucurus* Hempr. u. Ehrenb. — *Herp. loempo* Temm. — *Herp. pluto* Gray. — *Herp. Smithi* Gray. — *Ichneumia albescens* Geoffr. — *Ichneumia abu-wudon* Fitz., Hengl. — *Ichneumia nigricauda* Puch. — *Ichneumon albescens* und *albicauda* Geoffr. — *Ichneumon albicaulis* (sic!) M. Smith. — *Ichneumonia albescens*.

In Abessynien heisst dieser Ichneumon „abu-turban, abu-esen, abu-asn"; in der Berberei „afumga". Von Ost-Abessynien erstreckt sich sein Gebiet bis Natal und an die Westküste Afrikas, also Guinea, Senegambien, die Goldküste, Akkra einerseits — das Cap- und Kaffernland andererseits. Am gemeinsten ist dieser Räuber in Nubien, Dongola bei Embukol, im Sennaar, Njamnjamlande und im West-Sudan. Bei Limpopo und im Zululande herrscht die grössere Rasse *H. grandis* O. Thom. vor. Seine Nahrung bilden hauptsächlich Meriones und Pterocleshühner.

36. *Herpestes Smithi* Blanf.

*Calictis Smithi* Gray. — *Crossarchus rubiginosus* Schreb., Wagn. — *Herpestes brachyurus* Gray. — *Herp. Ellioti* Blyth. — *Herp. fuscus* Anders., Blanf., Jerd., Waterh. — *Herp. Jerdoni* Gray. — *Herp. monticolus* Jerd. — *Herp. rubiginosus* Kelaert. — *Herp. Smithi* Anders., Gray, Jerd. — *Herp. thysanurus* Schreb., Wagn. — *Mongos fusca* Waterh.

Die Telugu-Drawidas nennen dieses Thier „konda-yentawa"; die Tamilen „erima-kiri-pilai"; die Singhalesen „dito"; die Sumatraner „musang-turong". In Indien ist diese Manguste weit verbreitet, besonders in den hügeligen Partien, wie z. B. bei Madras, Nellore, in Berar, Gawilgusch und Singhbhoom, in den Radjpipla-Hügeln östlich von Surat, in der Radjputana, der Sambhurkette und in Kashmir. In Nordwest-Bengalen fehlt sie. Am Fusse des Nilgherris, im südlichen Vorder-Indien ist das Thier zahlreich. Es lebt auch auf Ceylon, Sumatra, Borneo, der Palawangruppe und auf Malacca. In den Nilgherris, in Travancore und bei Madras herrscht die Spielart *H. fuscus* W. vor.

37. *Herpestes malaccensis* F. Cuv.

*Herpestes Andersoni* Murray. — *Herp. Edwardsi* Desm., Fisch. — *Herp. exilis* Gerv., Schinz. — *Herp. ferrugineus* Blanf. — *Herp. fimbriatus* Temm. — *Herp. Frederici* Desm. — *Herp. griseus* Blyth, Desm., Jerd., Kelaert, Murray, Ogilby, Stoliczka, Thom. — *Herp. mungo* Blanf., Kaempf. — *Herp. mungos* Elliot. — *Herp. nyula* Hodgs. — *Herp. pallidus* Anders., Schinz, Wagn. — *Mangusta grisea* Blyth, Fisch., Jerd. — *Mang. malaccensis* Blyth, Fisch., Jerd. — *Mang. mungos* Elliot. — *Mang. nyula* Hodgs., Horsf., Schreb., Wagn. — *Viverra mungo* Gmel.

Ein Beweis für die allgemeine Verbreitung dieses Thieres in Indien, sind schon die vielen Volksbezeichnungen für dasselbe — andererseits zeigen uns die zahlreichen zoologischen Namen, wie sehr es zum Variiren neigt. Die Kol (Bergbewohner von Chutia-Nagpur) nennen diesen geschätzten Schlangenvertilger „bingui-doro, saram-bumbui"; die Gonds (Drawidastamm) „koral"; die Canaresen „mungli"; die Felugus „mongisu, yentawa": die Tamilen „kiri, kiripilai"; die Malayen „kiri"; im Sindh heisst es „newal, newera, nayria, nare": auf Ceylon „mugatea".

Der „Mungos“ der Europäer ist vom Himalaya bis Cap Comorin, von Afghanistan und Beludschistan im Westen, bis Assam und Cochinchina im Osten fast allenthalben gemein. Am gewöhnlichsten ist dieser nützliche Räuber bei Hazara, westlich von Kashmir, in Bengalen, Concan, Dekhan, Kutch, Guzerate, im Sindh und Pendjab; nicht selten haust er in Travancore und bei Madras. In Nepal hat man ihn ebenfalls oft beobachtet.

Das Exemplar, welches von Blanford als *Herp. ferrugineus* beschrieben wurde, repräsentirt bloss eine Farbenspielart aus der Präsidentschaft Bombay, wo man dieselbe bei Larkhana im District Shikarpur und bei Kotree, District Kurrachi, antrifft. Aus Cochinchina stammt *Herp. exilis* Gerv., während *Herp. Frederici* Desm. bei Pondichery erbeutet wurde. Alle diese Spielarten sind aber zu wenig von dem typischen *Herp. malaccensis* unterschieden, um als Arten zu gelten. In Birma und auf Malacca scheint dieses Thier nicht vorzukommen, so dass sein Name eigentlich ein unberechtigter ist. Eingebürgert wurde auch diese Art auf fremdem Boden, und zwar auf der Insel Santa Lucia im Golf von Mexico zum Vertilgen der Schlangen.

### 38. *Herpestes vitticollis* Blanf.

*Herp. vitticollis* Anders., Bennett., Jerd., Kelaert. — *Mangusta vitticollis* Elliot.

Dieses von den Singhalesen „loko-mugatea“ genannte Thier bewohnt die Hügelregion der Westküste Indiens bis zur Breite von Bombay — im Süden erreicht es Cap Comorin.

### 39. *Herpestes cancrivorus* Hodgs.

*Gulo urva* Hodgs. — *Herpestes urva* Anders., Blanf., Hodgs. — *Mesobema cancrivora* Hodgs. — *Urva cancrivora* Hodgs., Jerd.

Die „arva“ der Nepalesen bewohnt die niedrigeren Erhebungen des Himalaya im Südosten, die Höhlen und Sümpfe von Birma, Assam, Arakan, Tenasserim und Pegu, und geht durch China nördlich bis zum Yantsekiang hinauf.

### 40. *Herpestes fulvescens* Blanf.

*Cynictis Maccarthiae* Gray. — *Herpestes ceylonicus* H. Nevill. — *Herp. flavidus* Kelaert. — *Herp. Maccarthiae* Anders. — *Onychogale Maccarthiae* Gray.

Dieser Ichneumon haust nur in der südlichen Hügelregion Ceylons, wo er den Singhalesen unter dem Namen „ram-mugatea" bekannt ist.

41. *Herpestes semitorquatus* Gray.

Nur aus Borneo, Soekadana, Baram, Mount Dulit (570 m Höhe) bekannt.

## Genus XII. Helogale Gray.

42. *Helogale parvula* Sundevall.

*Helog. parvul.* Gray, Thom. — *Herp. parvulus* Sundevall.

Stammt aus Süd-Afrika, Natal, Kaffraria, Mossamedes (Gambos).

43. *Helogale undulata* Peters.

*Helogale undulata* O. Thom. — *Herpestes undulatus* Peters.

Diese Species gehört Ost-Afrika an, wo sie in der Umgebung des Kilimandscharo, im Massai- und Wapokomo-Lande, wie auch an der Mozambiqueküste bei Toitu öfters gespürt wird.

## Genus XIII. Rhinogale Gray.

44. *Rhinogale Melleri* Gray.

*Rhinogale Melleri* O. Thom.

Ueber diese Herpestidenart ist leider nur sehr wenig bekannt. In der Litteratur, die uns zugänglich war, fanden wir nur die kurze Angabe „aus Ost-Afrika".

## Genus XIV. Crossarchus F. Cuv. 1825.

45. *Crossarchus obscurus* F. Cuv.

*Crossarch. dubius.* — *Crossarch. typicus* A. Smith.

Die Rüsselmanguste oder Kusimanse trägt in Liberia den Namen „du". Ihre Heimath ist West-Afrika, wo sie von Senegambien an südlich vorkommt, also in Oberguinea, Liberia, Sierra Leone, Kamerun. In den parkartig offenen Wäldern des Mombuttulandes fand man sie ebenfalls.

46. *Crossarchus gambianus* O. Thom.

*Herpestes gambianus* Ogilby. — *Mungos gambianus* Gray.

Nach der Beschreibung in den Lond. Z. S. Proced. ist das eine wohlunterschiedene Art, nur ist über ihre Verbreitung wenig bekannt. Sie gehört der afrikanischen Westküste an, wo man sie in Senegambien erbeutete; ob sie anderwärts in der Nachbarschaft haust, ist noch eine offene Frage.

47. *Crossarchus zebra* O. Thom.

*Herpestes gothneh* Fitz., Heugl. — *Herp. leucostheticus* Fitz., Heugl. — *Herp. zebra* Rüpp.

Dieses hübsch gezeichnete Thier ist auf ein ziemlich kleines Gebiet beschränkt, denn man brachte es nur aus dem oberen Nilgebiete, vom Bahr el abiad, vom Sobat, aus Abessynien, dem Bogoslande und Kordofân.

48. *Crossarchus fasciatus* Desm.

*Crossarch. fasciatus* Ogilby, Thom. — *Cross. zebra* Rüpp. — *Helogale taenionota.* — *Herpestes adailensis* Heugl. — *Herp. fasciatus* Desm., Ogilby. — *Herp. mungo* Desm. — *Herp. mungoz* Ogilby. — *Herp. taenionotus* Smith. — *Herp. zebra* Rüpp. — *Ichneumon taenionotus* Smith. — *Viverra ichneumon β.* Schreb. — *Viv. mungo* Gmel. — *Viv. mungoz* L. — *Ariela taenianota* Gray.

Die Zebramanguste heisst bei den Dinka „agorr"; bei den Djurr ‚gorr"; bei den Bongo „ngorr" oder „dai"; bei den Njamnjam „nduttuah"; bei den Mombuttu „n'doto"; bei den Wanyamwesi „linkalla": in Abessynien „gothani" und bei den Arabern „got-neh".

Sie gehört nur Afrika an, und die Angabe, dass man sie aus Ost-Indien erhalten habe, beruht jedenfalls auf Irrthum. Die engere Heimath des Thieres umfasst das Kaffernland, Natal, das Capland, die Mozambiqueküste, die Landschaften am Sambesi (Quillimane, Sena, Chupango), wo es Termitenbaue bewohnt, ferner Ugalla, Malandsche, Marungu, das Dar Setith, Qedarêf, Bongo- und Njamnjamland, Kordofân, das Bahr el abiad-Gebiet, das Land der Bogos, Sennaar, die Gebirgsabhänge im Habab, Abessynien und Somalilande. Durch Central-Afrika und das westliche Sudân (am Tschadsee) erreicht es Senegambien und geht nach Süden bis zum Congo, Tingasi und Gadda. Auf Madagaskar fand man es bei Mourountsang. Neuerdings ward es auch am Kilimandscharo beobachtet.

## Genus XV. Cynictis Ogilby. 1832.

49. *Cynictis penicillata* O. Thom.

*Cynictis lepturus* und *Ogilbyi* Smith. — *Cynict. Levaillanti* O. Thom. — *Cynict. penicillatus* Cuv., Gray, Lesson, Wagn. — *Cynict. Steedmanni* Ogilby,

Schreb., Smith, Wagn. — *Cynict. typicus* Smith. — *Herp. penicillatus* Cuv., Smuts, Wag. — *Herp. ruber* Desm. — *Herp. Steedmanni* Ogilby. — *Ichneumia albescens* Geoffr. — *Ichneumonia ruber.* — *Mangusta penicillata.* — *Mang. Vaillanti* Geoffr., Smith.

Diese Manguste ist ein Süd-Afrikaner, welcher die Sandgegenden am Cap und nördlich von demselben bewohnt, auf Mäuse, Vögel und Insekten jagend. Die Niederungen am Olifandkloof und die Steppen der Kalahari beherbergen ihn ebenfalls.

### Genus XVI. Bdeogale Peters 1852.

50. *Bdeogale crassicauda* Peters.

Ist nur von der Mozambiqueküste, aus Tette-boror bekannt.

51. *Bdeogale puisa* Peters.

Ebenfalls von der Mozambiqueküste (Mossimboa), ist aber auch auf Sansibar, im Massai- und Wapokomolande und anderwärts im tropischen Ost-Afrika gefunden worden.

52. *Bdeogale nigripes* Pucheran.

Wurde am Gabun in West-Afrika erbeutet.

### Genus XVII. Suricata Desm. 1804.

53. *Suricata capensis* Desm.

*Mus zenik* Scopoli. — *Rhyzaena tetradactyla* Heig., Pall. — *Rhyz. typicus* Smith. — *Suricata capensis* Buff., Lesson, Smuts, Thunb. — *Suric. tetradactyla* Thom. — *Suric. viverrina* Desm., Thunb. — *Suric. zenik.* — *Viverra suricata* Erxl. — *Viv. tetradactyla* Gmel., L., Schreb. — *Viv. zenik* Gmel., L.

Das Scharrthier, die Suricate, ist in Süd- und Central-Afrika zu Hause. Man findet es am häufigsten am Cap, um die Algoabay (Port Elisabeth), in den Gebirgsklüften Süd-Afrikas, in der Kalahari und in Central-Afrika am Tschadsee.

## Subfamilie III. Galidictinae.

### Genus XVIII. Galidictis Geoffr. 1839.

54. *Galidictis vittata* Gray.

*Galidia striata.* — *Galidictis vittata* Guer. — *Herpestes galera.*

Bekannt aus Südwest-Madagaskar.

55. *Galidictis striata* J. Geoffr.

*Galictis striata* Geoffr. — *Mustela striata* Geoffr. — *Putorius striatus* Cuv.

Dieses von den Eingeborenen „vontsira-futch" bezeichnete Thier kommt nur auf der Insel Madagaskar vor.

## Genus XIX. Galidia Geoffr. 1837.

56. *Galidia elegans* Geoffr.

*Galidia elegans* Guer. — *Vondsira elegans* Flacourt.

Kommt nur auf Madagaskar vor und heisst hier „vun-t'sira".

## Genus XX. Hemigalidia Doyere.

57. *Hemigalidia concolor* Doyere.

*Galidia concolor* Geoffr., Guer. — *Hemigalidia concolor* Geoffr.

Die Heimath dieses Thierchens ist Madagaskar.

58. *Hemigalidia olivacea* Geoffr.

*Galidia olivacea* Geoffr., Guer.

Der „salano, salanon" der Malgaschen kommt ebenfalls nur auf Madagaskar vor.

## Genus XXI. Eupleres Jourd.

59. *Eupleres Goudoti* Jourd.

*Eupleres Goudoti* Doyere.

Aus Madagaskar. Wegen seines Gebisses stellte Jourdan dieses Thier zuerst zu den Insectenfressern, bis Flower seine Zugehörigkeit zu den Viverren nachwies.

Drei Arten haben wir schliesslich noch zu nennen, die wir — da jede Beschreibung und Heimathsangabe fehlte — in keinem der 21 Genera unterbringen konnten; es sind dies:

60. *Viverra Griffithi* Mac-Lelland,

61. *Paradoxurus macrodus* Blanf., Gray,

nur ein Schädel im britischen Museum vorhanden, Provenienz unbekannt, und

62. *Herpestes microcephalus* Temm.

## Vertheilung der Familie Viverridae nach den Regionen.

| | I. | II. | III. | IV. | V. | VI. | VII. | VIII. | IX. | X. | Bemerkungen |
|---|---|---|---|---|---|---|---|---|---|---|---|
| I. Subfam. **Viverrinae** . . . . . . . | . | * | * | * | * | * | * | ? | ? | * | |
| 1. Genus: ***Viverra*** . . . . . . . | . | . | * | * | * | * | * | ? | ? | . | |
| Spec. 1. *Viverra civetta* L. . . . . | . | . | * | . | * | . | . | . | . | . | |
| „ 2. „ *civettina* Jerd. . . | . | . | . | * | . | . | . | . | . | . | |
| „ 3. „ *zibetha* L. . . . . | . | . | . | * | * | . | . | . | * | . | Eingebürgert in A tinien. |
| „ 4. „ *indica* Geoffr. . . | . | . | . | * | * | * | * | . | . | . | Eingebürgert auf M gaskar, Comoren kotora. |
| „ 5. „ *Schlegeli* Poll. . . | . | . | . | . | . | . | * | . | . | . | |
| 2. Genus: ***Prionodon*** . . . . . | . | . | . | * | * | . | . | . | . | . | |
| Spec. 6. *Prionodon gracilis* Horsf. | . | . | . | * | . | . | . | . | . | . | |
| „ 7. „ *pardicolor* Hodgs. . | . | . | . | * | * | . | . | . | . | . | |
| „ 8. „ *maculosus* W. Blanf. | . | . | . | * | . | . | . | . | . | . | |
| 3. Genus: ***Genetta*** . . . . . . | . | * | * | . | . | * | . | . | . | . | |
| Spec. 9. *Genetta vulgaris* Gray . | . | * | * | . | . | * | . | . | . | . | |
| 4. Genus: ***Poiana*** . . . . . . | . | . | . | . | . | * | . | . | . | . | |
| Spec. 10. *Poiana poënsis* Flower . | . | . | . | . | . | * | . | . | . | . | |
| 5. Genus: ***Fossa*** . . . . . . . | . | . | . | . | . | ? | * | . | . | . | Fraglich ob auf Festlande Ost-A |
| Spec. 11. *Fossa d'Aubentoni* Gray | . | . | . | . | . | ? | * | . | . | . | |
| 6. Genus: ***Nandinia*** . . . . . | . | . | . | . | . | * | . | . | . | . | |
| Spec. 12. *Nandinia binotata* Gray | . | . | . | . | . | * | . | . | . | . | |
| 7. Genus: ***Hemigalea*** . . . . . | . | . | . | * | . | . | . | . | . | . | |
| Spec. 13. *Hemigalea Hardwickii* Gray . . . . . . | . | . | . | * | . | . | . | . | . | . | |
| 8. Genus: ***Arctogale*** . . . . . | . | . | . | * | . | . | . | . | . | . | |
| Spec. 14. *Arctogale leucotis* Blanf. | . | . | . | * | . | . | . | . | . | . | |
| „ 15. „ *trivirgata* Blanf. . | . | . | . | * | . | . | . | . | . | . | |
| 9. Genus: ***Paradoxurus*** . . . . | . | . | . | * | * | . | . | . | . | * | |
| Spec. 16. *Paradoxurus typus* F.Cuv. | . | . | . | * | . | . | . | . | . | . | |
| „ 17. „ *hermaphroditus* Blanf. . . . . | . | . | . | * | . | . | . | . | . | ? | Ob auf Celebes? |
| „ 18. „ *philippensis* F. Cuv. | . | . | . | * | . | . | . | . | . | . | |
| „ 19. „ *Jerdoni* Blanf. . . | . | . | . | * | . | . | . | . | . | . | |
| „ 20. „ *aureus* F. Cuv. . . | . | . | . | * | . | . | . | . | . | . | |
| „ 21. „ *Grayi* Blanf. . . | . | . | . | * | . | . | . | . | . | . | |
| „ 22. „ *larvatus* Gray . . | . | . | . | * | ? | . | . | . | . | . | |

| | I. | II. | III. | IV. | V. | VI. | VII. | VIII. | IX. | X. | Bemerkungen. |
|---|---|---|---|---|---|---|---|---|---|---|---|
| Spec. 23. *Paradoxurus leucomystax* Blanf. | . | . | . | * | . | . | . | . | . | . | |
| „ 24. „ *Musschenbrocki* Schlegel | . | . | . | . | . | . | . | . | . | * | |
| 10. Genus: ***Cynogale*** | . | . | . | * | . | . | . | . | . | . | |
| Spec. 25. *Cynogale Bennettii* Gray | . | . | . | * | . | . | . | . | . | . | |
| II. Subfam. **Herpestinae** | . | . | * | * | * | * | * | ? | . | . | Herpest. malacce[ns.] eingebürgert auf [St.] Lucia. |
| 11. Genus: ***Herpestes*** | . | . | * | * | * | * | * | ? | . | . | |
| Spec. 26. *Herpestes ichneumon* L. | . | . | * | . | . | * | . | . | . | . | |
| „ 27. „ *Widdringtoni* Gray | . | . | * | . | . | . | . | . | . | . | |
| „ 28. „ *griseus* Desm. | . | . | . | . | . | * | . | . | . | . | |
| „ 29. „ *persicus* Gray | . | . | * | * | . | . | . | . | . | . | |
| „ 30. „ *gracilis* Rüpp. | . | . | . | . | . | * | . | . | . | . | |
| var. 1. *H. melanurus* Thom. | . | . | . | . | . | * | . | . | . | . | |
| „ 2. „ *badius* Thom. | . | . | . | . | . | * | . | . | . | . | |
| „ 3. „ *ochraceus* Thom. | . | . | . | . | . | * | . | . | . | . | |
| „ 31. *Herp. sanguineus* Thom. | . | . | * | . | . | * | . | . | . | . | |
| „ 32. „ *galera* Erxl. | . | . | . | . | . | * | * | . | . | . | |
| „ 33. „ *pulverulentus* Wagn. | . | . | . | . | . | * | . | . | . | . | Madagaskar verwilde[rt] |
| „ 34. „ *punctatissimus* Temm. | . | . | . | . | . | * | . | . | . | . | |
| „ 35. „ *albicaudus* F. Cuv. | . | . | * | . | . | * | . | . | . | . | |
| „ 36. „ *Smithi* Blanf. | . | . | . | * | * | . | . | . | . | . | |
| „ 37. „ *malaccensis* F. Cuv. | . | . | ? | * | . | . | . | ? | . | . | Auf St. Lucia eingebürgert. |
| „ 38. „ *vitticollis* Blanf. | . | . | . | * | . | . | . | . | . | . | |
| „ 39. „ *cancrivorus* Hodgs. | . | . | . | * | * | . | . | . | . | . | |
| „ 40. „ *fulvescens* Blanf. | . | . | . | * | . | . | . | . | . | . | |
| „ 41. „ *semitorquatus* Gray | . | . | . | * | . | . | . | . | . | . | |
| 12. Genus: ***Helogale*** | . | . | . | . | . | * | . | . | . | . | |
| Spec. 42. *Helog. parvula* Sundeval. | . | . | . | . | . | * | . | . | . | . | |
| „ 43. „ *undulata* Peters | . | . | . | . | . | * | . | . | . | . | |
| 13. Genus: ***Rhinogale*** | . | . | . | . | . | * | . | . | . | . | |
| Spec. 44. *Rhinog. Melleri* Gray | . | . | . | . | . | * | . | . | . | . | |
| 14. Genus: ***Crossarchus*** | . | . | ? | . | . | * | . | . | . | . | |
| Spec. 45. *Crossarchus obscurus* Cuv. | . | . | . | . | . | * | . | . | . | . | |
| „ 46. „ *gambianus* O. Thom | . | . | . | . | . | * | . | . | . | . | |

| | I. | II. | III. | IV. | V. | VI. | VII. | VIII. | IX. | X. | Bemerkung |
|---|---|---|---|---|---|---|---|---|---|---|---|
| Spec. 47. *Crossarchus zebra* O. Thom. | . | . | ? | . | . | * | . | . | . | . | |
| „ 48. „ *fasciatus* Desm. . | . | . | . | . | . | * | . | . | . | . | |
| 15. Genus: ***Cynictis*** . . . . . . | . | . | . | . | . | * | . | . | . | . | |
| Spec. 49. *Cynictis penicillata* O. Thom. . . . . | . | . | . | . | . | * | . | . | . | . | |
| 16. Genus: ***Bdeogale*** . . . . . . | . | . | . | . | . | * | . | . | . | . | |
| Spec. 50. *Bdeogale crassicauda* Peters . . . . . . | . | . | . | . | . | * | . | . | . | . | |
| „ 51. *Bdeogale puisa* Peters . | . | . | . | . | . | * | . | . | . | . | |
| „ 51. „ *nigripes* Pucheran | . | . | . | . | . | * | . | . | . | . | |
| 17. Genus: ***Suricata*** . . . . . . | . | . | . | . | . | * | . | . | . | . | |
| Spec. 53. *Suricata capensis* Desm. | . | . | . | . | . | * | . | . | . | . | |
| III. Subfam. **Galidictinae** . . . . . | . | . | . | . | . | . | * | . | . | . | |
| 18. Genus: ***Galidictis*** . . . . . | . | . | . | . | . | . | * | . | . | . | |
| Spec. 54. *Galidictis vittata* Gray | . | . | . | . | . | . | * | . | . | . | |
| „ 55. „ *striata* Geoffr. . | . | . | . | . | . | . | * | . | . | . | |
| 19. Genus: ***Galidia*** . . . . . . | . | . | . | . | . | . | * | . | . | . | |
| Spec. 56. *Galidia elegans* Geoffr. | . | . | . | . | . | . | * | . | . | . | |
| 20. Genus: ***Hemigalidia*** . . . . | . | . | . | . | . | . | * | . | . | . | |
| Spec. 57. *Hemigalidia concolor* Doyere . . . . . | . | . | . | . | . | . | * | . | . | . | |
| „ 58. *Hemigalidia olivacea* Geoffr. . . . . . | . | . | . | . | . | . | * | . | . | . | |
| 21. Genus: ***Eupleres*** . . . . . . | . | . | . | . | . | . | * | . | . | . | |
| Spec. 59. *Eupleres Goudoti* Jourd. | . | . | . | . | . | . | * | . | . | . | |
| ? Spec. 60. *Viverra Griffithi* M. Lelland. . . . . . . | . | . | . | . | . | . | . | . | . | . | Ohne Ortsangal genauere B bung. |
| ? „ 61. *Paradoxurus macrodus* Blanf. . . . . . . | . | . | . | . | . | . | . | . | . | . | |
| ? „ 62. *Herpestes microcephalus* Temm. . . . . . | . | . | . | . | . | . | . | . | . | . | |
| Im Ganzen: Sub-Familien: . . . . | . | 1 | 2 | 2 | 2 | 2 | 3 | ? | ? | 1 | |
| Genera: . . . . . . . | . | 1 | 3 | 7 | 4 | 11 | 7 | ? | ? | 1 | |
| Arten: . . . . . . . . | . | 1 | 7 | 25 | 6 | 24 | 10 | ? | ? | 1 | |

Vorstehende Tabelle zeigt, dass am reichsten an Viverrenarten die indische und afrikanische Region ist. Relativ stark vertreten sind die Schleichkatzen in Madagaskar; ganz fehlen sie der arktischen Region und eingebürgert sind zwei Arten in Amerika. Heutzutage gehören sie zu den Charakterthieren der tropischen und subtropischen Zone der allen Welt. Vertreten sind sie durch 3 Subfamilien in 21 Genera mit 59 (62) Arten und 3 Varietäten.

---

## Familie II. Felidae.

| | | | | | |
|---|---|---|---|---|---|
| hneide-hne $^3/_3$; ·kzähne $^1/_1$; .M. $^3/_3$ ler $^2/_2$; $^1/_1$ oder $^1/_0$; leisch-hn $^1/_1$. | Krallen retractil | Keine Ohrpinsel, Schwanz lang, Beine mittelhoch: Genus I. **Felis** Linné. | Querstreifung ± deutlich (Vollkommene Katzenfellzeichnung). | Querstreifung vollkommen, Pupille rund . . . . . . . . . . | Subgenus 1. *Tigrina.* |
| | | | | Querstreifung weniger vollkommen, Pupille senkrecht, spaltförmig, Grösse gering . . . . . . | „ 2. *Cati.* |
| | | | Fleckenzeichnung (weniger vollkommene Katzenfellzeichnung) theils in Längsstreifung, theils in Einfarbigkeit übergehend, Pupille rund. | Nur in der Jugend gefleckt. ♂ mit Mähne | „ 3. *Leonina.* |
| | | | | Nur in der Jugend gefleckt. ♂ ohne Mähne | „ 4. *Unicolores.* |
| | | | | Fleckenzeichnung sehr deutlich, ohne bestimmte Anordnung . | „ 5. *Pardina* der alten W |
| | | | | Flecke in deutlichen Längsreihen | „ 6. *Servalina.* |
| | | | | „ „ Längsreihen, die allmählich in Längsstreifung übergehen (gering entwickelte Katzenfellzeichnung) . . . | „ 7. *Pardina* der neuen W |
| | | Ohrpinsel, Schwanz kurz, Beine hoch, Genus II. **Lynx** Wagn. | | Quergestreift . . | „ 8. *Chaus.* |
| | | | | Einfarbig . . . | „ 9. *Caracal.* |
| | | | | Deutlich gefleckt | „ 10. *Lynx.* |
| | Krallen nicht retractil, keine Ohrpinsel, Schwanz lang, Beine sehr hoch . . . . . . . . . . . . . . . . . . . . | | | | Genus III. **Cynailurus** Wagler |
| neidezähne $^3/_3$, Eckzähne $^1/_1$, Backenzähne $^4/_4$, nackte Sohlen, entwickelte Afterdrüsen, einfarbiges Fell, langer, niedrig gestellter Leib (Viverren nahe) . . . . . . . . . . . . . . . . . . . . . . . . . | | | | | Genus IV. **Cryptoprocta** Ben |

## Genus I. Felis Linné.

### Subgenus 1. Tigrina.

63. *Felis tigris* Linné.

*Felis regalis alba* Fitz. — *F. regalis hybrida* Fitz. — *F. striatus* Sewerz. — *F. tigris* Adams, Brtl., Bennett, Blainv., Blyth., Bodd., Briss.,

Busk., Cuv., F. Cuv., Desm., Desmoul, Elliot, Ehrenb., Erxl., Fisch., Flower, Gerv., Giebel, Gmel., Griff., Horsf., Hutton, Jard., Jerd., Illig, Lacèp., Lesson, Mac Masters, S. Müll., Pall., Reichenb., Schleg., Schreb., Sclater, Swains., Swinhoe, Temm., Vigers, Wagn., Zimmermann. — *F. tigris alba* Fisch. — *F. tigris* var. *alba* Fisch., Fitz., Jard., Reichenb., Wagn. — *F. tigris* var. c *alba* Lesson. — *F. tigris altaicus* Temm. — *F. tigris hybrida* Fitz. — *F. tigris longipilis* Fitz. — *F. tigris* var. a *mongolica* Lesson. — *F. tigris* var. b *nigra* Lesson. — *F. tigris sondaica* Fitz. — *F. tigris* var. Müll., Schleg., Wagn. — *Tigris asiatica* Klein. — *Tigris regalis* Fitz., Gray, Hodgs.

Dieses weitverbreitete furchtbare Raubthier hat natürlich eine Menge Namen. Die Hindu nennen es „bagh, scher, nahar, ♀ baghni, scherni“: in Central-Indien heisst es „sela-vagh“; bei den Mahratten „wahag, patayat-bagh“; im Sindh „shinh“; in Kaschmir „padursuh“; in Bengalen „govagh“; bei den Hügelstämmen von Radjmehal „tut, sad“: bei den Kolain in Chutia-nagpur „garum-kula“; bei den Oraon „lakhra“; bei den Kondh „krodhi“; bei den Sonthal in Orissa „kula“; bei den Tamilen „puli, puli-redda-puli, perampilli“: bei den Telugu-Drawidas „pedda-puli“: bei den Malayalis „peraim-puli, kudua“: bei den Canaresen „kuli“; bei den Kurgh „nari“; bei den Toda „pirri, bürsch“; in Tibet „tay“: im Bhutan „tukt, tük“: im Leptchadialect „sathong“: bei den Limbu „kechoa“; bei den Aka „shi“: bei den Garha „matsa“: bei den Khasi „kla“; bei den Naga „sa, bagdi, tekhu, khudi“; in der Kukisprache „humpi“: bei den Abar-Hügelbewohnern „sumyo“; bei den Khamti in Assam „sü“; bei den Singpho „sirong“; in der Manipurisprache „kei“; im Kocharidialect „misi“; bei den Birmanen „kya, koja“; bei den Talain „kla“; bei den Karengs in Siam „khi, botha-o, tupuli“; in der Schansprache „iltso“; bei den Malayen „rimau, harimau bessâr“; bei den Javanen „simo, matjan lorok, matjan-loreng, matjan-gide“; nicht minder zahlreich sind seine mongolischen Namen; so bezeichnen ihn die Tungusen an der Tyrma, die Jakuten und Dauren „kachai, hög-dyngu“; die Giljaken des Festlandes nennen ihn „att, märeder“, auch „chalowitsch“: die Giljaken der Westküste Sachalins „klutsch“, die der Ostküste „klumtsch“: die Orotschen „dussä“; die Mangunen „mare mafa, düssa“; die Goldier „mafa (der Alte), kuty mafa“: die Birartungusen „lawgun“; die Chinesen

„lao-hou, lou-chou“; die Monjagern „migdu“; die Orotschonen „baber“; die Urjanchen am Kossogol „kungu-rochen“; die Burjäten „bar“: die Dauren „najangurussu“; die Tungusen „erön-gurussu, logo, lawun, loja, laucho“; die Mandschu „lomak, tosgha“; die Usbeken und Karakalpaken „yulbars“; die Kirgisen „djulbars“; die Japaner „tora“; bei den Belndschen lautet sein Name „mazar“; bei den Persern „babèr“.

Der Königstiger, neben dem Löwen unstreitig einer der imposantesten Repräsentanten aus der Familie der Katzen, bewohnt ein ausgedehntes Gebiet und unternimmt ausserdem häufig weite Streifzüge über die Grenzen seines ständigen Verbreitungsbezirkes hinaus. Als seine eigentliche Heimath dürfen wir die heissen Länder Asiens betrachten. In Vorder-Indien ist der Tiger allenthalben häufig und nur an wenigen Orten — so z. B. an der Südspitze, an der Koromandelküste — ist es gelungen, ihn auszurotten. Ueberhaupt scheint ihn die wachsende Cultur eher anzulocken als zu vertreiben.

Durch Guzerate, die Radjpatana, die Centralprovinzen und die Präsidentschaft Bombay, ferner das westliche Pendjab, das Teray reicht er bis in das Himalayagebirge hinauf, in dessen Wäldern er bis zu einer Höhe von 3150 m zu treffen ist. Im Innern des Gebirges aber fehlt er ebenso wie am unteren Indus und auf der Insel Katch vor dem Rhan-Liman. Ob er hier ausgerottet wurde oder überhaupt nie gelebt hat, muss unentschieden bleiben. Für den Oberlauf des Indus, besonders Balti, liegen mehrere sich widersprechende Angaben vor, doch scheinen uns die, welche sein Vorkommen in Balti in Abrede stellen, eher Glauben zu verdienen.

Nach Osten treffen wir den Tiger in den Djungeln Bengalens, in Birma, Assam, im Rangoondistrict, in Cochinchina, Hinter-Indien, Kambodscha und auf der Halbinsel Malacca, von wo aus er immer neue Einfälle, den Meeresarm überschwimmend, auf die Insel Singapoore unternimmt. Im ostindischen Archipel haust er auf Sumatra, Java. Für Borneo ist seine Existenz sehr fraglich und den übrigen Inseln fehlt er entschieden. Obwohl Schinz und Knauer's „Zool. Wörterbuch“ ihn für Ceylon nennen, so stehen dem stricte Angaben englischer Forscher entgegen — ja er scheint dieser Insel niemals angehört zu haben.

Nach Westen können wir seine Spuren über Beludschistan, vielleicht auch einen Theil Afghanistans (bei Herat, während er am Murghab fehlt), bis nach Persien verfolgen, wo die sumpfigen Waldniederungen Massenderans und Ghilans, das schluchtenreiche Gebirgsland Adherbeidschan ihn noch zahlreich beherbergen. Nach Südwest erreicht er die Euphratebene nicht, wohl aber findet man ihn in den angrenzenden persischen Bergen. Die Grenzen seiner westlichen Ausbreitung scheinen am Ararat, im persischen Armenien zu liegen, während er im Norden im Elbrusgebirge (Hyrcanien) bis 1600 m hinaufsteigt.

Früher wurden Tiger in der Umgebung von Tiflis erbeutet, jetzt erreicht er den Kaukasus ganz entschieden nicht. Wenn der Tiger auch als seltenes Wild an der persisch-russischen Grenze bei Astara getroffen werden mag, so ist es doch sehr fraglich, ob er bis in die Berge und Sümpfe bei Lenkoran streift. Walter's Ansicht, dass beim Orte Kumbaschinsk, 21 km von Lenkoran, gesehene Tiger bloss Ueberläufer seien, dass in den meisten Fällen wohl Verwechselung mit dem Panther stattfand, kann ich nach eigenen Erkundigungen an Ort und Stelle bestätigen. Ich habe die Gegend um Lenkoran auf mehr als 40 km im Umkreise durchstreift, bei den Dorfbewohnern genaue Erkundigungen eingezogen — allenthalben kannte und beschrieb man mir den „päleng", so heisst hier der Panther — dagegen wusste man vom Tiger nur von Hörensagen oder nach aus Persien erhandelten Fellen. In Transcaspien haust der Tiger im Winter im Thal am mittleren Kuschk, bei Morkala und Tschemen-i-bid, am Kopetdagh südlich vom Bendesenpass, an der Tedschenmündung und Sarax, und geht an den Flussläufen, längs dem Karabend, Sumbar und Tschandyr, deren dichtbewachsene Ufer reiche Beute an Sauen und anderem Wild bergen, bis nach Turkestan und Buchara hinauf. Sewerzow giebt den Tiger als ständigen Bewohner des Semiretschensker Gebietes, am Issik-kul, oberen Naryn und Aksai, bei Kopal und Wernoje an; ferner für die Gegenden am Tschu, Talas, Dschumgal, Sussamir, unteren Naryn, Sonkul und Tschatyrkul. Am Karatau und Tjanschan steigt er bis an den oberen Arys, Keles, Tschirtschik und deren Zuflüsse hinauf. Am unteren Syr-Darja lebt er vom Delta bis zur Einmündung des Arys. Auch das Sarafschanthal, die Gebirge zwischen Sarafschan, Syr-Darja und der Steppe Kisilkum beherbergen ihn. Vertical findet man ihn hier bis 2300 m, im Sommer sogar bis 4000 m. Dem Amu-Darja folgt er bis zum Aralsee, wo er in der Chiwa-Oase den Wald bei Nasar-chan und Arysbalyk bewohnt, wie auch die Schilfdickichte am Kuwan-Darja und Jan-Darja, während er anderen Theilen dieser Oase und der Wüste fehlt. Am Syr-Darja wandert er bis in das Gebiet des Balchaschsees hinauf. Hier wird er seltener, lebt aber doch beständig an den grösseren und kleineren Seen, deren Rohrwälder ihm Unterschlupf bieten. Weiterhin erstreckt sich sein Gebiet über die Dsungarei (Kuldscha), den unteren Tarim, Lob-noor und Tibet, sowie die chinesische Provinz Tarbagatai am südwestlichen Ende des Saisan. Nach Norden geht er durch die Mongolei, das Altaigebirge bis an den oberen Irtisch. Ischim und Ob, wo er bei Barnaul, Omsk, Wernoje, Tschelaba und Kolywan erlegt wurde. In der Kirgisensteppe begegnet man ihm im Bijsker Kreise (Bij-Quellfluss des Ob). Am Ili (südöstliches Ufer des Balchasch), bis 200 km den Fluss hinauf, bemerkt man seine Spuren oft auf Sandhügeln, zwischen den Schilfhorsten. Früher kam er auch beim Orte Ilijskije-Wisselki, am Unterlauf der Lepsa und am Tentek vor.

Bei Irkutsk, am Ausfluss der Angara aus dem Baikalsee und am oberen Jenissei erreicht der Tiger seinen nördlichsten Punkt (53° n. Br.). Von hier geht er durch Transbaikalien, das Chingganggebirge, die Mandschurei in das Amurland und an den Ussuri (Bykien). Man hat ihn in diesem Gebiete an verschiedenen Orten beobachtet, von denen wir hier die wichtigsten aufführen. Am Argunj, dem Quellflusse des Amur, wurden Tiger von der Grenzwache bei Ust-strelka und beim Dorfe Ischaga (Nertschinskij-sawod) bemerkt. An den Flüssen Dseja, Tyrma, Kebeli und am Südabhange des Stanowoigebirges ist er selten. Am oberen Amur, unterhalb des Bureja-gebirges, im Lande der Golde, am Ssungari und Ussuri ist er zahlreich vorhanden, besonders bei den Dörfern Dschaada, Turme und Kinda (unterer Ussuri); ferner bei den Niederlassungen Agdezkij, Mutscha und Dawanda (linkes Amurufer unterhalb des Ussuri); seltener tritt er auf bei Naichi und Dschare am Geonggebirge, am Chongar, Noor- und Balongsee. Bei Ongmoi und Adi oberhalb der Gorinmündung, im Gorinthal nahe beim Mochada-gebirge, am Jai (Zufluss des Amur bei Kidei) kommt er öfter vor, beständig aber hält er sich bei Ssurku (50° n. Br.), am Flusse Tundschi und in den Schachscha-chada-Höhen am rechten Amurufer (unterhalb der Mündung des Flüsschens „U“), im oberen Ditschunthal und in den Salbatschibergen (süd-östlich vom Schachscha-chada), sowie im Dschewinthale. In den Ebenen oberhalb des Burejagebirges, in den nackten Hochsteppen Dauriens fehlt der Tiger oder erscheint nur auf Streifzügen höchst selten. Ebenso ist er nur selten zu spüren an der chinesischen Grenze, bei den Urjänchen und im Chinggang-Gebirge. Vom Emalande und Wladiwostock zieht sich sein Verbreitungsgebiet nach Süden durch Korea in das chinesische Reich, wo er bei Amoy sehr gemein ist. Nord-China fehlt er auch nicht, aber in der Mongolei und der Wüste Gobi, sowie am Dalai-noor ist er selten, in der Provinz Gansu soll er überhaupt unbekannt sein. In Hinterindien bewohnt er das Irawaddithal in grosser Menge. Im Küenlün fehlt er: im Pamir erscheint er zuweilen als Gast (am Alaj).

Ob man den Tiger auf Japan suchen darf, ist sehr fraglich. Auf Sachalin hat man welche erlegt, wohl solche, denen das Gefrieren der Tatarischen Meerenge den Uebergang ermöglichte. Diese Besuche dürften ziemlich oft stattfinden, da dieses Raubthier auf der Insel an verschiedenen Orten, am Oberlauf der Tymja, am Poronaj, am Cap Lasarew, gesehen wurde. Das Südende der Insel hat es nie erreicht. Hainan beherbergt den Tiger ebenfalls.

Der sibirische Tiger — *Felis longipilis* Fitz. — ist mit der typischen Form vollkommen identisch, nur ziert ihn ein längeres, dem rauheren Klima angemessenes Kleid. Dass es auch Albinos unter den Tigern giebt, beweist die von einigen Autoren als *F. tigris alba* beschriebene Tigerin, welche in der Menagerie zu Exeter-Change bei London lebte. Bastarde zwischen Löwen und Tigern kommen selbstverständlich nur in der Gefangenschaft vor, woher die Aufstellung einer Varietät *F. tigris hybrida* kaum zulässig erscheint. Wohl aber darf als gute Varietät angesehen werden

Var. *Felis tigris sondaica* Fitz.

*F. tigris* var. Müll., Schleg., Wagn.

Sie kommt auf Java, Bali, Sumatra, vielleicht auch Borneo vor.

64. *Felis macroscelis* Temm.

*F. brachyura* Blyth. — *F. Diardi* Blyth, Cuv., Desmoul., Elliot, Fisch., Jard., Reichenb., Swains. — *F. macroscelis* Blyth, F. Cuv., David, Fisch., Geoffr., Gerv., Giebel, Hodgs., Horsf., Jard., Lesson, Reichenb., Swinhoe, Tickell, Vigors, Wagn. — *F. macrosceloides* Blyth, Gray, Hodgs. — *F. nebulosa* F. Cuv., Griff., Horsf., Jard., Reichenb., H. Smith, Swains., Temm., Vigors. — *F. nebulosus*

Lesson. — *Leopardus brachyurus* und *macrocelis* Swinhoe. — *Neofelis brachyurus* Gray. — *Neof. macroscelis* Brehm, Gray. — *Panthera Diardi* Fitz. — *P. macroscelis* Fitz., Wagn. — *P. nebulosa* Fitz. — *P.* (*Uncia*) *macroscelis* Sewerzow.

Der Nebelparder, der „pungmar, satschuk" der Leptcha, „zik" der Limbu, „kung" der Bothia, „rimau-kitchil" der Bewohner Borneos, „rimau-akar" der Sumatraner, „lamchitia" der nepalesischen Khas-Stämme, „thit-kyung" der Birmanen, „harimau-dahan" (Baumtiger) der Malayen, stellt in Bezug auf Gestalt und Zeichnung eine dem Tiger sehr nahe Form dar. Seine Heimath ist Südost-Asien. Auf dem Festlande bewohnt er die waldbedeckten Gebirge der malayischen Halbinsel, Birmas, Assams und Siams. Nach Westen steigt er im südöstlichen Himalaya bis zu 3000 m Höhe, so bei Dardschiling, in dessen Umgebung er häufig beobachtet wurde. Ebenso ist er in Sikhim, Buthan, Nepal in den höheren Regionen häufig (nach Jerdon). Ob er auch in Tibet heimisch, wie Hodgson angiebt, kann angezweifelt werden, weil diesen Gebieten der Wald, eine Hauptlebensbedingung für dieses Thier, gänzlich mangelt. In der Provinz Moupin bewohnt er die Bambuswälder. Unter den Inseln haust er auf Borneo, Sumatra, Java, den Batoe-Inseln und Hainan. Auf Formosa erbeutete ihn Swinhoe (*F. brachyurus*). Sein Vorkommen auf Celebes ist sehr fraglich.

In China kommt er wahrscheinlich bis über den Jantsekiang hinaus vor, wenigstens haben wir Berichte darüber aus Hankou, Schensi und Setschwan. Die beiden letzteren Orte gehören der Provinz Schensi an, welche nördlich bis an die grosse chinesische Mauer, also fast bis zum 40° n. Br. heranreicht.

### 65. *Felis marmorata* Martin.

*Catolynx Charletoni* und *marmorata* Gray. — *Felis Charletoni* Blyth, Horsf. — *F. Diardi* Jard., Reichenb. — *F. Duvaucelli* Hodgs. — *F. longicaudata* Blainv. — *F. marmorata* Blyth, Elliot, Giebel, Jard., Wagn. — *F.* (*Pardofelis*) *marmorata* Sewerzow. — *F. Ogilbyi* Hodgs. — *Leopardus dosul* Gray, Hodgs. — *Leop. marmoratus* S. E. Gray. — *Panthera marmorata* Fitz., Wagn. — *Pardus marmoratus* Geibel. — *Uncia Charletoni* Gray.

Die Marmelkatze wird bei den Bothia „sikmar", bei den Leptcha „dosal" genannt und bewohnt fast dasselbe Gebiet, wie ihr Verwandter, der Nebelparder. In Java, Borneo, Sumatra ist sie häufig.

Ueber die Halbinsel Malacca geht sie durch Birma, die Hügelregion von Assam nach Südost-Asien, bis in den Himalaya hinauf, wo sie in Sikhim und Buthan allgemein bekannt ist. Bei Dardjiling sind Marmelkatzen öfter erbeutet worden.

Nahe verwandt mit dieser Art ist

66. *Felis tristis* A. Milne-Edwards.

*Felis tristis* Elliot.

Das einzige Exemplar, welches nach Europa gelangte, befindet sich in London. Die Heimath dieser Katze ist, so weit man in Erfahrung gebracht hat, die Mongolei, Tscheli, China, Setschwan, wo sie Fontanier fand.

**Subgenus 2. Cati.**

67. *Felis catus* L.

*Catus catus* Wagn. — *Cat. ferus* A. Brehm, Fitz., Giebel. — *Cat. silvestris* Haller. — *Felis catus* Bell., Blainv., Clerm., Cuv., F. Cuv., Danf. und Alston., Dawk. und Sand., Desm., Desmoul., Elliot, Erxl., Fisch., Fitz., Forster, Geoffr., Gerv., Giebel, Gmel., Gloger, Gray, Jäger, Jard., Jenyns, Illig., Blas. und Keys., Leidig, Lesson, Loche, Müller, Nils., Pall., Reichenb., Sewertz., Temm., Wagl., Wagn., Zawadzky, Zimmerm. — *F. catus ferus* Bell., Badd., Brehm, Erxl., Gmel., Griff., Pall. — *F. catus* var. *morea* Reichenb. — *F. silvestris* Briss., Schreb. — *Gattus serrestris.*

Die Wild-Waldkatze, der Waldkater, Kuder, Baumreiter, „Gato montes, silvestre“ der Spanier, „moes-geddu“ der Tataren, „yarva-maschak“ der Türken Yarkands, „yaban-kedi“ der kleinasiatischen Türken, „koschka divokà“ der Tschechen, „gatto salvatico“ der Sarden, fiad-chait“ der Gälen in Wales, „cat-fiadhacht“ der Iren, ist die einzige Felidenart, welche bis in unsere Zeit Deutschland und Westeuropa ziemlich zahlreich bewohnt. In ganz Europa, ausgenommen Skandinavien, Nord- und Mittel-Russland, trifft man sie an. In Spanien haust sie in den Hochgebirgen; Frankreichs Mittelgebirgswaldungen bieten ihr sichere Schlupfwinkel, besonders am oberen Rhonelaufe und an der Saone, wo sie genau dasselbe Leben führt, wie in den Waldgebirgen Deutschlands. Der Harz (Wernigerode, Eichhorst, Gedern-Hohenstein), der Thüringerwald (Sachsen-Coburg im Hainich bei Nazza), seltener der Frankenwald, der Oden- und Schwarzwald beherbergen den Waldkater. Gemein ist er im Bodethal, bei Treseburg, Rüdenhausen und Homburg, im Hannöverschen und Braunschweigischen. In Württemberg spürt man ihn bei Mergentheim, in Baden und bei Irlbach in Bayern kommt er hier und da zum Abschuss, ebenso in der Pfalz (Forstamt Langenberg). Durch die norddeutsche Ebene verbreitet sich derselbe bis Westpreussen, wenn er hier auch weniger oft vorkommt, als im Teutoburger Walde, Westfalen, dem Rhöngebirge, dem sauerländischen und hessischen Berglande, den Vogesen, der Eifel und zu beiden Seiten des Rheins, wo er stellenweise so gemein sein soll, wie der Fuchs. 1535 war *C. ferus* in Rügen und Neuvorpommern nicht selten, während er dort, wie auch in Mecklenburg, jetzt ausgestorben ist. 1639 spürte man ihn bei Konsrade. 1820—21 erlegte man einige auf dem Gute Lüsewitz und 1840 bei Rathspalk unweit Teterow. Ebenfalls ausgerottet ist er in Oldenburg. In Böhmen, dem Böhmerwalde, Erzgebirge, in Schlesien, Mähren und Galizien werden noch alljährlich Wildkatzen geschossen, obwohl sie, besonders in Böhmen, recht selten geworden sind, wenn man die früheren Schusslisten in Betracht zieht. In Frauenburg war die Wildkatze z. B. 1770 noch gemein und am Winterberg wurden in den Jahren 1720—1828 29 Stück erlegt. Im Blansker Walde und Südböhmen wurden einige 1835 und 1836 eingeliefert. In den Karpathen, Siebenbürgen, Kärnthen, Krain und Steiermark trifft man diesen Räuber oft genug. Besonders bevorzugt er das Bethlerer Revier, wie es scheint, und in Ungarn die Marmaros, die Gegend von Kisjenö, Gödöllö, Munckacs, Szent-Miklos, Torontal, das Komitat Warasdin, den Bakonyer Wald, im Komitat Temes die Wälder von Rekâs, wo sogar ganz rothgelbe Exemplare erbeutet wurden. Ferner begegnen wir dem Kuder in Slavonien (Detkovasz ein Exemplar von 1 m Länge), Kroatien, Dalmatien, in den Donauländern, Serbien, Bosnien und Rumänien. Tirols Hochgebirge und die schweizerischen Alpen, besonders die Cantone Bern, Luzern, Uri, Unterwalden, Schwyz, Glarus, Zürich, Thurgau, Wallis, besitzen ebenfalls die Wildkatze; im Jura steigt sie bis 1700 m hinauf. In der montanen Region von Chur ist sie ausgerottet und fehlt den Gebirgen Bayerns. Am Lago Maggiore bei Maccagno wurde 1868 eine erbeutet, in Italien selbst ist sie aber äusserst selten, ebenso auch auf Sardinien. Nachgewiesen ist sie für Bulgarien (bis 1300 m), die Balkanhalbinsel, die Türkei und Griechenland. Nach Norden geht sie bis Dänemark hinauf. In Grossbritannien ist sie jetzt nur auf gewisse Gegenden beschränkt. In England existirt sie noch in Wales, Lancashire, Montgomeryshire; in Schottland in Arran und südlich vom Forth of Clyde, sowie bei Perth, Aberdeen, Argyle, wo sie sogar häufig sich spüren lässt, dann bei Ross, Cromarty und in Sutherland. Am Loch Lomond ist sie seit zehn Jahren ausgerottet. In Irland fehlt sie entschieden. In Holland fing man neuerdings ein Exemplar bei Kamperveen.

In Russland fehlt sie dem Norden. 1805 traf man die wilde Katze selten im kurischen Oberlande an der Düna; 1828 gab es auch noch welche, 1830 keine mehr im Bialowescher Walde, während sie in früheren Zeiten möglicherweise noch das ganze Gouvernement Grodno und die nächste Nachbarschaft bewohnte. 1843 lebte die Wildkatze noch an der Weichsel, ist nun aber in Polen eine grosse Seltenheit. Im mittleren Russland giebt es keine echten Kuder, im Süden kommen sie nur in den Ausläufern der Karpathen bis an den Dnjestr vor. Der Krym fehlen sie, ebenso dem Ural und Sibirien. Die Angaben für Jekaterinburg, Slatoust, sowie Blanford's Angaben für Yarkand und Marach in Turkestan, sind Verwechselungen mit dem Manul. In Persien soll man die Wildkatze am Kamaraj-Pass, zwischen Schiraz und Buschiré, beobachtet haben, doch ist das auch noch fraglich. Im Schilfe des Kuban-Unterlaufes, im Kaukasus auf der Nord- und Südseite lebt sie sicher, denn man fand unzweifelhaft echte Exemplare an der Kuma, in Grusien, bei Borschom (westlich von Tiflis), in Abchasien, dem alten Kolchis (Kutais) und im talyscher Tieflande (Lenkoran). Bei Petrowsk am Kaspisee (Daghestan) sah ich ein riesiges, im Tellereisen gefangenes Exemplar, welches lange Zeit regelmässige Besuche auf dem Gehöfte einer Brauerei abgestattet hatte. In Kleinasien wurde sie bei Zebil in einer Höhe von 1000—1200 m erbeutet, scheint aber dort selten aufzutreten. In Sicilien und Nordafrika fehlt sie entschieden.

### 68. *Felis manul* Pall.

*Catus manul* Giebel, Wagn. — *Felis caracal* Zimm. — *F. catus* var. *manul* Fisch. — *F. manul* Blas., Blyth, Bodd., Cuv., Clerm., Desm., Desmoul., Elliot, Fisch., Fitz., Giebel, Gray, Gmel., Keys., Lesson, A. Milne-Edwards, Murray, Reichenb., Schreb., Temm., Wagn. — *F. nigripectus* Hodgs. — *Lynx manul* Boit. — *Lynx?* var. Tennant. — *Octolabus manul* Sewerzow.

Der Manul, „manul" der Tataren, „malem" der Bucharen, „jalâm" der Baschkiren, „mala" der Tungusen, „stepnaja" und „kamennaja koschka" der Transbaikalkosaken, hat seine Heimath in den Felsgegenden Südost-Sibiriens, der Mongolei und Tartarei. Der Manul übersteigt nach Norden den Rand der Hochgebirge Mittelasiens nur an wenig Stellen. Man trifft ihn im Altai, in Turkestan, im Semiretschje, am Issik-kul, oberen Naryn, Aksai, Tschu, Talas, Djumgal, Sussamir, unteren Naryn, Sonkul, Tschatyrkul, wo er bis 1200 m ständig haust. In Südsibirien geht er bis an den Baikalsee, an den oberen Jenissei, ins Land der Darchaten und Urjänchen, an den Südabhang des Sajanischen Gebirges. Am Kossogolsee, in den centralasiatischen Gebirgen, im Nosorgebirge am oberen Irkut, bei Changinsk ist er ebenso gemein, wie in der Steppe an der Selenga bis zu deren rechtem Zuflusse, der Uda (Werchneudinsk). Am Nordrande des Hohen Gobi ist er selten. In Ladak und Tibet will ihm Strachey begegnet sein, doch soll er hier nicht südlicher, als die Himalayaregion reicht, vorkommen. In Tscheli, der Mongolei, am Tengri-noor, Gansu ist er sehr gewöhnlich. Russische Reisende wiesen ihn für den unteren Tarim, den Lob-noor, Nord-Tibet (Burchan-buddha), für Daurien und für die Gegend am Onon nach. Von den Grenzwachen wurde er am Soktui, Abagaitui, am Tarei-noor, in der Anginski-Steppe (nördlich vom Onon), ferner in den Adantscholonbergen, am Dalai-noor und oberen Sungari beobachtet. An der Oka, am oberen Irkut und bei den Sojoten fehlt er. Europa weist die Steppenkatze nur in seiner südöstlichsten Ecke, am Ural, auf.

### 69. *Felis maniculata* Cretzschm.

*Catolynx maniculata* Fitz., Gich., Wagn. — *Chaus caffer* Gray. — *Ch. caligatus* Fitz. — *Ch. libycus* Gray. — *Ch. nigripes* Fitz. — *Ch. pulchellus* Gray. — *Ch. Rüppelli* Fitz. — *F. bubalis* Wagn. — *F. bubastis* Blainv., Ehrenb. — *F. caffra* F. Cuv., Desm., Elliot, Fisch., Fitz., Geoffr., Gerv., Gray, Lesson, de Murs, Prevost, Reichenb. — *F. caffra obscura* Fitz., Reichenb. — *F. caligata* Blanf., Bruce, F. Cuv., Fisch., Geoffr., Gerv., Giebel, Gray, Jard., Kirk, Lesson, Peters, Smuts, Reichenb., Temm., Wagn. — *F. (Catolynx) caligata* Sewerzow. — *F. chaus* Cretzschm., Cuv., F. Cuv., Desm., Desmoul., Griff., Rüpp., Thunb. — *F. cristata* Lat. — *F. dongolana (dongolensis)* Ehrenb. — *F. inconspicua* Gray. — *F. libyca* Geoffr., Gerv., Oliv. — *F. maniculata* Blainv.,

Blanf., Fisch., Fitz., Geoffr., Gerv., Giebel, Gray, Jard., Jesse, Lesson, Reichenb., Rüpp., Temm., Wagl., Wagn. — *F. margarita* Loche. — *F. nigripes* Burchell, Fisch., Griff., Jard., Lesson. — *F. obscura* F. Cuv., Desm., Lesson. — *F. pulchella* Gray, Fitz., Wagn. — *F. Rüppelli* Brandt, Reichenb., Schinz. — *Leopardus inconspicuus* Gray. — *Lynchus caligata* Jardine. — *Lynx caffra* Fitz. — *L. caligata* Wagn. — *L. Rüppelli* Fitz.

Die Falbkatze, arabisch „tiffeh, tiffahl, got el chalah", amharisch „demet, jadur demat, hachla", in Tigre „okul dumo", im Maghreb „khut el khalah", bei den Monbuttu „nango", bei den Dinka „angau", bei den Djur „bang, guang", bei den Bongo „mbira-u", bei den Njamnjam „dandalah", bei den Golo „dahwe", bei den Kredj „lehdsche", bei den Ssehre „ssahte", bei den Mittu „ngorroh", bei den Namaqua „tsipa" genannt, wird gewöhnlich als die Stammform unserer Hauskatze angesehen. Das Centralgebiet Afrikas scheint ihre eigentliche Heimath zu sein. Schweinfurth fand sie bei den Dinka, Djurr, Bongo, Njamnjam, Golo, Kredj, Ssehre, Mittu und berichtet über ihre leichte Zähmbarkeit. Andere Forscher trafen sie in der Bahjudawüste zwischen Chartûm und Ab-dôm, in der Tura el chadra (südlich von Chartûm). Im Ost-Sudan ist sie gemein und geht am weissen Nil bis Ambukôl hinauf. Ostafrika, Aegypten (im Ueberschwemmungsgebiete, am Menzale-See, auf der Nilinsel Esneh), Nubien (Bahr el Djebel), Dongola, Kordofân, die Küstengebiete am Rothen Meere, die Libysche Wüste, Abessynien (besonders die Provinz Takka) besitzen diese Katze seit Menschengedenken. In der Wüste hält sie sich in der Nähe der Oasen (Chargeh, Beni Mzab). Nordafrika fehlt sie ebenfalls nicht, obwohl genauere Angaben nur für Algier vorliegen. Nach Süden finden wir sie an der Mozambiqueküste, in dem Kaffernlande, bei den Damara, Namaqua und am Cap, sowie bei den Bachapins. In der Kalahari ist sie durchaus nicht selten und in Ugogo, Tingasi, bei den Monbuttu, Gadda, sowie im Hoch-Sennaar (Sero bei Launi) sehr gemein. Vielleicht geht sie auch vom Cap bis an den Congo. In Asien bewohnt sie Palästina, Syrien, Arabien. Varietäten dieser Katze sind:

Var. 1. *Felis Hagenbecki* Noack.,

welche im Somalilande leben soll, von wo sie Hagenbeck erhielt und Noack beschrieb, und

Var. 2. *F. caffra*, var. *madagascariensis?*
die im Leydener Museum sich befindet, von Madagascar (Mouroundawa, Passumbé).

### Subgenus 3. Leonina.

70. *Felis leo* Linné.

*Felis barbarus* var. *α.* Fisch., Lesson. — *F. capensis* Smuts. — *F. guzeratensis* Smee. — *F. hybridus* var. *δ.* Fisch., var. *G.* Lesson. — *F. leo* Bartl., Blainv., Blyth, Bodd., Cuv., F. Cuv., Desm., Desmoul., Elliot, Erxl., Fisch., Gerv., Giebel, Gmel., Gray, Griffith, Harris, Hutton, Jard., Jerdon, Illig., Keys., Blas., Kirk, Lacepêde, Lesson, Loche, Reichenb., Schreb., Sclater, Smuts, Smee, Temm., Tristr., Zimm. — *F. persicus* Bennett, Swains., Temm., Wagn. — *F. persicus* var. *γ.* Fisch., var. *D.* Lesson. — *F. senegalensis* var. *β.* Fisch., var. *B.* Lesson. — *Leo africanus* Jard., Swains. — *Leo asiaticus* Jard. — *L. barbarus* Gray, Fitz., Wagn. — *L. capensis* Fisch., Fitz. — *Leo gambianus* Gray. — *L. goojrattensis* Gray, Smee. — *L. guzeratensis* Fitz., Reichenb., Wagn. — *L. nobilis* Gray. — *L. persicus* Fisch., Swains. — *L. persicus* sive *asiaticus* Reichenb. — *Tigris leo* Sewerzow.

Der „König der Thiere" hat in den verschiedenen Gebieten, die er bewohnt, verschiedene Namen, welche auch meist den Begriff „Herr, Herrscher" wiedergeben. Bei den Arabern heisst er „sabha, sabaá, essed oder assad"; in Mesopotamien „libâ'a"; bei den Berbern „kôgi, kua, assadgî, tobiô"; bei den Bewohnern von Malange „tambué" und ebenso bei den Luba; bei den Ovambos „ongeama"; in Abessynien „ambassá, o'háde, komirú"; in Kanem „kurguri"; bei den Danakil „lobak"; bei den Somali „libah"; bei den Mischvölkern an den Wüstenrändern „ma'au"; bei den Dinka „kohr"; bei den Djur „mu"; bei den Bongo „pull"; bei den Njamnjam „mbongonuh"; bei den Golo „ssingili"; bei den Kredj „ganjekasa"; bei den Ssehre „sirringinni". In Asien bezeichnen ihn die Perser mit „shir, aslan, gehad"; die Hindu mit „singh, schêr, babar-schêr"; in Guzerate heisst er „untia-bagh" (Kameeltiger); in Kattyawar (Bombay-Präsidentschaft) „sawach"; in Bengalen „shingal"; in Kashmir „süh, suh" (das Männchen), „sinning" (das Weibchen); im Brahui-Dialect (Beludschistan) „rastar".

Aus Nachrichten, welche wir von alten Schriftstellern haben, müssen wir schliessen, dass der Löwe im Laufe der Jahrhunderte an Terrain bedeutend verloren hat. Herodot berichtet von einem Ueberfall, den Löwen in Macedonien gegen einen Kameeltransport des Xerxes ausführten. Aristoteles führt als Grenze des Löwengebietes in Europa die Flüsse Achelous und Ressus in Griechenland an. Wann aber der letzte Löwe in Europa erlegt wurde, lässt sich ebenso wenig feststellen, wie der Zeitpunkt, wo dieses Raubthier in Syrien, Palästina und Kleinasien ausgerottet wurde. Dass aber der Löwe auch in diesen Gegenden gehaust hat, ersehen wir aus der Bibel. Auch in Aegypten und Nordafrika hat er der Ueberlegenheit des Menschen weichen müssen, ebenso, wie im Gangesgebiete, wo ihn noch Smee häufig getroffen hatte. Sehr unglaublich, ja unbegreiflich, ist die Angabe im „Handwörterbuch der Zoologie, Anthropologie und Ethnologie" von Anton Reichenow, Bd. 3, pag. 111, wo es im Artikel über Feliden (unterzeichnet Ms.) heisst: „Die Verbreitung des Löwen erstreckt sich über ganz Afrika, Westasien, China und die Sunda-Inseln". Sollte der Schreiber dieses Artikels durch den Raffles'schen „Rimau-mangin", „der offenbar ein Löwe ist" (wie Fitzinger sagt) und in Sumatra wild leben soll, irregeführt worden sein?

Beginnen wir im Süden, so treffen wir den Löwen im Caplande, freilich jetzt sehr selten, wo der weisse Ansiedler sich niedergelassen hat. Die Berichte nennen ihn für die Gegenden um die Missionsstationen und Boerendörfer Scheppmannsdorp, Richterfelde, Barmen, Rehoboth, Zesfontein, im Allgemeinen für das Damara-, Namaqua- und Owamboland. Im Lande der Herero, in Transvaal, in Britisch-Caffraria, dem Zululande (Ama-Xosa), bei den Griqua-Stämmen, in den Drakenbergen am Limpopo ist er sehr häufig, ebenso bei den Hottentotten. Die felsigen Steppen und bebuschten Flussufer am Olifant (Caffraria), die wüsten Gestade der Walfischbay beherbergen den Gefürchteten nicht seltener, als die sumpfigen Ufer des Ngami-Sees. Nördlich von der Kalahari-Steppe und dem Oranje-Fluss dehnt sich sein Jagdgebiet bis ins Land der Betschuanenstämme aus, und wie am Kunene (Nord-Kaoko) und Lulua, so erdröhnt auch bei Libotsa am Sambesi, im Lande der Barotse, allnächtlich sein drohendes Gebrüll.

Das ganze Innere des dunklen Erdtheils wimmelt noch geradezu von Löwen, wie Reisende aus dem Batokagebiete, von Ngombe, Libonta, Tschobe, Zuga und selbst von der verkehrreichen Sansibarküste berichten, wo der „König der Thiere" sogar bis in die Hafenstädte (Mombasa) seine Raubzüge ausdehnt.

Nach Westen geht er durch das ganze Congogebiet bis an die Küste von Angola. Nach Norden lässt er sich bis an den Kassali-See (9° s. Br.), nach Malange, Lunda (im Reiche des Muat-yamwo) verfolgen. Wir treffen ferner seine Spuren in den östlichen Landschaften am Kilimandscharo bis 860 m Höhe, in Uniamwesi, bei Unianjembe (5° s. Br., 35° ö. L.) und weiter nördlich um den Victoriasee bis in die Somali-, Danakil- und Galla-Länder. Von hier aus reicht sein Verbreitungsgebiet quer durch Afrika, über das A-Sande-, Bongo- und Mombuttu-Gebiet, die Njamnjamländer, die Landschaften am oberen Nil (Ladó, Dar-banda, Sûdan), Wadai, Baghirmi, Dufilê, um den Tsadsee herum, durch das Nigergebiet bis nach Senegambien. Aber nicht allein die Grassteppen, Wälder und Sümpfe Sudâns behagen ihm, der Löwe weiss auch in der Wüste Sahara sein Leben zu fristen und zehntet die Heerden der Asben-Tuareg ebenso gut, wie diejenigen der Negerdörfer um Agades, zwischen Timbuktu und Sokoto und in den Niederungen des Binue.

Nach Norden vom Somalilande finden wir Löwen im Hahab, in Abessynien, nicht nur im Gebirge, sondern auch in der Kolla-Ebene und an der Küste des Rothen Meeres (schwarzgemähnte). Besonders haben die Leute der Provinz Takka und Qedarêf, die Bewohner von Keren und Kusch unter seinen Räubereien zu leiden. An dem Bahar elazrak und Ghazal ist er ebenso häufig, wie am Setith und Bahar el Djebel. Bei Chartûm, in den dichten Wäldern Sennaars, bis zum Atbara hinauf, ist er noch vorhanden, in Nubien aber schon recht selten geworden. In Nord-Afrika hat der Löwe sich in unzugängliche Bergwälder und schluchtenreiche Gebirge der Berberei, Marokkos, Fez', Algiers, Tunis' und Tripolis' zurückgezogen. Eifrige Jäger (wir erinnern nur an Jules Gerard) haben hier seine Reihen bedeutend gelichtet. In Bona (Algïer) werden Löwen zu Verkaufszwecken gezüchtet. Mehr zur Wüste hin, z. B. in Fessan, bei den Oasen, trifft man ihn noch am häufigsten.

Eine Gegend, in der bisher keine Löwen beobachtet wurden — wenigstens liegen keine Nachrichten vor —, ist die Strecke zwischen Congo und Niger in West-Afrika. Die Löwen Afrikas theilen manche Systematiker in drei Arten (*F. barbarus, capensis, senegalensis*), es ist aber wohl richtiger, diese nur als Localrassen anzusehen, die wenig constant sind. Eine gute Varietät ist der asiatische Löwe.

Var. *Felis leo asiaticus* Jard.

Er ist jetzt auf Persien, einige Theile Afghanistans, wo er sehr selten auftritt, auf das nordwestliche Indien beschränkt und streift auch nach Mesopotamien. Sichere Angaben für seine Existenz haben wir für folgende Orte gefunden: Haleb (Vilajet am Euphrat), Balis am oberen Euphrat in Klein-Asien, Deir am Mittellaufe dieses Stromes, im Westen von den Zagros-Bergen (östlich vom Tigristhal), die Gegenden um das alte Babylon und am unteren Euphrat bei Rakka. Am Tigris traf man Löwen bei den Ruinen von Ktesiphon, 4 Stunden von Bagdad, den Fluss hinauf bis Kalat-Scherkât und südlich bis Bassora. In den Djungeln des Schat-el-arab wurden welche bei der Domäne Bellidirûz an der persischen Grenze erlegt. In Persien selbst treffen wir Löwen in Chusistân (das alte Susiana), bei Schustêr am Karun, nördlich hiervon bei Dizfûl, Ispahan, in der Provinz Chorassan, bei Jezd und in den waldigen Regionen südlich und östlich von Schiraz, bei Kermanschah, am meisten im Thale Dashtiarjan (W. von Schiraz). Im Osten geht der asiatische Löwe im Allgemeinen bis 53° östl. Länge. Auf dem persischen Plateau und in Beludschistan fehlt er entschieden.

In Indien bewohnt er die nördlichen Theile Hindostans, die Halbinsel Guzerate und die Ufer am Rhan-Liman. Wir fanden folgende genaue Angaben: er bewohnt das Solabthal bis Kashmir, die Hochthäler des Hindu-kuh und die Gegenden um Kunduz am Oxus (bucharisch-afghanische Grenze), doch überall sehr selten. Westlich von Delhi, in der Landschaft Huriana, wurde er 1824 ausgerottet. Im District von Missar (Pendjab) und den Rathore-Staaten soll er jetzt ziemlich selten sein, ebenso im Sindh bei Bahawalpur und am Djumna; im Süden soll er Kandeisch erreichen, doch nach anderen Quellen 1810 zuletzt gesehen worden sein. In Bundelkand und Palanow soll man ihn noch jetzt treffen. Sicher steht fest, dass jetzt Löwen im Kattyawar, den wildesten Partien der Radjpatana, in Süd-Jadhpur, Oadejpur, um den Mount Abu vorkommen. Vor etwa 25 Jahren war er noch in Gwalior, Goona, Kota, Lalitpur, Saugor (im Nerbadhaterritorium), Yhansi gemein. 1873 wurde einer bei Goona erlegt, 1864 bei Shearadjpur (25 englische Meilen von Allahabad). 1866 jagte man etwa 80 Meilen von Allahabad Löwen. 1830 waren sie bei Achmedabad gemein. Die Angaben für Bombay und Allahabad am Djumna haben heute keine Bedeutung mehr. Von Guzerate nach Westen kommt er auf der Halbinsel Katch (vor dem Rhan-Liman) vor, und erreicht längs Persiens Küste (Abuschêr in Farsistân) das Schat el arab und Arabistan (Nedsched und Hadramaut).

### Subgenus 4. Unicolores.

71. *Felis concolor* B.

*Felis concolor* Alston, Aud. Bachm., Azara, Baird., Bartl., Blainv., Bodd., Burm., Cope, Cunnigham, Cuv., F. Cuv., Desm., Desmoul., Elliot, Emmons, Erxl., Fisch., Fitzinger, Fuller, Geoffr., Gerv., Giebel, Gmel., Griff., Harlan, de Kai, Lesson, Linslay, Martin, Murray, d'Orbigny, Reichenb., Rengg., Schreb., Schomburgk, Sclater, Suckley, Temm., Tschudi, Wagn., Wied., Wils., Zimm. — *F. concolor discolor* Fisch., Gmel., Lesson, Schreb. — *F. concolor maculata* Fitz. — *F. concolor nigra* Fitz., Schreb. — *F. fulva* Buffon. — *F. mexicana* Desm., Fisch. — *F. nigra* Erxl. — *F. niger* Lesson. — *F. Novae Hispaniae* Schinz. — *F. puma* Molina, Shoor, Traill. — *F. unicolor* Lesson, Traill. — *Leo concolor* Wagn. — *Leopardus concolor* J. Gray, Moore. — *Panthera concolor* Fitz. — *Panth.* (*Puma*) *concolor* Sewerzow. — *Pardus concolor* Giebel. — *Puma concolor* Jard.

Der Cuguar, Puma oder Silberlöwe, „bay lynx, Panther" der Nord-Amerikaner, „suçuaraná, leon" der Gauchos und Creolen, „papi" der Chilenen, „mitzli" der Mexicaner, gehört vorzüglich Süd-Amerika an, doch begegnet man ihm auch in einzelnen Theilen Nord-Amerikas. Vom Feuerlande und der Magellanstrasse an bewohnt er den Erdtheil bis zum 45. Grade nördl. Breite. Er haust an den Waldsäumen, in Steppen und Gebirgen, im Inneren, wie an den Süsswasserlagunen des Rio Negro und Rio Salado, in Paraguay, Brasilien (häufig am Jacuhy, Caiçara, Registo de Jauru, Forte do Rio Branco, im ganzen Waldgebiet, bei Neu-Freiburg, Taubaté, am Parahyba, San Paulo), in den Pampas, am Parana, den Anden von Chili bis 2900 m Höhe, in Peru bis zur Schneegrenze, in Neu-Granada, Bolivia, Columbien, wenn hier auch ziemlich selten. Man fand ihn in den Vor-Anden zwischen dem Planchonpasse und Mendoza, bei Lavalle und Carhué, am Rio Negro. Sehr gemein ist er im Gebiete des Orinocco und in Guayana. Ueber die Landenge von Panama erstreckt sich sein Gebiet nach Central-Amerika, Chiriqui, Guatemala, Arizona, Neu-Mexico, Texas (freilich selten) und Colorado. In den Vereinigten Staaten lebte er noch vor einigen Jahren in den Adirondack-Bergen im Staate New-York, konnte also auch ziemlich die Kälte ertragen; ferner bei Springfield, Pine Hill, Watersfield; 1807 war er in Vermont nicht so selten: jetzt trifft man ihn noch im Ascutney-Gebirge, in Massachusetts, beim Fort Steilacoom, in den West-Territorien, Arkansas, in den Rohrsümpfen der Südstaaten. Bei Bennington ward 1850 der letzte Puma erlegt. In Californien ist er selten geworden; zuweilen streift er auch jetzt noch bis Canada. Im Washington-Territorium ist er gemein.

Vom Silberlöwen giebt es Localrassen. Eine weissliche wurde als *F. concolor discolor* beschrieben; eine schwärzliche bis ganz schwarze Spielart wurde, wie die vorhergehende, in Paraguay und Guayana erbeutet und als *F. concolor nigra* classificirt. Eine gefleckte beschrieben Desmarest und Fischer als *F. mexicana*, Fitzinger als *F. concolor maculata*, Schinz als *F. Novae Hispaniae.*

72. *Felis yaguarundi* Desm.

*Catus yaguarundi* Wagn. — *Felis calomitti* Baird. — *F. Darwini* Mart. — *F. yaguarundi* Alston, Azara, Baird., Burm., Cuv., F. Cuv., Darwin, Desmoul., Elliot, Fischer, Geoffr., Gerv., Giebel, J. E. Gray, Griff., Jard., Lacepède, Lesson, Reichenb., Rengger, Smith, Temm., Tschudi, Wagn., Waterh. — *F. yaguarondi* Tomes. — *F. mexicana* Desm., Lesson. — *F. unicolor* Traill. — *F. (Herpailurus) yaguarundi* Sewerzow.

Dieses marderähnliche gestreckte Thier, der „gato do matto, gato murisco, murisco preto, maracaya preto, yaguará gumbé" der südamerikanischen Creolen, findet sich in Paraguay, den La Plata-Staaten, Brasilien (Ypanema, Pará, Caiçara, Matto grosso, Minas geraes), Chili und weiter bis Central-Amerika und Mexico hinauf, ja sogar noch am Rio Grande in Texas. Besonders häufig ist der Yaguarundi in den Hecken und dichten Gebüschen um die Pflanzungen herum. Aber auch im Urwalde Guayanas und in den Gebirgswäldern Perus ist er nicht gar so selten und steigt bis 4000 m Höhe in die Berge hinauf. Noch kleiner, den Schleichkatzen sehr ähnlich, ist die hellrothgelbe *Eyra.*

73. *Felis eyra* Desm.

*Catus eyra* Wagn. — *Felis eyra* Alston, Azara, Baird, Burm., F. Cuv., Elliot, Fisch, Frantzius, Giebel, Gray, Griff., Jard., Lesson, Reichenb., Rengger,

Smith, Wagn., Wied, Wiegm. — *F. catus* var. *β eyra* Lesson. — *F. (Herpailurus) eyra* Sewerzow. — *F. unicolor* Baird, Traill. — *F. yaguarundi* Temm. — *Panthera eyra* Fitz. — *Pardus eyra* Giebel. — *Puma eyra* und *yaguarundi* Jard.

Azara entdeckte diese zierliche, bei den Brasilianern „murisco vermelho, gato vermelho" genannte Katzenart, welche mit dem Yaguarundi die Heimath theilt, hauptsächlich in Mexico, am Rio Grande in Texas, Central-Amerika, Guayana, Brasilien und Paraguay, mehr im Inneren als an der Küste, die Wälder bewohnt.

### Subgenus 5. Pardina der alten Welt.

74. *Felis pardus* L.

*F. antiquorum* Fisch., Smith. — *F. chalybeata* Hermann, Reichenb., Smith. — *F. celidogaster* Reichenb. — *F. Fontanieri* A. Milne-Edwards. — *F. lanea* Sclater. — *F. leopardus* Bennet, Bodd., Briss., Cuv., F. Cuv., Desm., Desmoul., Duvern., Erxl., Fisch., Fitz., Gmel., Griff., Jard., Reichenb., Schreb., Temm., Wagl., Zimm. — *F. leop.* var. *melanotus* G. — *F. melas* Lesson. — *F. nimr.* Ehrenb., Fitz., Reichenb. — *F. nimr.* var. *niger* Martens. — *F. orientalis* Martens, Schlegel. — *F. palaearia* F. Cuv. — *F. panthera* Erxl., Pall. — *F. panthera antiquorum* H. Smith. — *F. pardus* Blyth, Bodd., Cuv., F. Cuv., Desm., Desmoul., Elliot, Fitz., Erxl., Giebel, Gmel., Heugl., Jard., Martens, Temm., Thunb., Wagn., Wiegm. — *F. pardus* var. Heugl., Krauss. — *F. pardus orientalis* Schlegel. — *F. poecilura* Valencienne. — *F. poliopardus* Brehm. — *F. serval?* F. Cuv., Desm., Fisch., Temm. — *F. tulliana* Valencienne. — *F. uncia* Schreb. — *F. varia* Schreb. — *Leopardus antiquorum* Fisch., Fitz., Jard., Reichenb., Smith, Sykes. — *Leop. caucasicus* Lorenz. — *Leop. chinensis* Gray. — *Leop. japonicus* Gray. — *Leop. pardus* Gray. — *Leop. perniger* Hodgs. — *Leop. varius* Adams, Gray, Swinhoe. — *Panthera antiquorum* Fitz. — *Panth. leopardus* Fitz. — *Panth. pardus* Fitz., Wagn. — *Panth. nimr.* Fitz. — *Pardus pardus* Giebel.

Noch immer ist es nicht entschieden, ob die Trennung dieser Species in vier oder fünf selbständige Arten geboten ist, oder ob die Vereinigung aller von einzelnen Beschreibern aufgestellten Arten gerechtfertigt erscheint. Für den Augenblick halten wir es für rathsam, nur eine Art zu statuiren, die etwas abweichenden Formen als Localvarietäten oder Rassen gelten zu lassen.

Bei der grossen Verbreitung des Panthers kann uns natürlich die grosse Menge seiner Namen nicht wundern. Die Mafiote, wie die meisten Bantuneger nennen ihn „n'go"; die Djur „kuatj"; die Bongo „koggo"; die Njamnjam „mamah"; die Kredj „ssellembeh"; die Angolaneger „dschingo"; die Abessynier je nach den Landschaftsdialecten „neber, newer, enaër, lenzig, eham, séhedo, gootch, dsuk, kogo", die Danakil „kabei"; die Somali „schebel"; die Araber „geez, nimer, fahad"; die Kabylen „arilos"; die Perser „päleng"; die Türken „kaplan"; die Hindu „tendwa, tschita, sona-tschita, tschita-bagh, adnára"; die Beludschen „diho"; die Kashmirianer „suh", im Bundelkund heisst er „tidua, srighas"; im Deccan „gorbacha, borbatscha"; bei den Mahratten „karda, asnea, singhal, bibiabagh"; bei den Bauris im Deccan „kibla, tundwa"; im Canarese-Dialect „kerkal, honiga"; bei den Kol „teon-kula"; bei den Paharija von Radjmehal „jerkos"; bei den Gond „burkal, gordach"; bei den Korku „sonora"; auf Tamilisch „chiruthai"; bei den Telugu „chinnapuli"; bei den Singhalesen „kutiya"; bei den Hügelbewohnern Simlas „baihirà, tahir'he, goralké, ghor-he"; in Tibet „sik"; bei den Leptcha „syik, syiak, sejak"; im Manipuri-Dialect „kajèngla"; bei den Kukis „misi-patrai, kam kei": bei den Naga „hurrea-kon, morrh, rusa, tekhu, khuia, kekhi"; in Birma „kyalak, kya-thit"; bei den Talain „klapreung", bei den Karengs „kiché-phong": bei den Malayen „harimau-bintang"; bei den Chinesen „pao-dse".

Der Verbreitungsbezirk dieser Katzenart ist ein überaus weiter. Ganz Afrika und das ganze südliche Asien bewohnt der Leopard, in manchen Gegenden mehr oder weniger leicht unterscheidbare Spielarten bildend. Wir wollen der genaueren Orientirung wegen, die in der Litteratur, in Reiseberichten, Faunen-Zusammenstellungen u. s. w. von uns gefundenen speciellen Ortsangaben aufführen. Beginnen wir im Süden, so finden wir den Leoparden sicher nachgewiesen für das Capland, Natal, British-Caffraria, das Namaqua- und Matabele-Land (am Limpopo und oberen Sambesi). An der Westküste geht er durch Damaraland, über die Walfischbay, Rehoboth, Windhouk, Omaruru, das Thal des Zwachaub nach Nieder-Guinea (Punta da Lenha, Angola, Kuilu, Loango), bis an den Kongo, durch dessen ganzes Stromgebiet er verbreitet ist, hinauf. Auch am Ogoway, an der Gabunküste, am Binuë, im Nigergebiet, Liberia und Monrovia ist er nicht selten. Bei Timbuktu und in Senegambien streift er bis an den Wüstenrand. Nach Osten treffen wir den Panther im Tsadseegebiet (besonders Baghirmi), im Lande der Njamnjam, Djur, Bongo und Kredj (Oberlauf des Weissen Nils und seiner Tributäre). Von hier nach Süden lebt er im Reiche des Muat-Jamwo, Lunda, Malange, Unyamwesi, Unyaniembe, Mavioli, Ganda, am Djurfall bei Manda in Marungu, Usegara (zwischen Sansibar und Ugogo), in Sansibar sowohl an der Festlandsküste als auch auf der Insel. Ferner bei Mpwapwa, Mombasa und Mozambique, sowie bei Malindi und am Kilimandscharo bis 2140 m Höhe.

Junker fand ihn im Lande der A-Sandé, und in Ost-Afrika verbreitet er sich über die Somal-, Danakil- und Hababländer, erreicht in Abessynien die Küste des Rothen Meeres (bei Massauah und Tadjura) und steigt in diesem Gebirgslande bis 2000, stellenweise auch 3000 m hinauf. Er haust in Kordofân, am Blauen Nil (Sennar), in Nubien und Dongola, wo er den Heerden der Bogos und Bedja empfindlichen Schaden zufügt. Aber auch bei Elma (Nubien) in der Bahjuda, selbst in nächster Nähe der Stadt Chartum, tritt er den viehzüchtenden Landbauern und Nomaden als Feind entgegen. In Unter-Aegypten fehlt er.

In Nord-Afrika begegnen wir diesem Raubthiere in allen Berberei-Staaten, Fez, Marokko, Algier, Tunis. Er haust hier in den Gebirgen und geht nach Süden bis an den Rand der grossen Wüste.

In Asien treffen wir den Panther auf der Sinaihalbinsel (*Arabia petraea*), in Arabien (Hedjas), freilich ziemlich selten, in den Felsen, in der Euphratebene, im Irak, dem Hochlande von Klein-Asien (am Giaur-dagh bei Osmaniéh, im südlichen und südwestlichen Küstengebirge), von wo aus er bis in den Kaukasus sich ausbreitet. In diesem Gebirge ist er ständiger Bewohner des südlichen Dagestân (Sakataly)[1], der Umgegend von Borshom, Kisljär, Georgiens, Armeniens und des Araratmassivs, sowie des talyscher Gebirges und Tieflandes (Lenkoran); seltener ist er geworden im Karabagh, Kachetien, um Tiflis und Nucha, sowie im Alousthale. Am Schwarzen Meere soll er bis Anapa gehen, doch ist seine Nordgrenze hier noch nicht mit Sicher-

---

[1] Radde nennt ihn ferner für folgende Gegenden Dagestans: Galachwandere-Schlucht, das Dorf Ischrek; im Köl-deril-or-Thale fehlt er.

heit anzugeben. In Syrien und Palästina ist der Panther selten geworden, desto häufiger aber macht er sich in Persien (Aderbeidschan, Umgebung Ispahans, auch im Tafellande), am persischen Golfe und in Beludschistân bemerkbar. Nach Norden überschreitet er hier das Turkmenengebiet am Mittellaufe des Oxus nicht. Sicher setzt ihm die Turkmenenwüste eine Grenze. Am Kopet-dagh und an den Flussläufen, am Berge Tedjend in Transkaspien, am mittleren Murghab sind die meisten Panther im Turkmenenlande erbeutet worden. Ferner kennt man ihn am Loob-noor, Tengri-noor und im Tjanschan.

Ob der Panther den Südrand des Aralsees in der Tatarei erreicht, oder aber in Süd-Buchara heimisch ist, steht noch in Frage. Auf dem Tibetplateau und in einzelnen Theilen des Sindh und Pendjab fehlt er ganz, ebenso in Sibirien, im Hindukuh und Himalaya. In Kashmir, Balti erreicht er Höhen von 4000—4300 m, wenn es keine Verwechselung mit dem Irbis sein sollte oder mit der Marmelkatze. Am Südabhange des Himalaya ist er nachgewiesen, wie er denn überhaupt ganz Vorderindien, Dukhun, Birma, das Mahrattenland, Wynaad, Goomsoor, Kombodscha, Cochinchina, Hinterindien, Malacca und die Grossen Sunda-Inseln bewohnt (Java, Sumatra, Borneo). Bei Trawankore und Maisur, sowie in Malabar findet man sehr oft schwarze Exemplare. Durch China (sogar bis Peking, ferner Provinz Dshyli, von wo er als *F. Fontanieri* beschrieben wurde, Provinz Gansu, Umgebung der Stadt Choissjan) streift er bis Korea nach Norden. In den Waldgebirgen des Ussuri, am Sidimi und Suiffun wollen ihn Reisende erbeutet haben, andere stellen diese Möglichkeit strict in Abrede — möglicherweise liegen hier wieder Verwechselungen mit *F. irbis* vor. In Japan ist er sehr selten, aber gemein auf Haïnan und Ceylon.

Wie schon erwähnt, neigt der Panther zum Variiren. Eine Spielart bildet Ehrenbergs *F. nimr.* aus Nord-Afrika, Syrien, Arabien und Armenien, wo er sogar ganz schwarz vorkommt (*F. nimr.* var. *niger* Martens, *F. pardus* var. Heugl., Krauss, *F. poliopardus* Brehm) und diese ist es, die bei den Abessyniern den Namen „gesella, gusella“ trägt. Eine andere Localrasse ist *F. antiquorum* H. Smith aus Afghanistan, Persien, Indien, ebenso *F. orientalis* Schlegel aus China, Japan, Korea.

Eine jedenfalls wohlbegründete Varietät bildet

Var. *Felis variegata* Wagn.

*F. antiquorum* Reichenb. — *F. chalybeata* Cuv., Griff. — *F. fusca* Meyer. — *F. leopardus* var. *melas* Fisch., Jard. — *F. melas* A. Brehm, F. Cuv., Desm., Lesueur, Peron, Reichenb. — *F. pardus* Blyth., Fisch., Giebel, Müller, Schlegel, Temm., Wiegm. — *F. pardus* var. *nigra* Schlegel. — *F. variegata* Fitz., Martens. — *F. variegata nigricans* Wagn. — *Leopardus macrurus*. — *Leop. pantherinus*. — *Leop. variegatus* — *Panthera orientalis* Fitz. — *Panth. parda* Fitz., Sewerzow. — *Pardus pardus* Giebel. — *Panthera variegata* Fitz., Wagn.

Dieser Sunda-Panther, „mahau-kumbung" der Javanen, „rimau kombang" der Sumatraner, ist bisher nur auf Java (Soolo-Revier) und Sumatra gefunden worden. Als verwandte Form, oder eher als Varietät, sehen einige Systematiker eine Spielart an, die von anderen als blosser Melanismus betrachtet wird. Uns scheint letztere Auffassung die richtigere, denn es ist so gut wie erwiesen, dass fast in jedem Wurfe des Sunda-Panthers dunkle Exemplare vorkommen. Am häufigsten kommt diese melanistische Form auf Java vor (Soolo-Revier, Soerakarta).

Nahe mit dem Panther verwandt ist eine der schönsten und zugleich interessantesten, weil noch sehr wenig bekannten Katzenformen — der Irbis.

75. *Felis irbis* Wagn.

*F. irbis* Blyth, Ehrenberg, A. Milne-Edwards, Fitz., Giebel, Lesson, Martens, Meyer, Middendorff, Müll., Murray, Radde, Reichenb., Schrenk. — *F. jubata* Erxl., Gmel. — *F. leopardus* Zimm. — *F. panthera* Bodd., Erxl., Gray. — *F. pardus* Desm., Pall. — *F. scripta* Brisson. — *F. tulliana* Valencienne. — *F. uncia* Blanf., Blyth, Cuv., Elliot, Erxl., Fisch., Gmel., Gray, Hodgs., Horsf., Jard., Jerd., Schlegel, Schreb., Smith, Swainson, Temm. — *F. uncioides* Horsf. — *F. variegata* Meyer. — *Leopardus uncia* Adams, Gray, Hodgs., Schreb., Zarudny. — *Panthera asiatica* Alessandri. — *Panth. irbis* Fitz., Sewerzow, Wagn. — *Pardus irbis* Geibel. — *Uncia irbis* Gray.

Bei den Völkern seiner Heimath trägt dieses schöne Thier folgende Namen: bei den Tungusen „elbägi"; bei den Giljaken des Continents und Sachalins „att, märeder"; bei den Golde und Mangunen „jerga"; bei den Birartungusen „migdu"; bei den Dauren „merda"; bei den Mandschu „bau";

in Simla (Indien) „bharal-hé“; in Kunawar „thur-wagh“: bei den Japanesen „itte-tora“; bei den Tibetanern (Bothia) „ikar, sig, sotschak, sah“; bei den Leptcha „phale“; bei den Tataren des Kaukasus „irbis“.

Der Irhis bewohnt Mittel-Asien bis nach Sibirien hinauf, wie ja auch sein prachtvoll ausgebildeter, langhaariger weicher Pelz auf eine kältere, nördlichere Heimath schliessen lässt. Im Besonderen müssen wir ihn für folgende Oertlichkeiten namhaft machen: Persien (nach Blanford und Finsch bei Schiraz), doch nimmt A. Walter hier eine Verwechselung mit *F. tulliana* Valencienne an. Im Kaukasus soll er an den Quellen des Selentschuk, bei Lagodechi beobachtet worden sein. Für Armenien ist sein Vorkommen ebenfalls fraglich, in Lenkoran sah ich ein junges, völlig zahmes Exemplar, das von den talyscher Bergen stammte. Die Angaben für die Euphratebene und die Küsten am Persischen Golf sind kaum als zuverlässig anzusehen. Sicher nachgewiesen ist er für Süd-Ost-Buchara, den Altai, Tarbagatai und Turkestan, wo er bis in die Berge westlich von Yarkand und Kaschgar geht. Ebenso ist er ein ständiger Bewohner von Transkaspien (Sarat), vom Semiretschje-Gebiet, am Issik-kul, oberen Naryn, Aksai, Tschu, Talas, Dschumgal, Susamir, unteren Naryn, Sonkul, Tschatyrkul, im Karatau und West-Tjanschan (Laubwälder bis 1820 m, Nadelgehölze bis 3000 m), an den Quellhöhen des Arys, Keles, Tschirtschik, am unteren Syr-Darja, in dessen Delta, am Aralsee, bei Chodschend, im ganzen Thale des Sarafschen und den anliegenden Gebirgen, den Steppen zwischen Syr-Darja, Sarafschan und der Wüste Kisil-kum. Im Sommer steigt er bis zur Schneegrenze, im Tjanschan bis 4000 m hinauf. Südlich vom Lob-noor, im Altyntag, ist er recht selten. Nach Norden geht der Irhis bis 49° nördl. Breite (Karkar-aly und Kenkara-lyk), östlich bis ins Pamirplateau, Hindukuh und Kashmir. Ganz Tibet beherbergt ihn zahlreich bis in Höhen von 5200 m, während die indische Seite des Himalaya von ihm nur ausnahmsweise besucht wird. Von den Quellen des Indus und dem oberen Sedletschthale reicht sein Gebiet durch Kaschgar, die sajanischen Gebirge bis an den Oberlauf des Jenissei (bei Krasnojarsk) und Kemtschug, in die Dsungarei und nach Transbaikalien, an die Lena (Balagansk); die Olekmamündung, die Tyrma und in das Stanowoigebirge hinein, obwohl er in diesem sehr selten getroffen wird. Auch im Semipalatinskischen sind Irbisse erlegt worden. Ziemlich häufig ist er im Bureja-Gebirge, bei den Birartungusen, im oberen Ditschunthal, seltener am Ussuri, an der Uda, in den Sungari-Prärien, an der ochotskischen Küste und am Tatarischen Sund. Durch die Mandschurei können wir ihn bis nach West-China verfolgen, wo wir wieder den Anschluss an seinen tibetanischen und Himalaya-Bezirk (Gilgit, Nagar, Hunza, Yassin in den Bergen, wo Steinböcke und Markhorschafe sich aufhalten, im Winter bis 1600 m, im Sommer an der Schneegrenze) finden.

In Korea kommt der Irbis ebenfalls vor, wie auch auf Sachalin, wo man ihn an den Flussläufen, freilich sehr selten, erbeutete. In Japan fehlt der Irbis. Für Kleinasien (Ostberge bei Smyrna) scheint eine Verwechselung vorzuliegen und die Angaben in der Litteratur sind für diesen Fall nicht ohne Vorbehalt gegeben. Eine schwarze Spielart wird für Schugnon in der Bucharei, eine weissliche für Süd-Ost-Buchara aufgeführt.

### 76. *Felis viverrina* Wagner.

*Caracal bengalensis* Gray. — *Felis celidogaster* Blyth, Gray. — *F. himalayanus* Jard., Reichenb., Warwick. — *F. leucojalamus* Diard. — *F. viverriceps* Kelaert. — *F. viverrina* Bennet, Blyth, Elliot, Fraser, Gerv., Giebel, Horsf., Jerd., Lesson, Sclater, Swinhoe. — *F. viverrinus* Bennett, Gray, Hodgs. — *F. (Zibethailurus) viverrina* Sewerzow. — *Galeopardus himalayanus* und *viverrinus* Fitz. — *Leopardus himalayanus* und *viverrina* Gray. — *Serval viverrinus* Giebel, Wagn. — *Viverriceps Bennetti* Gray.

Die Tüpfel- oder Hechtkatze „banbiral, baraun, khapyah-bagh, bagh-dacha“ der Hindu, machbagral“ der Bengalesen, „chitra-bilow“ im Teray, „handundiva“ der Ceylonesen, lebt auf Ceylon, in Ostindien in den Landschaften der Malabarküste, in Bengalen, Orissa, im Gangesgebiet (Teray, Hügelland zwischen Ganges und Himalaya) und am Indus. Westlich geht diese Katze nur bis Nepal (am Fusse des Himalaya), im Osten breitet sie sich weiter aus, bis Birma, Malacca, Tenasserim und Süd-China. Auf der Halbinsel Dekhan ist sie bei Travancore, Mangalore am häufigsten und erreicht das Cap Comorin. Nördlich von Bombay scheint sie zu fehlen. Im Sindh will man sie bei Schwan gefunden haben. Auf dem malayischen Archipel fehlt sie entschieden, nicht aber auf Formosa, wo sie von Swinhoe beobachtet wurde. Für Kambodscha sind die Angaben schwankend. Ein Exemplar kam aus Singapore nach Europa.

77. *Felis javensis* Desm.

*Chaus servalinus* J. E. Gray. — *Felis bengalensis* var. Blyth. — *F. catus* var. β. *javanensis* Lesson. — *F. chinensis* A. Milne-Edwards, Gray. — *F. Diardi* Cuv., Griff., Lesson. — *F. Herscheli* J. E. Gray. — *F. javanica* Horsf. — *F. javensis* Cuv., F. Cuv., Elliot, Fisch., Griff., Horsf., Jard., Lesson, Gray, Swainson, Vigors. — *F. minuta* Gray, Jard., Lesson, Temm. — *F. minuta* var. *borneoensis* Temm. – *F.* (*Prionailurus*) *minuta* Sewerz. – *F. punctatula* Temm. – *F. servalina* J. E. Gray nec Ogilby. – *F. undata* Fisch., Lesson. – *Leopardus chinensis* J. E. Gray. – *L. javanensis* Gray. – *L. Reewesi* Gray. – *L. sumatranus* Gray. – *Panthera angulifera, chinensis, javanensis, Smithi, sumatrana, undulata* Fitz.

Diese kleine Katze bewohnt China (Canton), Kambodscha, Malacca, Sumatra, Java und Borneo. Westlich erreicht sie Bengalen. Ebenso soll sie auf (Palavan-Gruppe) der Insel Negros leben.

78. *Felis bengalensis* Desm.

*Felis angulifera* Fitz., Reichenb. — *F. bengalensis* Anders., Blanf., Blyth, Elliot, Fisch., Hodgs., Jard., Jerd., Kerr., Reichenb. — *F. catus* Fisch. — *F. chinensis* Giebel, Wagn. — *F. Diardi* Fisch., H. Smith. — *F. Ellioti* Gray. — *F. Horsfieldi* Blyth, Gray. — *F. Huttoni* Blyth. — *F. javanensis* Desmoul., Reichenb. — *F. Jerdoni* Blyth. — *F. inconspicua* Giebel, Gray, Wagn. — *F. leucogramma* Reichenb. — *F. macroscelis?* Fisch. — *F. microtis* A. Milne-Edw. — *F. minuta* F. Cuv., Geoffr., Giebel, S. Müll., Schlegel, Temm., Wagn. — *F. nepalensis* Gray, Hodgs., Horsf., Jard., Jung., Reichenb., Vig., Wagn. — *F. Ogilbyi* Hodgs. — *F. pardichroa* var. Hodgs. — *F. pardochrous* Gray, Hodgs., Horsf. — *F.* (*Prionailurus*) *pardochrous* Sewerzow. — *F. pardus* Giebel. — *F. Reewesi* Gray. — *F. Smithi* Fitz. — *F. sumatrana* Desmoul., Fisch., Griff., Horsf., Reichenb. — *F. tenasserimensis* Blyth, Gray. — *F. torquata* F. Cuv., Geoffr., Giebel, Jerd., Sykes, Temm., Thom., Wagn. — *F. undata* Blyth, Desm., Desmoul., Fisch., Griff., Radde, Schinz. — *F. wagati* Elliot, Gray. — *Leopardus Ellioti* Gray. — *Leop. Horsfieldi, inconspicuus* Gray. — *Panthera inconspicua, nepalensis, torquata* Fitz. — *Pardus pardus* Giebel. — *Serval minutus* Giebel, Gray, Wagn. – *Serval nepalensis* und *torquatus* Giebel, Wagn. – *Viverriceps Ellioti* Gray.

Die schier endlose Reihe der Synonyme dieser Art spricht deutlich genug dafür, wie sehr diese Katze zum Variiren neigt. Obwohl ich das Thier in meiner ersten Bearbeitung (Zool. Jahrb. Bd. VI) mit mehreren anderen, nahe verwandten Species zusammengezogen hatte (als *F. minuta* Temm.), sehe ich mich nach Durchsicht grösseren, neuerdings mir zugänglich gewordenen Materials veranlasst, eine Trennung vorzunehmen und mich im Ganzen mit Elliot's Eintheilung einverstanden zu erklären. Die Namen des Thieres bei den Eingeborenen seines Verbreitungsgebietes sind folgende: in China „tubau"; bei den Hindu „kueruk, chita-billa, lhan-rhan-mandjur"; in Bengalen „ban-biral"; bei den Mahratten „wagati"; in Arakan „thit-kyoung"; in Birma „thit-kyouk, kyathit, kya-gyouk"; bei den Talain und Karengs „kla-hla"; bei den Malayen „rimau-bulu, rimau-akar"; auf den Philippinen „tamaral".

Das Centrum der Verbreitung dieser Katze scheint in Hinterindien zu liegen. Wir führen in Folgendem die Namen der Oertlichkeiten auf, wo diese kleine aber kühne Räuberin von verschiedenen Reisenden (Radde, Schrenk, Blanford, Jerdon, Rosenberg, Junghuhn, Sterndal) aufgefunden wurde. Sehr gemein ist sie auf Java, Sumatra; vielleicht kommt sie auch auf Borneo vor.[1]) Celebes scheint sie zu fehlen, wenigstens nennt sie keiner von den Forschern, die diese Insel besuchten. Von der Halbinsel Malacca aus geht sie durch Arakan, Perak, Siam, Assam und Birma bis nach Unter-Bengalen (Gurwal, Gangootra), ferner im Himalaya westwärts bis Simla und Nepal. Durch Dukhun, Kachmir, die Radjputana, Coorg, Wynaad, Jeypore nach Vorder-Indien, wo sie freilich selten getroffen wird, besonders in den West-Ghats (Syhadri-Region), Travancore, die Coromandelküste, Bombay und die Wälder Dekhans, sowie Vizagapatam (bei Madras). Jerdon nennt sie für Ceylon, Andere leugnen ihre Existenz auf dieser Insel. In China, auf den Philippinen ist sie, wie auf Hainau und Formosa vorhanden, auf Japan nur vermuthet, nicht sicher erwiesen. Ihre Nordgrenze bildet das Amurgebiet (Staniza Konstantinowka, 60 km unterhalb der Dsejamündung), wie man sie auch in der Mongolei (Tchyli), am Sidimi (Nordgrenze Koreas), in Ost-Sibirien und am mittleren Ussuri (zwischen Ema und Seituchumündung), im Lande der Golde gefunden hat. Neuerdings hat man sie bei Dardjiling und in Tibet beobachtet. Die Angaben für die Dsungarei und das Amu-Darja-Gebiet sind Irrthümer. Eine Spielart ist

---

[1]) Die Proc. of L. Z. Soc., Jahrgang 1893, welche mir leider erst während des Druckes zugänglich wurden, geben sie entschieden für Borneo, Palawan, Balabak, die Calamianes, Cuyos, Gross-Natuna, Tambelan, Sulu, Cagayan und Paternosterinseln an.

Var. *Felis megalotis* S. Müller.

*Catus megalotis* Wagn. — *Felis megalotis* Wagn. — *F. minuta* var.? Giebel. — *Panthera megalotis* Fitz. — *Serval minutus* var.? Giebel.

Ihre Heimath ist Timor, vielleicht auch noch einige benachbarte Inseln.

79. *Felis Temmincki* Vig. et Horsf.

*Catus moormensis* Gich., Wagn. — *C. Temmincki* Wagn. — *Felis aurata* Blyth, Jerd., Sclater (nec Temm.). — *F. minuta* var.? Giebel. — *F. moormensis* Elliot, Giebel, Hodgs., Horsf., Lesson, Wagn. — *F. moormensis* var. *nigra* Horsf. — *F.* (*Catopuma*) *moormensis* Sewerz. — *F. nigrescens* Gray, Hodgs. — *F. Temmincki* Blyth, Elliot, Jard., Lesson, Wagn. — *Leopardus auratus* und *moormensis* Gray. — *Panthera moormensis* Fitz. — *Panth. Temmincki* Fitz. — *Serval minutus* var.? Giebel.

Diese, der vorhergehenden nahe verwandte Art, lebt in Nepal, Sikhim, der centralen Hügelregion, im Südost-Himalaya in mässigen Höhen, ferner in Tenasserim, Birma, Malacca, Moulmein, auf Sumatra und Borneo.[1]) Bercsowski fing 1886 ein Exemplar bei der Stadt Ssi-gu in der Provinz Gansu, so dass sie also auch Süd-China angehört. Auf Ceylon fehlt sie.

80. *Felis rubiginosa* J. Geoffr.

*F. Jerdoni* Blyth, Gray. — *F. rubiginosa* Belanger, Blyth, Elliot, Holdsworth, Jerdon, Kelaert, Lesson, Reichenb., Wagn. — *Leopardus sumatranus* J. E. Gray. — *Panthera rubiginosa* Fitz. — *Serval rubiginosus* Wagn. — *Viverriceps rubiginosa* Fitz.

Der „nomalli-pilli" der Tamilen, „verewa-puni" der Ceylonesen, „kula-diya" der Singhalesen, lebt auf Vorder-Indien an der Coromandelküste, bei Madras, Nellore, bei Seoni in den Centralprovinzen. Im Süden ist er häufiger, im Norden seltener. An der Küste Malabar scheint diese Katze zu fehlen. Auf Ceylon steigt sie im Gebirge bei Kandy bis 600 m, bei Nuwara-Ellya bis 1800 m.

81. *Felis euptilura* Elliot.

*Felis decolorata* A. Milne-Edwards. — *F. euptilura* J. E. Gray. — *F. macrotis* und *microtis* A. Milne-Edw. — *F. undata* Desm., Radde.

Diese zierliche kleine Katze hat einen ziemlich eng begrenzten Verbreitungsbezirk, denn man findet sie nur in China (Peking, Canton, Shanghai),

---

[1]) Ausserdem auf den Inseln, welche in der Anmerkung auf vorhergehender Seite genannt sind.

im Gansu-Gebiet bei der Stadt Ssigu und in der Mandschurei am Ssuiffun und Ssidimi.

82. *Felis scripta* David.

*F. scripta* A. Milne-Edwards, Elliot.

Nur in China wurde diese letzte, den in Ost-Asien lebenden Katzen angehörende Form, der „dsi-pao" der Chinesen, gefunden (Schensi, Setschwan, Moupin, Tengri-noor, Tsinling, Hankeu, Ssi-gu und Choi-sjan im Gansu-Gebiete).

83. *Felis planiceps* Vigors.

*Ailurina planiceps* Gerv. — *Ailurogale planiceps* Fitz. — *Catus planiceps* Giebel, Wagn. — *Chaus? planiceps* Gray. — *Felis cavifrons* Hodgs. — *F. celidogaster?* Geoffr. — *F. Diardi* Crawfurd. — *F. planiceps* Blainv., Blyth, Elliot, Giebel, Horsf., Jard., Lesson, S. Müll., Reichenb., Wagn. — *F. (Ictailurus) planiceps* Sewerzow. — *F. strepislura.* — *F. viverriceps* Gray. — *Viverriceps planiceps* Gray.

Diese, in ihrem Aeusseren an die Marder erinnernde Katze stammt aus Borneo, Sumatra und von der Halbinsel Malacca, sowie den Inseln, welche in der Anmerkung auf Seite 74 genannt wurden.

**Subgenus 6. Servalina.**

84. *Felis serval* L.

*Chaus chrysothrix* Fitz. — *Chaus servalina* Gerv. — *Chaus servalinus* Gerrard, Gray. — *Felis aurata* Temm. — *F. brachyura* Wagn. — *F. capensis* Cuv., F. Cuv., Desm., Fisch., Forster, Gmel., Griff., Müll., Reichenb., Shaw, Temm., Thunb., Wagn. — *F. celidogaster* Temm. — *F. chalybeata* Griff., H. Smith. — *F. chrysothrix* Elliot, Temm. — *F. chrysothrix* var. *rubra* Schlegel. — *F. galeopardus* Desm. — *F. longicaudata* Blainv. — *F. neglecta* Giebel. — *F. rutila* Waterh. — *F. senegalensis* Lesson. — *F. serval* Blainv., Bodd., Cuv., F. Cuv., Desm., Desmoul., Elliot, Erxl., Fisch., Fitz., Gerv., Giebel, Gmel., Gray, Griff., Jard., Kirk., Lesson, Loche, Reichenb., Sclater, Smuts, Schreb., Temm., Wagl., Wagn., Zimm. — *F. servalina* Giebel, Gray, Ogilby, Sclater, Wagn. — *F. (Lepailurus) serval* Sewerzow. — *F. Temmincki* Vig. et Horsf. — *Galeopardus brachyurus, capensis, neglectus, senegalensis, serval* Fitz. — *Leopardus celidogaster, neglectus, serval* Gray. — *Panthera celidogaster* Fitz. — *Profelis celidogaster* Sewerzow. — *Serval neglecta, rutila* Gray. — *Serval serval* Giebel, Wagn.

Der Serval, die „Bösch-katte“ der holländischen Capansiedler, ist ein Bewohner fast aller afrikanischen Steppen- und Felsengegenden. Die Araber bezeichnen ihn mit „omm'e nugthe“; die Leute um Sennaar mit „newer-kalkol“; bei den Dinka heisst er „dohk“; bei den Bongo „gregge“; bei den Njamnjam „ngaffuh“; bei den Suaheli „tschui“ und im Lande der Wanyamwesi „barabara“.

Um die Capstadt ist der Serval nur noch höchst selten anzutreffen, da er hier stark verfolgt wird. Häufiger ist er bei Port Elisabeth. Längs der Westküste Afrikas geht er nach Norden bis Senegambien hinauf, kommt also in Angola, Benguela, am Kongo, bei Banana, an der Sierra-Leone-Küste, Yumba und Liberia vor. Vom Loanga und Coanza liegen auch Berichte über ihn vor. Im Bongo-, Njamnjam- und Mombuttu-Lande, bei Mozambique, in den Wanyamwesi-Staaten, Unyora, überhaupt im tropischen Ost-Afrika, ist er in den Ebenen sehr gemein. In der Quellregion des Nils (Bahr el abiad, Rahadfluss), wo ihn Heuglin traf, und in Habesch (sowohl in der Kollasteppe, als auch in den Felsen an den Flussufern), ist er keine Seltenheit. Da er im Sudan zum gewöhnlichsten Raubzeug gehört, ist anzunehmen, dass er auch in Central-Afrika allenthalben haust.

### Subgenus 7. Pardina der neuen Welt.

85. *Felis onça* L.

*F. brasiliensis* Wied. — *F. concolor* var.? Erxl., Zimm. — *F. discolor* Gmel. — *F. Hernandezi* Sclater, Weinland. — *F. jaguar* Griff., Temm. — *F. mitis*? Cuv., Desm. — *F. nigra* Bodd., Briss., Cuv., Erxl. — *F. minor* Reichenb. — *F. onça* Bennett, Blainv., Bodd., Cuv., F. Cuv., Desm., Desmoul., Elliot, Erxl., Fitz., Giebel, Gmel., Jard., Mart., d'Orbigny, Reichenb., Rengger, Schreb., Temm., Tschudi, Wagl., Wagn., Wied., Zimm. — *F. onça major* H. Smith. — *F. onça minor* H. Smith. — *F. onça* var. Desm., Jard. — *F. onça* var. *minor* Fisch. — *F. onça* var. *nigra* Erxl., Fisch., Giebel, Jard., Reichenb., Rengger, Wagn. — *F. paleopardalis* Sewerzow. — *F. panthera* Schreb. — *F. pardus* Bodd., Erxl., Gmel. — *F. poliopardus* Fitz. — *F. variegata* var. *nigra* Wagn. — *Jaguarete brasiliensis* Rajus. — *Leopardus Hernandezi* und *onça* Gray. — *Panthera onça* Fitz., Wagn. — *Panth. onça alba* Fitz. — *Panth. onça minor* Fitz., Smith. — *Panth. onça* var. *nigra* Fitz., Wagn. —

*Panth. poliopardа* Fitz., Sewerzow. — *Panth.* (*Yaguarius*) *onça* Sewerzow. — *Pardus onça* Giebel.— *Tigris jaguarete* Klein. — *Tigr. mexicana* Hernandez. — *Tigr. regia americana* Briss.

Der Jaguar heisst bei den Guaranis „jaguarette"; bei den Brasilianern „yaguareté"; bei den Portugiesen „onça congaçu, onça pintada"; bei den spanischen Creolen „el tigre"; die weissliche Spielart wird „onça roxa oder vermelha", die schwärzliche „onça preta", von den Indianern „sussuarana" genannt. Er bewohnt einen grossen Theil der neuen Welt. Von Patagonien, wo er an Flüssen und Lagunen (Marra-Có, 12 Leguas von der Küste, Bahia Blanca, Rio Negro und sein Zufluss Rio Neuquen, Rio Colorado, Tandilkette unter 40° s. Br.) haust, und von den La-Plata-Staaten im Süden (Cordoba, Argentina, Pampas von Buenos Ayres), Uruguay und Paraguay, reicht sein Gebiet durch ganz Südamerika bis über den Isthmus von Panama nach dem Südwesten der nordamerikanischen Union. In manchen Gegenden ist er schon sehr selten geworden, in anderen durchstreift er noch zahlreich die Ränder der Urwaldungen und die morastigen Ufergelände der Ströme. Besonders oft wird er erwähnt für Brasilien (Sapuosa, Maynas, Mayo bamba, Villa Real, Villa del Pilar, das Gebiet der Chaimas-Indianer, Minas Geraes, Diamantina, Caiçara, Mato Grosso, Nos Pitas, Forte do Rio Branco, Rio Dayman, Santa Cruz am Jacuhy) und Parana. Ferner nennen ihn Berichte aus den Savannen Guyanas und vom Rio Tacutu, vom Araguay (Zufluss des Tocantins), vom Amazonas und Orinocco. Westlich treffen wir ihn in Peru, Chili, den Anden überhaupt, Columbien und Neu-Granada (Santa Fé) und am Magdalenas. In Central-Amerika erlegte man Jaguare in den Gebirgen von Guatemala, bei Chiriqui, Panama und der Küste von Darien. Sein nördlichstes Verbreitungsgebiet bildet Mexico (Tabasco), Texas (Brazos River, Guadelupe Cañon in der Sierra Madre), obwohl er hier ziemlich selten ist, ferner Neu-Mexico, das Land der Adirondacks und Californien. Oestlich geht er nicht über Texas hinaus.

Als Spielarten werden auch von den eingeborenen Jägern weissliche (Mexico und äusserster Südwesten der Vereinigten Staaten) und schwärzliche (Brasilien, Amazonenstrom bei Ega, Mexico) unterschieden. Fitzinger beschrieb einen Bastard von Jaguar ♂ und schwarzem Sundapanther ♀ als *Felis poliopardus.* Da ein solcher Mischling nur in der Gefangenschaft entstehen kann, müssen wir ihn als Species streichen.

86. *Felis mitis* Cuv.

*Felis brasiliensis* F. Cuv., Reichenb. — *F. chati* Griff., Temm. — *F. chibiguazu* Fisch., Griff. — *F. cuo* Lesson. — *F. elegans* Lesson. — *F. guignia* Desm., Molina, Philippi. — *F. macrura* Burm., Fisch., Giebel, Gray, Lesson, Rengger, Reichenb.,-Tschudi, Wagl., Wagn., Wied. — *F. macruros* Griff., Jerd., Smith. — *F. maracaya* Wagn. — *F. marguay* Azara, Buffon, Giebel, Griff. — *F. mbaracaya* Desm. — *F. mexicana* de Saussure. — *F. mitis* Azara, Burm., F. Cuv., Desm., Desmoul., Elliot, Fischer, Geoffr., Giebel, Gray, Jard., Reichenb., Temm., Wied. — *F. onça* Bodd., Erxl., Gmel., Schreb., Zimm. — *F. pardalis* Cuv., F. Cuv., Desm., Desmoul., Fisch., Reichenb., Rengger, Temm., Wied. — *F. pardaloides* Bruns., Rengger, Temm., Wied. — *F. serval?* Cuv. — *F. Smithi* Swainson. — *F. tigrillo* Pöppig. — *F. tigrina* Alston, Bodd., Burm., Cuv., F. Cuv., Desm., Desmoul., Erxl., Fisch., Geoffr., Giebel, Gmel., Jard., Gray, Linné, Reichenb., Schreb., Temm., Wagn., Zimm. — *F. venusta* Reichenb. — *F. Wiedi* Schinz, Swainson. — *F. (Noctifelis) guignia* Sewerzow. — *Leopardus mitis, pictus, tigrinoides, tigrinus* Gray. — *Panthera brasiliensis* und *Buffoni* Fitz. — *Panth. macrura* Fitz., Wagn. — *Panth. maracaya* Fitz. — *Panth. mitis* Fitz., Giebel. — *Panth. tigrina* Fitz., Wagn. — *Panth. venusta* Fitz. — *Pardus macrurus, mitis, tigrinus* Fitz., Giebel.

Aus der grossen Zahl synonymer Benennungen kann man bereits schliessen, wie sehr dieses Thier zum Abändern in der Zeichnung neigt. Wenn ich in der Zusammenziehung mehrerer, von mir in der anfänglichen Bearbeitung angenommenen Species zu einer, von der Anordnung im „Zool. Jahrb. Bd. VI" abgewichen bin, so geschah das in Folge weiteren Materials, welches für mich maassgebend wurde. Die Namen des Thieres bei den Brasilianern sind „gato do matto, gato do matto pintado, gato pintado grande, onça pequeña, onça pintada, congaçu"; bei den Portugiesen „maracaya, mbaracaya"; in Costa Rica „cauzel".

Die Verbreitung des Maracaya geht von Patagonien, durch Brasilien (das Waldgebiet und die Küstenstrecke, Rio Janeiro, Ypanema, Barcellos, Pomba an der Lagoa-Santa, am Mucuri, am Parahyba sehr gemein. bei Neu-Freiburg), Guyana (Surinam), bis nach Centralamerika. Besonders häufig ist er zu beiden Seiten des Amazonas, in Paraguay, Columbien (Baranquilla), in den Andoas von Ecuador, in den chilenischen Gebirgen (Hualaga), Peru,

Guatemala. Mexico bildet seine Nordgrenze. Einen Hinweis auf sein Vorkommen in Carolina müssen wir für irrthümlich halten.

87. *Felis colocollo* F. Cuv.

*Catus strigilatus* Wagn. — *Dendrailurus strigilatus* Sewerzow. — *Felis colocolo* Cuv., Fisch., Geoffr., Giebel, Jard., Reichenb., Smith. — *F. colocolla* Desm., Gray, Lesson. — *F. colocollo* Elliot, Fisch., Gerv., Gray, Jard., Lesson, Molina, Philippi, Reichenb., Smith, Temm., Wagn. — *F. jacobita* Cornalia. — *F. lineata* Swains. — *F. maracaya albescens* Fitz. — *F. strigilata* Wagn. — *Leopardus ferox.* — *Panthera strigilata* Fitz. — *Pardus colocollo* Giebel.

Diese höchst eigenthümlich gezeichnete Katze ist auf Chili, Guyana (Surinam) und, wie man wohl annehmen darf, die zwischenliegenden Centraltheile Südamerikas beschränkt.

88. *Felis pardalis* L.

*Catus pardus* Brisson. — *Felis aguri* Schreb. — *F. albescens* Puch. — *F. armillata* F. Cuv., Geoffr., Gerv., Lesson, Reichenb. — *F. brasiliensis?* F. Cuv. — *F. canescens* Swains. — *F. catenata* Fisch., Jard., Reichenb., Smith, Swains. — *F. chibiguazu* Fisch., Griff., Reichenb. — *F. Griffithi* Fisch., Reichenb. — *F. grisea* Gray. — *F. Hamiltoni* Fisch., Griff., Reichenb. — *F. maniculata?* Griff. — *F. melanura* Ball., Fraser, Giebel, Gray. — *F. mitis* Desm. — *F. ocelot* Smith. — *F. ozelot* var. Griff. — *F. pardalis* Aud. et Bachm., Baird, Bartl., Blainv., Bodd., Buff., Cuv., F. Cuv., Desm., Desmoul., Elliot, Erxl., Fisch., Fitz., Gerv., Giebel, Gmel., Gray, Griff., Harlan, Jard., Illig., Lesson, Reichenb., Rengger, Schreb., Sclater, Swainson, Temm., Tschudi, Wagn., Wied., Wils., Zimm. — *F. pardulis minimus* Wils. — *F. pardoides* Gray. — *F. picta* Gray, Sewerzow. — *F. Smithi* Swains. — *F. tigrina* Erxl., Zimm. — *F. (Oncoides) pardalis* Sewerzow. — *Leopardus griseus, pardalis, pardus, pictus* Gray. — *Panthera armillata, catenata, Griffithi, Hamiltoni, Jardini, ludowiciana, maracaya, mexicana* Fitz. — *Panth. pardalis* Fitz., Wagn. — *Pardus pardalis* Giebel, Wagn.

Der Ozelot, der „chibiguazu“ Azaras, „kuichua, yacatirica, yagua-tirica“ der Eingeborenen, bewohnt die centralen Theile Amerikas im weiteren Sinne. Man trifft ihn und seine zahlreichen Spielarten in Peru, Brasilien (Rio Janeiro, Matto-dentro, Rio das Flechos, Caiçara, Rio Cauamé,

Sarayacu, selten auch Minas Geraes), Ecuador, Columbien, Guayana (Surinam), Central-Amerika (Panama, Darien, Costa Rica), Mexico (Matamoras, Mirador, Tehuantepec), Neu-Mexico, Texas, Californien und Louisiana (am Arkansas). Die Spielart *F. armillata* herrscht in Guayana und den benachbarten Ländern vor; *F. Griffithi* ist eine Localrasse Mexicos.

Als gute, constante Varietät des Ozelot erweist sich

Var. *Felis Geoffroyi* Gervais.

*F. Geoffroyi* Elliot, Giebel, Guer., d'Orbigny, Reichenb. — *F. guttula* Hensel. — *F. micrura* Temm. — *F. pardinoides* Gray. — *F. Warwicki* Sclater. — *Leopardus himalayanus* Gray. — *Oncifelis Geoffroyi* Sewerzow. — *Panthera Geoffroyi* Fitz. — *Pardalina Warwicki* Gray. — *Pardus Geoffroyi* Giebel.

Dieser „gato montes" der Brasilianer geht weiter nach Süden hinunter, als der eigentliche Ozelot, denn er wird für die Pampas bei Buenos Ayres, Patagonien, Argentina, Chili angeführt. Am häufigsten ist er in den Gegenden um den 44. Grad s. Br., am Rio Negro in Patagonien und dessen Lagunen. Gray beschrieb, weil ihm die Herkunft unbekannt war, eine junge *F. Geoffroyi* als *Leop. himalayanus.*

89. *Felis pseudopardalis* H. Smith.

Die von der Campeche-Bay herstammende Form dürfte vielleicht mit dem Ozelot vereinigt werden. Wir haben es unterlassen, da die Beschreibung nicht klar genug war, um eine Entscheidung zu treffen.

90. *Felis pajeros* Desm.

*Catus pajeros* Fitz., Wagn. — *Felis brasiliensis* Hofmannsegg. — *F. lineata* Swains. — *F. pajeros* Azara, Cuv., F. Cuv., Elliot, Fisch., Gerv., Giebel, Gray, Reichenb., Wagn., Waterh. — *F. passerum* Sclater. — *Leopardus pajeros* Gray. — *Lynchailurus pajeros* Sewerzow. — *Pajeros pampanus* Gray. — *Panthera pajeros* Fitz. — *Pardus pajeros* Giebel. — *Puma pajeros* Jard.

Der Verbreitungsbezirk der Pampaskatze wird schon durch ihren Namen angedeutet, ist also ein ziemlich beschränkter. Sie ist eine Bewohnerin der Steppen Süd-Amerikas, in denen sie zwischen dem 30. Grad und 50. Grad s. Br. am häufigsten auftritt. Von der Magelhaesstrasse und den Ufern des Rio Negro geht ihr Gebiet nach Norden durch Patagonien, wo sie in den Lagunen und Gebüschen (besonders am Rio Neuquen, Zufluss des Rio Negro), zwischen den

Flüssen Rio Sauce und Colorado, in Argentinien (Buenos Ayres), Süd-Brasilien, Paraguay und in den südlichsten Pampas von Chili, am Fusse der Cordilleren, haust und den Eingeborenen als nützliche Vertilgerin schädlicher Nager bekannt ist.

91. *Felis americana* Bengl.

*Felis nigritia* Boitard. — Bei Chenu fanden wir die Angabe, dass diese schwarze Katze, von der Grösse unseres europäischen Kuders ungefähr, von Azara „chat negre“ genannt worden sei und hauptsächlich in den Provinzen Maldonado und La Plata gefunden werde. Weiteres war über diese ziemlich zweifelhafte Art nicht aufzufinden.

## Genus II. Lynx Wagn.

### Subgenus 8. Chaus.[1])

92. *Lynx chaus* Wagn.

*Chaus catolynx* Fitz., Gray. — *Chaus erythrotis* Fitz. — *Chaus Jacquemonti* Gerr., Gray. — *Chaus libycus* seu *servalinus* Gray. — *Felis affinis* Gray, Hardwicke. — *F. caligata* Temm. — *F. catolynx* Poll. — *F. chaus* Adams, Blyth, Bodd., Cuv., F. Cuv., Desm., Desmoul., Elliot, Fisch., Gerv., Giebel, Gmel., Griff., Güldenst., Horsf., Jard., Jerd., Kelaert, Keys. et Blas., Lesson, Lichtst., Mac-Masters, Rüpp., Reichenb., Schreb., Sclater, Temm., Tristr., Wagl., Wagn., Zimm. — *F. (Catolynx) chaus* Sewerzow. — *F. cashmirianus ?* — *F. erythrotus* Hodgs. — *F. Jacquemonti* J. Geoffr., Jacquemont. — *F. inconspicuus* Gray. — *F. katas* Pears. — *F. libycus* Loche, Oliv. — *Guepardus jubatus* Duvernois. — *Lynchus chaus* Jard. — *Lyncus erythrotus* Hodgs. — *Lynx chaus* Boit., Fisch., Giebel, Güldenst. — *Lynx erythrotis* Wagn. — *Panthera Jacquemonti, inconspicua* Fitz.

Die turkotatarischen Stämme Klein-Asiens nennen das Thier „kirmyschak, wuschak“; die Perser „gurba-i-kuhi“; die Usbeken „pschyk“; die Russen Transkaspiens „dikaja koschka“ (wilde Katze); die Hindu „jangli-billi“; die Bengalesen „khatas, banbiral“; die Mahratten „baul, bhaogha“; die Hügelbewohner von Radjmehal „berka“; die Canaresen

[1]) In den Schriften des Moskauer internationalen Zoologencongresses (1892) erwähnt A. M. Edwards einer neuen Katzenart *Felis Bieti*, welche ähnlich dem *Chaus*, aber kurzbeiniger sein soll. Sie stammt aus Tibet (zwischen Tengri-noor und Batang) und gehört vielleicht zu diesem Subgenus.

„mant-bek“; die Wadari „kada-bek, bella-bek“; die Tamilen „katupunai“; die Talain „jurka-pilli“; die Malayans „cherru-puli“; die Arakanesen „kyoung-thit-kun“.

Der Chaus ist sicher nachgewiesen für Indien, die Gebirge im Pendjab, das Gebiet vom Himalaya bis Cap Comorin, bis zu 2300 m über dem Meere hinaufsteigend. Ebenso findet man ihn auf Ceylon und den Andamanen, sowie in Nord-Birma, wo er seinen östlichsten Punkt erreicht. Durch Persien (bei Kisht, nördlich von Buschiré bis 520 m, Shapur bis 860 m, in den Borasjunhügeln und bei Kara-agatsch bis 1750 m) geht er nach Klein-Asien (bei Marash gemein, ebenso in der Ebene von Basardjik), und in den Kaukasus (Südwest-Kaspigebiet häufig in Rohr und Djungeln, im Talysch, bei Elisabethpol, am Kur, im Araguathale, am Terek). Zwischen Kaspi- und Aralsee, sowie östlich von letzterem finden wir ihn am Murghab (Aimak-dschary), im Pendj-Gau, bei Sary-jasy, Tachtabasar, am Tedjend, bei Geok-tepe, in der Oase Merw, auf den Schilfinseln des Atrek, Sumbar und Tschandyr, bei Ljutfabad, Artyk, Aschabad, im Ust-Urt, am Kuwandarja und Amu-darja, also auch in der Oase Chiwa und dann in der Wüste Kisil-kum. Im Kashmir, bei Dardjiling im Himalaya und in Tibet wurden einzelne Chaus erbeutet.

Durch Syrien, Mesopotamien und Palästina erreicht er Afrika, wo wir ihn in Aegypten, am oberen Nil, in Nubien und in der abessynischen See-Zone treffen.

### 93. *Lynx ornatus* Gray.

*Chaus affinis* Fitz. — *Ch. ornatus* Fitz., Gray. — *Ch. pulchellus* Gray. — *Ch. servalinus* Fitz., Gray. — *Felis Huttoni* Blyth. — *F. ornata* Blyth, Elliot, Gray, Jard., Reichenb., Thom. — *F. servalina* Jard., Wagn. — *F. torquata* Blyth., Gray, Horsf., Jard. partim, Mac-Masters, nec Cuv. — *F. (Catolynx) torquata* Sewerzow. — *Lynchus affinis* Jard. — *Serval servalinus* Wagn.

Diese Katze lebt in West-Hindostan, vom Pendjab und Sindh bis Saugor und Nagpur, ohne aber das Gangesthal zu erreichen. Im Himalaya geht sie bis 2500 m hinauf. Südlich vom Nerbudha ist sie selten, gemein dagegen in den Wüsten östlich vom Indus, in der westlichen Radjputana, Hurriana, Hazara und Dukhun. Nach Süd geht sie bis Cap Comorin und auf Ceylon. Besonders zahlreich tritt die Luchskatze an der Küste Malabar auf, in der Umgebung von Madras, in der Landschaft Karnatik (die Gebiete

Ascot, Madura, Tandjore, das Tamilen-Land), in Gangootra (Gurwal) und in den Mahratten-Staaten. In der Radjputana hält sie sich hauptsächlich am Sambhar-See auf. Blanford meint eine von Tickell auf den Andamanen gefundene Katze auch zu dieser Species stellen zu müssen. Nach West und Nord soll diese Form, in Vorder-Asien, südlich vom Kaspi-See, in Turkestan, Ust-Urt, Karatau, West-Tjanschan, an den Oberläufen des Arys, Keles, Tschirtschik, im Delta und am Unterlaufe des Syr-Darja, bei Chodschend, im Sarafschanthale, den umliegenden Gebirgen, bei Merw, in den Ebenen vor der Wüste Kisil-kum (überall nicht höher als 290 m in die Saxauldickichte hinaufgehend), ferner in Kashgar, Yarkand, Kokhan und Buchara gefunden worden sein.

94. *Lynx shawiana* W. Blanf.

*Chaus shawiana* Blanf. — *Felis shawiana* W. Blanf., Elliot.

Der „molun" der Turkmenen bewohnt die Ebenen Ost-Turkestans, besonders bei Kaschgar und Yarkand, wo er ziemlich gemein ist, sowie ganz Tibet.

95. *Lynx caudata* Gray.

*Chaus caudatus* Gray. — *Felis caudata* Gray, Elliot. — *F. servalina* Sewerzow.

Diese gut unterschiedene Art fand man im Ust-Urt, zwischen Aral- und Kaspi-See, in ganz Transkaspien, am Tedschend, im Murghabthale, Afghanistan, bei Maimaneh (am linken Amu-Darja-Ufer) in Ost-Buchara, bei Kaschgar, im Balkaschbecken, sehr zahlreich am Ili, und in Turkestan am Syr-Darja.

**Subgenus 9. Caracal.**

96. *Lynx caracal* Wagn.

*Caracal algiricus* Fitz., Lesson. — *Car. bengalensis* Fitz., Lesson. — *Car. melanotis* Fitz., Gray. — *Car. nubicus* Fitz., Lesson. — *Car. rutilus* Fitz. — *Felis aurata* Temm. — *F. caracal* Alston, Bennett, Blainv., Blyth, Bodd., Cuv., F. Cuv., Desm., Desmoul., Elliot, Erxl., Fisch., Gerv., Giebel, Gmel., Griff., Hermann, Jard., Jerd., Danf., Güldenst., Lesson, Loche, Reichenb., Schreb., Sclater, Smuts, Temm., Thunb., Tristr., Wagl., Wagn., Zimm. — *F. caracal* var. *algiricus* Fisch. — *F. caracal* var. *bengalensis* Fisch. — *F. caracal* var. *nubicus* Fisch. — *F. rutila* Giebel. — *F. rutilus* Waterh. — *Lynchus caracal* Jard. — *Lynchus (Urolynchus) caracal* Sewerzow. — *Lynx caracal* Fisch., Giebel, Güldenst., Schreb.

Der Karakal repräsentirt die einfarbigen Luchs-Thiere, die in jeder Beziehung, in Körperbau, Zeichnung, Naturell, ganz ihrer Heimath, der Wüste, angepasst sind. Junge Karakals sind gefleckt.

Verschiedene Zoologen haben auf einzelne Exemplare hin mehrere Arten des Karakal statuirt. Da jedoch die hellere oder dunklere Färbung der Thiere (vom hellsten Fahlgelb bis zum satten Rothbraun) auf Anpassung an den Boden der bewohnten Gebiete zu beruhen scheint, im Uebrigen aber alle Karakals vollkommen übereinstimmen, sind derartige Trennungen wohl kaum zulässig.

Die einheimischen Namen des Thieres sind folgende: bei den Arabern „om-rischâd, qut-nafari, anasá, qut-chalaui, anak-elard, furanik"; im Maghreb „anak el ardáh"; bei den Abessyniern „dschoch-ambasá, derq-ambasá"; die Amharesen nennen ihn „afu, afên, aferê"; die Somali „jambel"; die Schuli „quorra"; die Bongo „mudjok-pollá"; die Njamnjam „mborru"; die Djur und Schilluk „nuoi"; die Türken (sehr bezeichnend) „karakulak" (Schwarzohr); die Perser „siya-gusch"; in Tibet führt er den Namen „tsogde"; in Ladak „ech"; bei den holländischen Boeren „roicat"; bei den Namaqua „tuane".

Der Karakal, den, nach Marco Polo's Berichten, die Tatarenfürsten gezähmt als Jagdgehilfen neben dem Gepard hielten, dient zu gleichem Zwecke auch heute noch in manchen Gegenden Indiens. Seine Verbreitung ist eine sehr weite, denn er gehört ganz Afrika und einem grossen Theile Asiens an. Gehen wir vom Cap der guten Hoffnung aus, so begegnen wir dem Karakal jetzt freilich sehr selten hier, öfter an der Walfischbay, weiter nördlich an der Goldküste (Cap-Coast-Town), in Sierra Leone, im Lande der Mandingo und am Senegal, wo er sehr gemein ist. Weiter im Inneren können wir seine Spuren im Namaqualande und von hier bis zum Somalilande längs der Ostküste verfolgen. Im oberen Nilgebiete haust er bei den Habab, am Marek und den Takasseh-Quellen, am Bahr-el-azrak, Sobat, im Gebiet der Schuli, Njamnjam, Bongo, Djur und Schilluk, in der Mudirijé Rohl, in Bornu, Wolodje, Ssomo, Musgo, Bạghirmi, in Abessynien (Sennaar, Massauah, an der Küste), in der Bahjuḍa (zwischen Chartûm und Ab-dôm), ferner in Nubien und Kordofan. Am Rothen Meere lebt er bei Koseir und in Aegypten. In der Sahara und ihren Oasen ist er der gefürchtetste Hühnerdieb, lässt sich aber auch südlich von ihr, im Ost-Sudan spüren. Nord-West-Afrika und der Atlas beherbergen ihn ebenfalls.

Begeben wir uns nach Asien, so finden wir den Karakal als Bewohner der Steppen und Wüsten, denn auch hier meidet er, wie in Afrika, bewaldete Gegenden — in Klein-Asien (bei Smyrna, zahlreich im Taurus), Syrien, Arabien, Mesopotamien, Persien (Diz-fûl). Seltener ist er in Indien, am Ganges, in Nord-Circars, Klein-Tibet, Ladak, Gudzerate, Travancore, Kutch, im Pendjab, bei Delhi, Lahore, in der Radjputana, Kandeish und Chutia-Nagpur. In Bengalen, im Himalaya, auf der Küste Malabar fehlt er. Weiter hin treffen wir ihn am oberen Tigris, im Giaur-dagh, Armenien, Bulgar-dagh. In Transkaspien beobachtete man den Karakal in den Bergen bei Khodjane-kala, Karry-kala, Tschikischljär, am Murghab, bei Ruchnabad, am Tedschend, im westlichen Kopet-dagh, bei Karakala am oberen Sumbar. Turkmenien bildet auch seine Nordgrenze. In Transkaukasien kommt er nicht vor.

### Subgenus 10. Lynx.[1]

97. *Lynx vulgaris* A. Brehm.

*Catus cervarius* Briss. — *Felis borealis* Clerm., Keys. et Blas., Murray, Reichenb., Thunb. — *F. cervaria* Blyth, Cuv., Elliot, Fisch., Gerv., Giebel, Keys. et Blas., Lesson, Lilljeborg, Ménétriés, Nilss., Reichenb., Temm., Thunb., Wagn. — *F. Fagesi* A. M. Edwards. — *F. isabellina* Blanf., Blyth. — *F. lupulina* Gray, Lesson. — *F. lupulinus* Thunb. — *F. lupus* Thunb. — *F. lyncula* Fellman, Nilss. — *F. lynx* Alston, Bechst., Blainv., Bodd., Briss., Clams., Cuv., F. Cuv., Danf., Desm., Desmoul., Elliot, Erxl., Fellm., Fisch., Freyer, Gerv., Giebel, Gloger, Grape, Griff., Gmel., Jard., Illig, Keys. et Blas., Lagus, Lesson, Lilljeborg, Linnée, Müll., Nilss., Pall., Sartori, Sawazky, Schreb., Schrenk, Scully, Schinz., Temm., Thunb., Wagl., Wagn., Wildungen, Zimm. — *F. lynx* var. Erxl. — *F. virgata* Lilljeb., Nilss. — *F. vulpina* Thunb. — *F. vulpinus* Lesson. — *Lupus cervarius* Gesner, Wagn. — *Lynchus borealis* Gray. — *Lynchus europaeus* Gray. — *Lynchus lynx* Jard., Sewerzow. — *Lyncus cervarius* Temm. — *Lyncus isabellinus* J. E. Gray. — *Lyncus lynx* L. — *Lyncus vulgaris* Gray. — *Lynx africana* Aldrovandi. — *Lynx*

[1]) In den Schriften des Moskauer internationalen Zoologencongresses (1892) erwähnt A. M. Edwards eines Luchses aus Tibet, *Lynx rufus*, der zwischen Tengri-noor und Batang vorkommen soll und vielleicht blos der gemeine Luchs ist?

*aygar* Przewalski. — *Lynx borealis* Fitz. — *Lynx cervaria* Fitz., Giebel, Wagn. — *Lynx unicolor* Przewalski. — *Lynx virgata* und *vulgaris* Fitz.

Wie bei vielen Arten der Feliden, ist auch bei den Luchsen eine Menge von Species aufgestellt worden, wo es sich doch nur um individuelle oder Verschiedenheiten des Geschlechts und Alters handelt. Ausserdem neigt wohl selten ein Thier so sehr zur Bildung von Farbenspielarten, wie gerade der Luchs. Obwohl schon Schrenk in seiner Dissertation (Dorpat) über „die Luchsarten des Nordens“ klar genug nachgewiesen hat, dass die meisten als selbständige Arten beschriebenen Formen dem *Lynx vulgaris* zuzuzählen sind, so behauptet sich noch immer, besonders in Jägerkreisen, die Ansicht von der Existenz eines grossen „Hirsch“- und eines kleineren „Kalbsluchses“, wie man in Livland sich ausdrückt. Ja, Elliot, in seiner Monographie der Katzen, hat auch noch die Trennung in *F. cervaria* und *F. lynx* beibehalten, ihm scheint Schrenk's Arbeit unbekannt geblieben zu sein. Ich habe Gelegenheit gehabt, frisch erlegte Luchse in Livland, Litthauen, Polen, Russland zu sehen und muss sagen, dass ein Unkundiger nicht zwei von den Thieren als einer Art angehörig erkannt hätte, so sehr änderten sowohl Grundfarbe als Fleckenzeichnung ab. Bei einer Jagd waren eine Luchsin und zwei halbwüchsige Junge erlegt worden. Die Alte entsprach vollkommen dem Fitzinger'schen *L. cervaria*, während das eine Junge als *L. virgata* Fitz., das andere als eine Zwischenform hätte angesehen werden können.

Seiner weiten Verbreitung und Neigung zum Abändern in der äusseren Erscheinung entspricht natürlich auch die grosse Zahl der Namen, welche der gemeine Luchs in den verschiedenen Gebieten seines Auftretens erhalten hat. Die Schweden nennen ihn „lo (kåt-lo, varg-lo, räf-lo)“; die Dänen „los“; die Norweger „gaup“; die Lappen in Finmarken „albos, albas, alpas“; am Imandra „ilbas“; am Enare „ilvas, valpes“; die Esthen „ilwes“; die Letten „luhsa“; die Polen, Russen, Tschechen „rysj“; die Osseten im Kaukasus „istoi“; die Grusinier „pozchon“; die Turkmenen „salesan“; die Mandschu „shilu“; die Chinesen „ky-pao“; die Dauren „silüs“ und „silussu“; die Burjäten und Tungusen „shulungun“; die Birartungusen „tibtige, tibtike“; die Orontschonen „bultika“; die Monjagern „nonno“; die Giljaken „tschlyghi“; die Golde und Kile (am Gorin) „tubdscha“; die Goldier und Kile (am Kur und oberhalb des

Ussuri) „tibdschaki“; die Ainos auf Sachalin „ssinokoi“; die Orotschen „nondo“; in Kachmir heisst er „patsalan“; bei den Persern „varchach“; in Italien „lupo cerviero, lince“; bei den Baschkiren „ljäugyn“.

In früheren Zeiten bewohnte der Luchs fast ganz Mittel-Europa, wie die Funde von Mosbach bei Wiesbaden, am Rothen Berge bei Saalfeld, in der Schweiz, bei Thayingen, Solutré, Langenbrunn, in der Wypustekhöhle in Mähren, bei Wolokowo an der baltischen Linie in Russland und die dänischen und schwedischen Speisereste (Kjökkenmödlinger, besonders am Mälarsee) beweisen, aber da er als schädliches Raubthier, vielfach auch als schmackhafter Braten galt, wurde er eifrig verfolgt und ist in historischer Zeit aus dem grössten Theile unseres Continents verschwunden. In England ist er seit Jahrhunderten ausgerottet. In Frankreich gab es 1548 Luchse bei Orleans, 1712 erlegte man einen bei Grasse (Departement Alpes-maritimes), 1787 nur noch in den Pyrenäen und Alpen. Für Deutschland haben wir werthvolle Daten über sein allmähliches Eingehen. Danach war er im XV. Jahrhundert in der Provinz Pommern sehr gemein. 1706 gab es noch in Mecklenburg viele. Ebenso waren im Elsass im Anfange des XVIII. Jahrhunderts die Luchse gewöhnlich, während sie jetzt den Vogesen fehlen. 1745 wurde der letzte Luchs in Westphalen erlegt, 1750 der letzte in Pommern. In Thüringen wurden von 1773—1796 noch fünf Luchse gestreckt, 1788 einer bei Gräfenthal am Falkenstein. Im Gothaer Bezirk wurde 1819, im Dörnberger 1843 der letzte Luchs geschossen. Der Harz besass 1670 zahlreiche Luchse, in den Jahren 1817 und 1818 verlor er seine letzten beiden Vertreter dieser Sippe (bei Sesen und Wernigerode). In Oberschlesien lebten Anfang dieses Jahrhunderts noch diese Wildschädiger. In Preussen wurde 1861 einer in der Oberförsterei Nassawen, 1868 einer im District Birkenheide (Oberförsterei Puppen), 1870 einer bei Lötzen und 1872 bei Lauck (NO. von Mühlhausen in Ostpreussen) erlegt.

In Bayerns Hochgebirgen, wo sie früher zahlreich hausten, haben sie sich bis 1850 gehalten, und es fingen zwei Jäger, Vater und Sohn, von 1790—1838 dreissig Stück. Im Jahre 1820/21 wurden im Etthaler Gebirge in Bayern 17 Stück, 1826 im Riss 5, 1831 aber 6 geschossen. Das Forstamt Partenkirchen lieferte von 1829—30 aus dem Revier Garmisch 3, Eschenloch 5, Vorderriss ebenfalls 5 Stück. 1838 ward der letzte Luchs im

Rothenschwanger Revier erbeutet. Gespürt, aber nicht gefunden wurden 1850 zwei Luchse auf der Zippels-Alp. Der letzte für Württemberg ist für 1846 angegeben. Böhmen birgt seit der ersten Hälfte dieses Säculums keine Luchse mehr. Versprengte Exemplare fielen im Elsass, Odenwald und Spessart in die Hände der Jäger. Bei Zampach (Böhmen) wurde 1767 einer, am Winterberg 1721—94 noch 109 Stück geschossen. In Bern und Schwyz fehlt der Luchs seit Decennien. 1862 ward der letzte in Wallis, vor etwa 20 Jahren in Graubündten erlegt. 1872 fiel der letzte Luchs der rhätischen Thalschaften, Val d'Uina.

Das heutige Verbreitungsgebiet des Luchses geht von den Karpathen längs der preussisch-russischen Grenze nach Norden durch ganz Nord-Russland, Finland und die Ostseeprovinzen bis nach Skandinavien. Im Osten erreicht er den Stillen Ocean, im Süden Persien, den Kaukasus und das Himalaya-Gebirge. Sicher besitzen ihn jetzt noch folgende Landschaften: Spanien und Frankreich stellenweise in den Pyrenäen, die Alpen beherbergen ihn besonders im italienischen und französischen Theil; so hält er sich noch in den Wäldern und Schluchten von Piemont, Savoyen und der Schweiz selten auf (Hochwälder von Wallis, Tessin, Bernerland, Urner, Glarner, Oescher und Böxer Alpen). Im Jura trifft man ihn sehr vereinzelt bei Annecy, am Mont Salève, Surava und bei Belfort. In Tirol und Südbayern (in der Würm, Zips) wird er hin und wieder gespürt, ebenso in Vorarlberg. Durch Steiermark (Windischgrätz), Kärnthen (Smorhony-Gebirge im Bezirk Oderburg-Völkermarkt), Krain, Ungarn (Zipser Comitat, Marmaros, Szent-Miklos, Munkacs, Bereger Revier, Hotzeg, Retter im Gömörer Comitat), Bukowina (Revier Berhomet), Rumänien, Bosnien, Bulgarien, Türkei, Albanien einerseits und in die Karpathen (hohe und niedere Tatra, Kappsdorf, Lentschau im Waldgebirge) andererseits, kann man den Luchs noch heute verfolgen. Von hier unternimmt er Streifzüge nach Schlesien, Böhmen, Galizien und Siebenbürgen. In Polen waren 1828 die Luchse sehr zahlreich; in Litthauen sind sie es noch jetzt. In Russland (Romanowo-Borissoglebek im Jaroslawer Gouvernement, bei Rybinsk, im Wologdaschen, Archangelschen — besonders Schenkursker Kreis —, im Permschen, freilich selten in den Urwäldern, an der Soswa und Loswa bei Bogoslowsk, Slatoust, Serginskoje, Näsepetrowskoje und anderen Ansiedelungen am Adui im Jekaterinburgschen Kreise, in den Syssertskie-Bergen, im Kaslinskij, Ufalijskij, Polewskij und Kyschtymskij Ural, hauptsächlich im Winter und auf der Westseite häufiger als im Osten, wo er nur mit den wandernden Rehen erscheint, im Orenburgschen am Ural, an der Belaja, Kama und Wolga, wo dichte Wälder stehen, im Petersburger, Wladimirschen, livländischen Gouvernement, besonders in der Umgebung von Dorpat, Werro, Kürbis, Fellin, Pernau, Ringmundshof an der Düna, seltener im Kijewschen, Tschernigowschen, Wolhynischen und Podolischen, hin und wieder auch in Bessarabien und Neu-Russland (Cherson), soweit es Wälder giebt — ist er noch zahlreich vorhanden. In Finland haust er am Imandra, am Enare und am Varangerfjord, freilich ziemlich selten, in Enontekis, Haparanda, Karungi, Tornea und in Kemi-Lappmarken, von wo er, soweit es Wälder giebt, nach Kola und an den Kandalakskaja-Busen streift. In Skandinavien erreicht er die Waldgrenze und ist besonders in manchen schwedischen Läns zahlreich (Norbottens-Län, Westerbottens-, Oestrasunds-, Westnorrlands-, Gefleborgs-, Kopparbergs-, Wermlands-, Upsala-, Westermannlands-, Oerebo- und Stockholms-Län, weniger im Elfsborgs-, Hollands-, Oestergötlands-, Göteborgs- und Jönköpings-Län), sowie in Norwegen (Hollingthal). In manchen Gegenden scheint er zeitweise einzuwandern und dann wieder zu verschwinden, so z. B. in Italien, wo er in den Apenninen sogar südlich von Neapel getroffen wurde; in Kurland, wo Luchse 1805 eine Seltenheit, 1829 gemein waren; ferner im Gouvernement Moskau, wo sie dazwischen im Kreise Dmitrow auftauchen (1891/92 im Winter auch im Kreise Klin).

In Asien begegnen wir dem gemeinen Luchs im Kaukasus (Georgien, Borschom, Umgebung von Kutais, wiewohl ziemlich selten), in Klein-Asien (Berge in Albistân), Persien (Massenderân, Ghilan, aber selten), im Turkestan, (Yarkand, Kachgar, Aksu), im Semiretschensker Gebiet, am Issik-kul, oberen Naryn, Aksai, Tschu, Talas, Dschumgal, Susamir, unteren Naryn, Sonkul, Tschatyrkul, im Karatau, Tjanschan, an den Quellen des Arys, Tschirtschik, am Keles, unteren Syr-Darja, Umgebung von Chodschend, im ganzen Sarafschanthal und im Gebirge und den Ebenen am Sarafschan bis zur Wüste Kisil-kum. Vertical steigt er bis 1800 m in den Apfel-, Urjuk- und Eichenwäldern der Vorberge — im Hauptgebirge bis 3000 m hinauf. In Buchara haust er ebenfalls. Nach Norden finden wir ihn in Sibirien am Ob[1]), im Altai-

[1]) Auch am Omj, Tartas, bei Beresow und in der Surgutskaja-Taiga.

gebirge bei der Altaiskaja Staniza, an der Kolyma, bei Kolywan, in den sajanischen und daurischen Bergen, im Abakan, am Jenissei, an der unteren Tunguska, im Bargusinski-Gebirge, im Nuku-daban, am Baikal, seltener in Transbaikalien (in den Steppen natürlich nicht), an der Oka und Bystraja, von der Lena bis zur Janamündung, im Kentei- und Jablonoi-Gebirge, aber recht selten. Ferner in Chingang an der Gorbiza, am Amasar und Oldai, im Bureja- und Vandaberglande. Zwischen Schilka und Argun gab es 1856 sehr viele Luchse, dann verschwanden sie plötzlich. Im Amurlande bewohnt er die hochstämmigen Wälder am Ussuri, im Chöchzyrgebirge an dessen Mündung, im Geonggebirge, am Naichi- und Dodanflusse, am Chongar, Sidimi, Gorin und Jaï, sowie am Amur bis zur Mündung in den Ocean. Am tatarischen Sund, an der Bay Hadschi, bei Udskoje und am Ochotskischen Meere kommt er ebenfalls vor. Auf Kamtschatka und den Aleuten fehlt er, wie es scheint. Auf Sachalin meidet er das waldlose Nordende, lebt also nur am Oberlaufe der Tymjä, im Inneren der Insel und selten am Südende derselben.

Ob er auf Korea anzutreffen ist, bleibt fraglich. In China kommt er in Gansu und Setschwan vor. Am Tarim und Lob-noor wird er selten gespürt, mehr in Tibet und Ladak, wo er sich der waldlosen Natur anpasst und ein fahlgelbes Felsenkleid anlegt, was die Veranlassung wurde, dass Blyth ihn als *F. isabellina* beschrieb, während Przewalski zwei weitere Spielarten, *Lynx aygar* und *L. unicolor*, aus Nord-Tibet und Zaidam mitbrachte. Im Himalaya kommt der Luchs im oberen Industhale vor, in Kaschmir, Gilgit, Hunza, Nagar, Yassin bis 1450 m und am Sedletsch. Wenn aber Luchse für den Amu-Darja und Schugnon genannt werden, so ist es noch fraglich, ob es der gemeine Luchs ist.

98. *Lynx pardinus* Oken.

*Felis caracal* Desm., Fisch. — *F. cervaria* H. Saunders nec Temm. — *F. lynx* Cuv., Erxl., Gmel. — *F. pardina* Cuv., Elliot, Oken. — *F. vulpina* Thunb. — *Lyncus pardinus* Gray. — *Lynx pardina* Alston, Blyth, Clerm., Cuv., Danf., Fisch., Fitz., Gerv., Giebel, Keys. et Blas., Lesson, Murray, Reichenb., Sykes, Temm., Wagl., Wagn.

Der kleinere europäische Luchs ist ein Bewohner des Südens. Die Spanier bezeichnen ihn mit „lince, lobo cerval, gato clavo“. Auf der Pyrenäenhalbinsel haust er hauptsächlich in den Walddickichten der Gebirge von Estremadura, Alt- und Neu-Castilien (Sierra de Gata, Benjao, de Francia, de Gyaga, de Gredos, Guadarrama), Arragonien, in den südlichen Pyrenäen, dem asturisch-cantabrischen Gebirge. Aber er geht auch bis in die Sierra Morena und Nevada nach Süden hinab und erscheint dazwischen in den stilleren Gebirgsgegenden von Murcia und Valencia. Selbst unter den Thoren von Madrid, im Lustgarten Pardo, hat er sich angesiedelt, und zuweilen stattet er den Mönchen im Escurial einen Besuch ab. In Portugal tritt er seltener auf. Einige Litteraturstellen führen ihn für Sicilien und Italien auf, doch scheinen diese Meldungen nicht ganz glaubwürdig. Auf Sardinien fehlt er entschieden. Eher möglich ist sein Vorkommen in Griechenland, der Türkei und Klein-Asien, wo er, ebenso wie in Mesopotamien, den Namen „Uschek" führen soll.

99. *Lynx canadensis* Desm.

*Felis borealis* Cuv., Blumenb., Giebel, Lesson, Reichenb., Temm., nec Thunb., Wagl., Wagn. — *F. canadensis* Cuv., Desm., Desmoul., Elliot, Fisch., Gapper, Geoffr., Gerv., Griff., Hartl., Jard., Lesson, Murray, Reichenb., Swainson. — *F. lynx* Erxl. — *Lyncus borealis* Emmons, de Kay, Linsley. — *Lyncus canadensis* Gray, Sewerzow. — *Lynx borealis* Giebel, Wagn. — *Lynx canadensis* Aud. et Bachm., Baird., Fitz., Raffl.

Der Polarluchs, „ni-itchi" der Kutchin, „ghiré" der Chepewyans, „pichu" bewohnt die Theile Nord-Amerikas, welche östlich vom Felsengebirge und nach Norden von den canadischen Seen gelegen sind. Wir finden ihn also in Canada, auf Labrador, im Hudsonsbay-Gebiet; in dem Nordwesten erbeutete man ihn auf Aljaska (Kinai, Yucon), am Peel-River, bei Fort Simpson, am Liard-River, im Red-River-Settlement, in Wyoming (Medicin-Bow-River), südlicher in Maine, Neu-Braunschweig, selten in den Bergen von Massachusets, 1866 bei Ware, ziemlich oft in West-Hampden, Hampshire, Franklin Counties, Berkshire, Pennsylvanien und Neu-Schottland. Selten ist er bei Centriville (Manitowac Countie, Wisconsin), im Labradorterritorium und in Californicns Gebirgen. Im Allgemeinen geht er so weit nach Norden hinauf, als es Wälder giebt, also ungefähr bis an den nördlichen Polarkreis. Auf New-Foundland ist er eine grosse Seltenheit. Allen will diese Art mit der nächstfolgenden vereinigt wissen als „Subspecies" — uns scheint, dass beide dieselbe Berechtigung haben auf Trennung, wie *Lynx vulgaris* und *pardina*.

100. *Lynx rufus* Gyllenst. 1776.

*Felis bay* Aud. — *F. aurea* Desm., Fisch., Lesson, Wagn. — *F. carolinensis* Desm., Fisch., Lesson. — *F. dorsalis* Fitz. — *F. dubia* F. Cuv. — *F. fasciata* Buff., Cuv., Desm., Fisch., Harlan, Lesson, Swains., Wagn. — *F. floridana* Desm., Fisch., Lesson, Wagn. — *F. lynx* Desm., Erxl., Fitz. — *F. maculata?* Fisch., Fitz., Lesson, Reichenb., Vigors et Horsf. — *F. maculiventris* Fitz. — *F. mexicana* Fitz. — *F. montana* Desm., Fisch., Gerv., Harlan, Leconte, Lesson, Wagn. — *F. pardalis?* Erxl. — *F. rufa* Alston, Blainv., Blyth, Cuv., F. Cuv., Desm., Desmoul., Elliot, Fisch., Geoffr., Gerv., Giebel, Gmel., Griff., Güldenst., Lesson, Raff., Reichenb., Rich., Schreb., Temm., Wagl., Wagn. — *Lynchus fasciatus* und *maculatus* Jard. — *Lynchus rufus* Sewerzow. — *Lyncus fasciatus* und *maculatus* Gray. — *Lyncus rufus* Emmons, Gray, de Kay, Linslay. — *Lynx aurea* Desm., Fitz., Wagn. — *Lynx aureus* Lesson, Rafin. — *Lynx carolinensis* Fitz. — *Lynx fasciata* Desm., Wagn. — *Lynx fasciatus* Baird, Clarke, Desm., Lewis, Rafin. — *Lynx floridana* Desm., Fitz., Wagn. — *Lynx floridanus* Rafin. — *Lynx maculatus* Murray. — *Lynx maculiventris* Cuv., Fitz. — *Lynx montana* Desm., Fitz., Wagn. — *Lynx montanus* Rafin. — *Lynx rufa* Fitz., Giebel, Wagn. — *Lynx rufus* Aud. et Bachm., Bartl., Rafin. — *Lynx rufus* var. *maculatus* Allen, Aud. et Bachm., Baird.

Diese zweite amerikanische Luchsform zeigt ebenso, wie der europäische Luchs, grosse Neigung zum Abändern in Zeichnung und Farbe, so dass mehrere Varietäten aufgestellt wurden. Jetzt, wo wir über ein reicheres Material verfügen, müssen wir nur eine Art anerkennen mit localen, geringen Abweichungen. Die Heimath des Rothluchses ist Nord-Amerika in seinen mittleren und südlichen Partien, soweit Wälder vorhanden sind. Seine Namen bei den Eingeborenen und Colonisten sind: in Texas „short tailed cat“; in Mexico „gato montes“; bei den Yuma-Indianern „no-mé“; in Unter-Californien „chimbi, cochinnes“.

Sichere Nachweise über das Vorkommen dieser Art haben wir aus Ohio, Pennsylvanien, New-York, Texas, aus den bergigen und waldigen Theilen von Massachusets, Ipswich, vom oberen Missouri, Rio Gila, Rio Grande, Neu-Mexico, vom Fort Yuma und Tejon, aus Californien, Carolina, vom Columbia-River und von den Inseln Nordost-Amerikas. Ein junger Luchs dieser Art figurirt in Cuvier's Beschreibung als *L. maculiventris*. Was die Localrassen anbelangt, so gehört *L. floridanus* den südlichen Unionsstaaten, Florida, Louisiana, Georgien, Arizona, Oregon und dem Washington-Territorium an; *L. montanus* wurde aus New-York, den Alleghany- und Perou-Bergen im County La-Salle beschrieben; *L. aurea* stammt aus dem Yellowstone-Gebiet; *L. fasciatus* wurde am Puget-Sunde, am Steilacoom, bei Fort Umpqua, an der Shoalwater-Bay, bei Fort Townsend im Washington-Territorium erbeutet; *L. rufus* stammt vom Big Sioux-River, Mississippi, aus Arizona, Florida, Louisiana und vom Fort Tejon in Californien; die Rasse *L. maculatus* endlich gehört der Umgebung von Fort Belknap, des Eagle Passes und dem Washington-County in Texas, Mexico (Matomoras) und der Prärie Mer rouge in Louisiana an.

## Genus III. Cynailurus Wagl.

### 101. *Cynailurus jubatus* Schreb.

*Cynailura jubata* Bogdanow. — *Cynailurus guttatus* Fitz., Giebel, Heugl., Schreb., Zarudnoi. — *Cynailurus jubata* Giebel, Jard. — *Cyn. jubatus* Blanf., Blyth, Elliot, Fitz., Jard., Sewerzow, Wagl., Wagn. — *Cyn. Soemmeringi* Rüpp. — *Cyn. venaticus* Fitz., H. Smith. — *Cynofelis guttata*, *jubata* Lesson. — *Felis chalybeata* Rüpp. — *F. Fearonis* A. Smith. — *F. guttata* Duvern., Hermann, Lesson, Murray, Wagn. — *F. jubata* Ball., Bartl., Bennett, Blainv., Blyth, Bodd., Cuv., F. Cuv., Desm., Desmoul., Duvern., Erxl., Fisch., Geoffr., Gerv., Griff., Gmel., Harris, Jard., Jerd., Kirk, Lesson, Linnée, Loche, Mac-Masters, Murray, Owen, Pall., Reichenb., Schreb., Smuts, Temm., Thunb., Tristram, Wagn., Zimm. — *F. lanea* Sclater. — *F. megabalica* Heugl. — *F. panthera* Erxl. — *F. pardus juvenis* Desm. — *F. Soemmeringi* Rüpp. — *F. venatica* Fisch., H. Smith. — *Gueparda guttata* Gray, Hermann. — *Guep. jubata* Gray. — *Guepardus jubatus* Duvern.

Das dritte Genus der Feliden, der Jagdleopard, verbindet dieselben mit den Caniden. Obwohl ich früher (B. VI der Zool. Jahrbücher) zwei Arten des Gepards, den asiatischen und afrikanischen, beibehalten hatte, muss ich jetzt, auf Grund reicheren Materials, beide vereinigen und kann sie höchstens als Localrassen gelten lassen.

Bei den Arabern heisst der Gepard „fahad“; in Abessynien je nach den Provinzdialecten „newer-arar, newer-golgol, goâtch, goâtch-ariêl“;

bei den Somali „heremod“; bei den Kaffern „ngulule“: bei den Herero „onquirira“. In Asien führt er bei den Hindu den Namen „tchita, laggar“; bei den Gond „tchitra“: bei den Telugu-Drawida „tchita-puli“; bei den Canaresen „tchicha, sivungi“; bei den Persern „yuz, yuzpäleng“; bei den Usbeken „mjällen“; bei den Engländern in Indien „cheeta“.

In Afrika geht der Gepard (*F. guttata* der Systematiker) vom britischen Kaffraria, der Kalahari und Natal längs der Ostküste bis ins östliche Sudan, die Nilquellgegenden (Bahar el abiad, Bahar el djebel) und Kordofan hinauf, von wo aus südlich vom 19. Grad nördl. Breite sein Gebiet bis an Senegambiens Küste reichen soll. Am häufigsten ist er am Cap in den Zuurbergen, im Habab, an Abessyniens Küste, in Sennaar, Bedjalande und im Inneren des Somalilandes. Sein Vorkommen in Süd-Algier, sowie Südost-Marokko scheint sehr zweifelhaft. Zwischen Ab-Dôm und Chartum in der Bajuda-Steppe und bei den Somali haust Rüppel's *Cyn. Soemmeringi*, eine besonders schön gezeichnete Localrasse.

In Asien begegnen wir dem Gepard in Arabien, wo er zahlreich ist, im Tieflande des Euphrat und Tigris (bei Biledjik, Sewi), während er in Klein-Asien zu fehlen scheint. In Syrien und Palästina ist er eine Seltenheit, aber in Persien (Massenderan) ziemlich gemein. Von hier erstreckt sich sein Gebiet nach Turkestan, wo wir ihn östlich vom Kaspi-See, am Aral treffen. Er lebt hier im nördlichen Ust-Urt-Plateau, in den Kirgisensteppen an Persiens Grenze, in Transkaspien (besonders in den Bergen häufig), im Atrekthal, im Kopet dagh, Sang dagh, Gulistan, in den Bergen am Tedjend, am mittleren Murghab, im Karatau und West-Tjanschan, im Quellgebiet des Arys, Keles und Tschirtschik, am unteren Syr-Darja, im Delta des Amu-Darja, in den Schilfdickichten bei Kunja-Urgentsch und am Aibugyr, meidet aber die Steppen. Weiter gehört er zur Fauna der Chiwa-Oase und der Wüste Kisilkum, der Umgebung von Chodschent, des Sarafschanthales und der anliegenden Gebirge bis 300 m Höhe. Nach Transkaukasien versperren ihm die grossen Wälder und Gebirge den Weg.

In Indien reicht sein Gebiet von Kandeisch im NW. durch Sindh und die Radjputana bis zum Pendjab an die Grenze Bengalens. Nördlich vom Ganges kommt er nicht vor, in Maissur ist er sehr selten geworden, an der

Malabarküste fehlt er ganz, ebenso auf Ceylon. Am häufigsten tritt er auf in Deoghar, Sonthal, Pergunnah, Süd-Baghalpur, Sombalghur, Dekhan, Surate, im Allgemeinen also dort, wo die indische Antilope verbreitet ist. Wenn englische Reisende Geparde für die Sunda-Inseln, speciell Sumatra, anführen, so kann das nur auf Irrthum beruhen oder es handelt sich um gezähmte. Ebenso steht es mit den Angaben für Klein-Asien. Wohl aber müssen wir zum Gepard die „grosse längsstreifige Katze", den „wobo", von welchem Brehm, Schimper und Heuglin aus Südost-Habesch berichten, ziehen.

## Genus IV. Cryptoprocta Bennet (1832).

102. *Cryptoprocta ferox* Bennett.

Diese interessante Form, welche durch die Gebissbildung, ihre Körperform, die entwickelten Afterdrüsen und nackten Sohlen an die Schleichkatzen anklingt — einen Uebergang zu denselben bildet, lebt nur auf Madagaskar, hauptsächlich im südlichen Theile der Insel, in den Dickichten, und wird dem Hausgeflügel gefährlich. Ihr heimischer Name ist „fussa, tombosading".

Es erübrigt nun nur noch, derjenigen Katzenarten zu erwähnen, welche wir in keiner der oben aufgeführten Arten und Genera unterbringen konnten, weil über dieselben theils nur ungenügende oder gar keine Beschreibungen und systematischen Angaben aufzufinden waren. Es sind dies:

103. *Felis badia* J. E. Gray.

*Felis badia* Elliot.

Diese einfarbige, röthlichgelbe, ziemlich hochbeinige Katze soll von Sarawak auf Borneo herstammen. Sie erinnert mit Ausnahme der hohen Beine (wir wissen nicht, ob die Abbildung nach dem Leben oder nach einem gestopften, also möglicherweise gereckten Exemplare gefertigt ist, in den Proceed. of Lond. Zool. Soc.) in jeder Beziehung an die Eyrakatze. Elliot spricht ebenfalls seinen Zweifel an der Berechtigung der Art aus und vermuthet zum mindesten irrthümliche Heimathsangabe. Vielleicht identisch mit *F. planiceps* Vig.?

104. *Felis lynx Lucani* Rochebrune.

Für dieses Thier, das vielleicht ein Chaus oder Caracal sein mag, war ausser dem Namen nur die Angabe „aus West-Afrika, Landana" vorhanden.

## Vertheilung der Familie Felidae nach den Regionen.

| | I. | II. | III. | IV. | | | | VIII. | IX. | X. | Ben |
|---|---|---|---|---|---|---|---|---|---|---|---|
| I. Genus: **Felis** | . | * | * | * | * | * | . | * | * | ? | In Region X *F. m* |
| 1. Subgenus: ***Tigrina*** | . | * | * | * | * | . | . | . | | ? | *scelis* und *F. ma* |
| Spec. 1. *Felis tigris* L. | . | * | * | * | * | . | . | . | | . | *rata* sehr fraglic |
| var. „ *tigris sondaica* Fitz. | . | . | . | * | . | . | . | . | | . | |
| „ 2. „ *macroscelis* Temm. | . | . | . | * | * | . | . | . | | ? | |
| „ 3. „ *marmorata* Mart. | . | . | . | * | ? | . | . | . | | ? | |
| „ 4. „ *tristis* A. M. Edw. | . | . | . | . | * | . | . | . | . | . | |
| 2. Subgenus: ***Cati*** | . | * | * | . | * | * | * | . | . | . | |
| Spec. 5. *Felis catus* L. | . | * | * | . | . | . | . | . | . | . | |
| „ 6. „ *manul* Pall. | . | * | ? | . | * | . | . | . | . | . | |
| „ 7. „ *maniculata* Cretzsch. | . | . | * | . | . | * | * | . | . | . | |
| var. 1. *F. Hagenbecki* Noack. | . | . | . | . | . | * | . | . | . | . | |
| „ 2. *F. caffra* var. *madagascariensis* | . | . | . | . | . | . | * | . | . | . | |
| 3. Subgenus: ***Leonina*** | . | . | * | * | . | * | . | . | . | . | |
| Spec. 8. *Felis leo* L. | . | . | * | * | . | * | . | . | . | . | |
| var. „ *leo asiaticus* Jard. | . | . | * | * | . | . | . | . | . | . | |
| 4. Subgenus: ***Unicolores*** | . | . | . | . | . | . | . | * | * | . | |
| Spec. 9. *Felis concolor* L. | . | . | . | . | . | . | . | * | * | . | |
| „ 10. „ *yaguarundi* Desm. | . | . | . | . | . | . | . | ? | * | . | |
| „ 11. „ *cyra* Desm. | . | . | . | . | . | . | . | * | * | . | |
| 5. Subgenus: ***Pardina der alten Welt*** | . | * | * | * | * | * | . | . | . | . | |
| Spec. 12. *Felis pardus* L. | . | . | * | * | * | * | . | . | . | . | |
| var. „ *variegata* Wagn. | . | . | . | * | . | . | . | . | . | . | |
| „ 13. „ *irbis* Wagn. | . | * | * | * | * | . | . | . | . | . | |
| „ 14. „ *viverrina* Wagn. | . | . | . | * | ? | . | . | . | . | . | |
| „ 15. „ *javensis* Desm. | . | . | . | * | * | . | . | . | . | . | |
| „ 16. „ *bengalensis* Desm. | . | ? | . | * | * | . | . | . | . | . | |
| var. „ *megalotis* S. Müll. | . | ? | . | * | . | . | . | . | . | . | |
| „ 17. „ *Temmincki* Vig. et Horsf. | . | . | . | * | * | . | . | . | . | . | |
| „ 18. „ *rubiginosa* Geoffr. | . | . | . | * | . | . | . | . | . | . | |
| „ 19. „ *cuptilura* Elliot. | . | ? | . | . | * | . | . | . | . | . | |
| „ 20. „ *scripta* David. | . | . | . | . | * | . | . | . | . | . | |
| „ 21. „ *planiceps* Vig. | . | . | . | * | . | . | . | . | . | . | |

| | I. | II. | III. | IV. | V. | VI. | VII. | VIII. | IX. | X. | Bemerkun[g] |
|---|---|---|---|---|---|---|---|---|---|---|---|
| 6. Subgenus: ***Servalina*** | | | * | | | * | | | | | |
| Spec. 22. *Felis serval* L. | | | * | | | * | | | | | |
| 7. Subgenus: ***Pardina der neuen Welt*** | | | | | | | | * | * | | |
| Spec. 23. *Felis onça* L. | | | | | | | | * | * | | |
| „ 24. „ *mitis* Cuv. | | | | | | | | * | * | | |
| „ 25. „ *colocollo* Cuv. | | | | | | | | | * | | |
| „ 26. „ *pardalis* L. | | | | | | | | * | * | | |
| var. „ *Geoffroyi* Gerv. | | | | | | | | | * | | |
| „ 27. „ *pseudopardalis* H. Smith. | | | | | | | | | * | | |
| „ 28. „ *pajeros* Desm. | | | | | | | | | * | | |
| „ 29. „ *americana* Bengl. | | | | | | | | | * | | |
| II. Genus: **Lynx** | * | * | * | * | * | * | | * | | | |
| 8. Subgenus: ***Chaus*** | | ? | * | * | * | | | | | | |
| Spec. 30. *Lynx Chaus* Wagn. | | ? | * | * | * | | | | | | |
| „ 31. „ *ornatus* Gray. | | | * | * | | | | | | | |
| „ 32. „ *shawiana* W. Blanf. | | | * | | | | | | | | |
| „ 33. „ *caudata* Gray. | | * | * | | | | | | | | |
| 9. Subgenus: ***Caracal*** | | | * | * | | * | | | | | |
| Spec. 34. *Lynx caracal* Wagn. | | | * | * | | * | | | | | |
| 10. Subgenus: ***Lynx*** | ? | * | * | * | * | | | * | ? | | In Region I str[…] |
| Spec. 35. *Lynx vulgaris* A. Brehm. | ? | * | * | * | * | | | | | | *vulgaris* blos[…] |
| „ 36. „ *pardinus* Oken | | | * | | | | | | | | |
| „ 37. „ *canadensis* Desm. | | | | | | | | * | | | |
| „ 38. „ *rufus* Gyllenst. | | | | | | | | * | ? | | |
| III. Genus: **Cynailurus** | | | * | * | | * | | | | | |
| Spec. 39. *Cynailurus jubatus* Schreb. | | | * | * | | * | | | | | |
| IV. Genus: **Cryptoprocta** | | | | | | | * | | | | |
| Spec. 40. *Cryptoprocta ferox* Bennett. | | | | | | | * | | | | |

? Spec. 41. *Felis badia* J.

? „ 42. „ *lynx Lu*

| Im Ganzen: | I. | II. | III. | IV. | V. | VI. | VII. | VIII. | IX. | X. |
|---|---|---|---|---|---|---|---|---|---|---|
| Genera | ? | 2 | 3 | 3 | 2 | 3 | 1 | 2 | 1 | ? |
| Subgenera | ? | 4 | 8 | 6 | 5 | 5 | 1 | 3 | 2 | ? |
| Species | ? | 6 | 15 | 18 | 14 | 6 | 2 | 7 | 10 | ? |

Die meisten Felidenarten besitzen also die indische, mittelländische und chinesische Region. In zweiter Reihe folgen süd- und nordamerikanische, sowie afrikanische Region und europäisch-sibirische. Die madagassische hat nur zwei Arten, die arktische und australische keine. Vertreten sind die Feliden in 4 Genera mit 10 Subgenera, in 42 Species mit 7 Varietäten.

---

## Familie III. Hyaenidae.

Schneidezähne 3/3, Eckzähne 1/1, Prämolaren 4/3, Molaren 1/1, (P. M. 3/3, Reisszahn 1/1, M. 1/0), Zehen vorne und hinten je 4, Afterdrüsen, Rückenmähne) . . . . . . . . . . Genus I. *Hyaena* Briss.

Schneidezähne 3/3, Eckzähne 1/1, Backenzähne 5/5, oft nur 4/4, Charakter des Gebisses nicht der eines Raubthieres, vorne 5, hinten 4 Zehen . . . . . . . . . . . . . „ II. *Proteles* Geoffr.

### Genus I. Hyaena Brisson (1756).

105. *Hyaena striata* Zimm.

*Canis hyaena* L. — *C. hyaenomelas* Bruce. — *Hyaena antiquorum* ? auct. — *H. fasciata* ? auct. — *H. orientalis* ? auct. — *H. striata* Blyth, Gray, Jerdon, Murray, de Philippi. — *H. virgata* ? auct. — *H. vulgaris* Cuv., Desm., Geoffr.

Die gestreifte Hyäne heisst bei den Persern „kiefter“; bei den Bewohnern des Dekhan „turrus“; in Hindostan je nach den Landschaftsdialecten „lakar bagha, lakar bagh, lakar, jhrak, hondar, harwagh, tarras“; bei den Mahratten „taras“; im Sindh „cherag“; bei den Beludschen „aptar“; bei den Gonda „renhra“; bei den Kol „hebar kula“; bei den Paharia von Radj-mehal „derkotud“; bei den Korku „dhopre“; bei den Canaresen „kirba, kutkirba“; bei den Telugu-Dravida's „dumul, karma gundu“; bei den Tamilen „kaluthai-karachi“; im Euphratthale „zyrtlan“; bei den Arabern „daba'a, dheba“; in der Sprache der Kabylen „iffis“; in Abessynien „hetet“; bei den Haussa „kariketschi“.

Die gestreifte Hyäne erreicht in Asien nach Norden den Kaukasus. und zwar die Landschaften Gurien, Imeretien, Mingrelien, Shirwan, Dagestan, die Randgebirge von Talysch (wenigstens nach den Angaben, welche wir in der Litteratur und durch Nachfragen auf einer Kaukasusreise selbst sammeln konnten), ferner das Pamir- und das Turkmenengebiet. **Przewalski** will zu wiederholten Malen ihre Spuren (Losung) auch im chinesischen Altai gefunden haben, doch sind das nur Vermuthungen, die sich schwerlich bestätigen dürften.

Vom Kaukasus erstreckt sich ihr Bereich über Armenien und den Taurus nach Klein-Asien, Syrien, Palästina und Mesopotamien, andererseits vom Pamirplateau über Persien (Umgebung der Städte Teheran, Astrabad, Provinz Ghilan, Schiraz, Kosrun, die Berge von Dehbid bis 2200 m Höhe, nach Blanford selbst im Winter), das Kaspi-Ufer, Afghanistan (besonders bei Duschak), Beludschistan nach Indien. Sehr selten fanden sie russische Reisende am Atrek, Tedjend, wohin sie sich wohl nur verirrt, wie auch zuweilen nach Grusien im Kaukasus, wo eine 1875 bei Tiflis erlegt wurde. In Ost-Buchara trifft man sie ebenfalls selten (bei Baldschuan), ebenso bei Tachtabasar und im Kopet dagh.

In Indien stossen wir im Pendjab auf die gestreifte Hyäne, wo sie seltener die Wälder, häufiger die Hügel zum Aufenthalte wählt. Ferner trifft man sie in Central- und Nordwest-Indien, in Unter-Bengalen, am Rhun-See, im Dhurr-Yarvo und im Jessulmerstaate, von der indischen Salzwüste durch Dekhan bis nach Kurg, im Allgemeinen überall südlich vom Himalaya, wo die grösseren Wildhundarten seltener sind oder ganz fehlen. In Arabien (in Hedjas, an der nordwestlichen Küste am Rothen Meere) haust sie ebenfalls.

Afrika bildet jetzt ihre eigentliche Heimath. Wir müssen sie für Aegypten, Nubien, Tunis, Tripolis, Fezzan, Algier, alle Atlasländer, die Gebirge und Ebenen Abessyniens (bei Qaçalah, in den Mogrênbergen, Kene, Koseir, Nord-Taga), Sennaar und Kordofan, wo sie der gefleckten Hyäne Platz macht, verzeichnen, sowie für das Somaliland.

Längs der Westküste geht sie bis zum Senegal hinab, ja, sie erreicht sogar das Sierra-Leone-Gebiet. Von hier erstreckt sich ihr Revier durch die Niger-Binue-Länder, durch Sudan (Baghirmi, am Tsadsee) bis an die Nilseen, und in die Bahjudawüste. Bei der Oase Air in der mittleren Sahara ist sie ziemlich selten. Ihre Südgrenze wird im Allgemeinen durch den Aequator gebildet. Am gemeinsten scheint das Thier in Nubien, der Bahjuda, Habesch, bei Chartûm und am Rothen Meere zu sein.

106. *Hyaena crocuta* Zimm.

*Canis crocutus* L. — *Crocuta maculata* ? auct. — *Hyaena capensis* Desm. — *H. crocuta* Erxl. — *H. maculata* Temm., Thunb. — *H. rufa* Cuv. — *H. striata* Licht., Penn.

Die einheimischen Namen des Thieres sind: bei den Arabern „marafîl“: bei den Bewohnern Massauah's „kerai“; in Abessynien „buhiu“; in Amhara „jib, gîż, zêb“; in Tigre „suwi“; bei den Teda „bultu“; in Härar „waraba“; bei den Somali „worabesa“; bei den Danakil „jengula“; bei den Haussa „kura“; bei den Dinka „anguih“; bei den Djur „uttuon“; bei den Bongo „hilu“; bei den Njamnjam „segge“; bei den Mittu „modda-uh“; bei den Golo „mbuh“; bei den Ssehre „mboh“; im Kiunyamwesi „piti“; bei den Capcolonisten „Tigerwolf“.

Diese Art kommt vom 17. Grade n. Br. nach Süd in ganz Afrika vor, lebt in ihren nördlichen Gebieten also zusammen mit *H. striata.* Ihr Gebiet geht von der südlichen Bahjuda durch Kordofan, Habesch, das Danakilland nach den Somaliländern einerseits und nach dem Sudan andererseits. Im südlichen Fezzan, bei den Teda, fand sie Rohlfs. Im Qalabat bei Metammeh ist sie gemein, ebenso an den Nilseen, im Reiche des Muat-Jamwo, bei Tabora (östlich vom Tanganjika), in Ugogo, Usagara, Ugalla, Unyaniembe, Urua, Kakoma, am Wolo- und Likulveflusse, in Malange, am Luba. Schweinfurth fand sie bei den Bongo und Njamnjam. An der Ostküste geht sie bis an den Sambesi, ins Bassutoland, nach Transvaal und ins Capland, wo man sie bei Tunobis, in der Kalahari und bei Ambriz häufig spürt. Die Landschaften am Kunene und die Angolaküste, das Congogebiet wie das seiner Tributäre (Kwango, Kassai, Lualaba), das Manjuemaland beherbergen sie zahlreich. Am Gabun, in den Nigerländern, bei Loko am Binue, bei Wuru, Gandu, in den Haussaländern und am Senegal ist sie sehr gemein. In Baghirmi, am Tsadsee findet man sie ebenfalls. Im Kaffernlande (Gazaland) schweift sie viel umher. Sie kommt am flachen Strande ebenso gut fort, wie im Gebirge, wo sie (in Habesch) bis 4000 m hinaufsteigt.

107. *Hyaena brunnea* Thunb.

*Hyaena brunnea* A. Smith. — *H. Cuvieri* Jard. — *H. fusca* J. Geoffr. — *H. Lalandei* Cuv. — *H. villosa* H. Smith.

Die Schabrackenhyäne oder der Strandwolf hat einen engeren Verbreitungsbezirk, wie die beiden vorgenannten Arten. Von der Somaliküste, Abessynien (schoaner Alpen bei Tehamâ), Massauah und Südost-Kordofan beginnend, geht derselbe durch die Sambara, längst der Ostküste bis zum Cap der Guten Hoffnung, und am Westufer durch Namaqualand bis an die Walfischbay. Allenthalben meidet diese Hyäne, wie es scheint, die mehr landeinwärts gelegenen Gegenden und hält sich mehr am Meeresufer auf.

### Genus II. Proteles Geoffr. (1824.)

108. *Proteles Lalandei* J. Geoffr.

*Canis hyaenoides* Blainv. — *Proteles cristatus* Sp. — *Pr. fasciatus* Lesson. — *Pr. hyaenoides* Blainv., Lesson. — *Pr. Joanni* Lesson. — *Viverra hyaenoides* Desm.

Dieser einzige Vertreter der Gattung gleicht im Aeusseren so ziemlich der gestreiften Hyäne. Aber nicht nur durch sein Gebiss (kein deutlicher Reisszahn, lauter stumpfkegelförmige Backenzähne, welche durch Lücken von einander getrennt sind) ist er scharf von den echten Hyänen geschieden, sondern auch durch seine zierlichen, dünnen Knochen (bekanntlich kennzeichnen die Hyänen dicke, plumpe Knochen). Er bildet ein Uebergangsglied zu den Viverren. Ganz Afrika südlich vom 7. Grade n. Br. im Osten, und vom Aequator im Westen bis zum Cap, ist seine Heimath. Selten streift er nach Habesch (in die schoaner Alpen, nach Tehama und an die Küste des Rothen Meeres) bis zum 15. Grade n. Br., sowie ins Somaliland.

Für Nubien wird er wohl aufgeführt, doch scheint dies ein Irrthum. Am gewöhnlichsten ist er im Hererolande, am Cap und in Benguella.

### Vertheilung der Familie Hyaenidae nach den Regionen.

| | I. | II. | III. | IV. | V. | VI. | VII. | VIII. | IX. | X. | Bemerkungen |
|---|---|---|---|---|---|---|---|---|---|---|---|
| I. Genus ***Hyaena*** . . . . | . | . | * | * | . | * | . | . | . | . | |
| Spec. 1. *Hyaena striata* Zimm. | . | . | * | * | . | * | . | . | . | . | |
| „ 2. *Hyaena crocuta* Zimm. | . | . | . | . | . | * | . | . | . | . | |
| „ 3. *Hyaena brunnea* Thunb. | . | . | ? | . | . | * | . | . | . | . | Nubien? |
| II. Genus ***Proteles*** . . . . | . | . | . | . | . | * | . | . | . | . | |
| Spec. 4. *Proteles Lalandei* Geoffr. | . | . | . | . | . | * | . | . | . | . | |
| Im Ganzen: Genera . . . . | . | . | 1 | 1 | . | 2 | . | . | . | . | |
| Im Ganzen: Species . . . . | . | . | 1 | 1 | . | 4 | . | . | . | . | |

Die Hyänen, welche fossil so weit in der alten Welt verbreitet sind, erscheinen in unserer Zeit auf nur drei Regionen beschränkt. Die afrikanische hat die meisten Arten (alle), die mittelländische und indische nur je eine aufzuweisen.

Die Hyäniden sind somit durch 2 Genera in 4 Species vertreten.

## Familie IV. Canidae.

| | | | |
|---|---|---|---|
| Zehen vorne und hinten je 4; Analdrüsen; | Prämolaren $4/4$ $(3/4)$, Molaren $2/3$ $(2/2)$. | Genus I. | *Lycaon* Brookes. |
| Zehen vorne 5, hinten 4 | Prämolaren $4/4$ $(3/4)$, Molaren $2/2$ $(2/3)$. | Genus II. | *Canis* Linné. |
| | „ $4/4$, „ $2/2$. | „ III. | *Cyon* Gray. |
| | „ $4/4$, „ $3/4$. | „ IV. | *Otocyon* Licht. |
| | „ $4/4$, „ $1/2$. | „ V. | *Icticyon* Lund. |

### Genus I. Lycaon Brookes. (1828.)

109. *Lycaon pictus* Linné.

*Canis aureus* Thunb. — *C. pictus* Brookes, Desm., Rüpp., Wagn. — *C. tricolor* Griff. — *Cynhyaena picta* F. Cuv., Temm. — *Hyaena picta* Kuhl. — *H. pictus* Temm. — *H. venatica* Burchell. — *Kynos pictus* ?auct. — *Lycaon pictus* Garrod, Pagenstecher, Temm. — *L. tricolor* Brookes. — *L. typicus* A. Smith. — *L. venaticus* Gray, Smith.

Die Jagdhyäne, der gemalte Steppenhund, der „kelb-e-simir, kelb-e-semeh, kelâb-e-nakhelah“ der Araber, „tekuela, dakula, waraba, durwa“ in den verschiedenen Stammdialecten Abessyniens, „mebbie, mebra“ der Westafrikaner, „suwundu, karembikî“ der Haussa, „bosáruledde“ der Fulfulde, „mapuge“ der Wanyamwesi, „kuatj“ der Dinka, „uëll“ der Bongo, „tiah“ der Njamnjam, „ssahr“ der Ssehre, ist der einzige Vertreter dieses Genus.

Dieses interessante Thier, welches trotz seiner äusseren Hyänenähnlichkeit ein ausgesprochener Canide ist, scheint vom 18. Grad n. Br. nach Süden hin (südlich und östlich von der Sahara) überall in Afrika vorzukommen. Von Reisenden wird er für Süd-Nubien, das Bongoland, Kordofân, Dongola, Habab, Sennaar, Nord-Abessynien (bis 1430 m im Gebirge, aber nicht an der Küste), die Bahjuda-Wüste links vom Nil, das Somaliland,

Ugalla, die Gegend an den Lufiré-Fällen, Central-Afrika (Bornu und Kanem am Tsadsee), die Landschaften am Sambesi, östlich und südlich vom Tanganjika, das Ngami-Gebiet, das Land der Bakalahari, die Gegenden am Kigarip (Oranje), für Deutsch-Südwest-Afrika (Kaokofeld), das Capland genannt. Die Missionsstationen am Zwartkop-River (Uitenhage), Süd-Benguela, und die Gebiete südlich vom Kunene beherbergen ihn zahlreich. In Wadelai fand ihn Emin Pascha. Im 17. Jahrhundert soll der Hyänenhund im Congogebiet gehaust haben, jetzt fehlt er dort. Wie weit er nördlich bis Algier, Tunis und Tripolis geht, ob er im Fezzan vorkommt, ist noch nicht festgestellt.

## Genus II. Canis Linné. (1766.)

### 110. *Canis lupus* L.

*Canis borealis* ? auct. — *C. lupus* Alston, Blanf., Cuv., Desm., Emmons, Harlan, Hutton, Keys. et Blas., Pall., Schreb., Scully, Wagn. — *C. lupus* var. *nigra, macula superciliari flava* M. Bogdanow. — *C. lycaon* Cuv., Desm., Harl., Schreb. — *C. mexicanus* L. — *C. orientalis* ? auct. — *Lupus ephippium* Temm.? — *L. lupus* L. — *L. lupus* var. *melanogaster* ? auct. — *L. lycaon* L. — *L. silvestris* ? auct. — *L. vulgaris* Briss., Gray.

Die Benennungen des Wolfes bei den verschiedenen Völkern, deren Gebiete er bewohnt, sind folgende: in Spanien „lobo"; in Frankreich „le loup"; in Italien „lupo"; bei den Russen „wolk"; im nördlichen Russland „birjuk"; bei den Polen und Tschechen „wilk"; in Schweden und Dänemark „ulo, ulf, varg, gråben"; bei den Letten „wilks"; bei den Esthen „uisst"; bei den Persern „gurg"; bei den Beludschen „gurk": bei den kleinasiatischen Türken „kurt, yanowar"; bei den Usbeken und Turkmenen „gurt"; bei den Kirgisen „kasgyr"; bei den Brahui-Drawida „kharma"; in Kashmir „rat-rahun"; in Tibet „tschangu"; bei den Giljaken „ligs, attk"; bei den Mangunen „attk"; bei den Kile am Gorin „ngöla"; bei den Kile am Kur „ngölak"; bei den Golde „jangur, nönguru, nöluki"; bei den Sojoten und Burjäten „shono"; bei den Tungusen am Baikal „baijuku"; bei den Biraren, Orotschonen und Monjagern „gussjka, güschka, gunjka"; bei den Aino „horokeö"; bei den Chinesen „lan, niu-cha"; bei den Lappen am Imandra „polchis"; in Lappmarken „kumpi, seipeg, stakke, stalpe,

♂ ravia, ♀ zikko, junge Wölfe „skiuwga“; die Mandschuren „lanpi“; bei den Meschtscherjaken „buré“.

Der gemeine Wolf ist ungeachtet aller Verfolgungen in Europa noch immer ziemlich zahlreich. In Gebirgswaldungen, Schluchten, Grassteppen, Morästen und schilfreichen Flussniederungen findet er immer noch passende Heimstätten, die ihn vor gänzlicher Ausrottung in absehbarer Zeit schützen. Verschwunden ist er in historischer Zeit aus dem grössten Theile Deutschlands, aus Dänemark und England. Heutzutage findet man ihn noch allenthalben in den wildzerklüfteten Sierren und den Espartodickichten Spaniens und Portugals (hier als var. *Lupus melanogaster*). Im Pyrenäengebirge steigt er nach Frankreich hinab, wo er in der Lyonnais, bei Beaujolais, Argenton, in den Gemeinden Tendu und Mosnay, in den Departements Charente-Vienne, Meuse, Creuse, Haute-Marne, im Ardennerwald, den Grenzwäldern Belgiens und Luxemburgs, sowie in der Normandie zahlreich haust.

In der Schweiz ist er stellenweise ganz ausgerottet, so in der montanen und alpinen Region Graubündtens. Im 14. Jahrhundert gab es fast überall noch sehr viel Wölfe. 1530 waren sie bei Solothurn zahlreich; 1555 im Jura bei Gramynen sehr gefürchtet; im 17. Jahrhundert bildeten sie im Wallis, Uri und Bern keine Seltenheit; 1819 hatten die Bauern bei Zürich und Basel von ihrer Raubgier zu leiden. Jetzt sind in Luzern und Uri nur höchst selten einmal Irrlinge zu verzeichnen, und im Graubündtenschen nur bei Misox ständig Wölfe zu spüren. Am häufigsten leben sie noch im schweizerischen Jura, im Waadtlande (Neuchâtel 1868), im Berner Jura (Bressancourt) und im Canton Tessin (Verzasca- und Lavizarrathal, Moggia, im Winter bei Lugano und Bellinzona).

In Italien waren sie früher sehr gemein. 1666 am 29. Januar brachen Wölfe in das Castel San-Angelo bei Rom. 1812 und 1813 hatten sie sich im Cadoro und Trient massenhaft eingefunden. 1816 vermehrte sich ihre Zahl bei Turin und 1811 bei Pavia, so dass besondere Maassregeln gegen sie ergriffen werden mussten. Jetzt erscheinen sie zuweilen bei Belluno und Vicenza (sogar gefleckte!) und in den subalpinen Provinzen, in der Lombardei und Venetien, in manchen Jahren sogar zahlreich. Im Apennin und den Abruzzen sind sie stellenweise noch häufig. Professor Minà Palumbo nennt den Wolf unter den Thieren Siciliens (Zool. Garten, 1886, p. 175).

Weiter begegnen wir ihm in den Ostalpen und deren Ausläufern. Kärnten, Krain (besonders das Haasbergrevier), die Bergwälder Kroatiens beherbergen den feigen Räuber noch in grosser Zahl, und von hier streift er durch Bosnien (Dinarische Alpen, Dobriçewo in der Herzegowina an der Trebinçica, Niederungen des rechten Saveufers, an der Drina, in der Schlucht Majewiça Planina sehr viele), Serbien, das Balkangebirge bis in die Türkei und nach Griechenland hinein. In Bulgarien ist er häufig, und nördlich von der Donau haust er in den Sumpfniederungen Rumäniens (Koschoweni, Zimnicea), an der ehemaligen Militärgrenze, in Siebenbürgen (bei Orlath, im Udwarhelyer, Bistrizer, Brooser, Kronstädter, Hermannstädter und Borgoprunder Comitat), in der Bukowina (Revier Berhomet), in den Karpathen und Galizien (Hiboka, Kuczurmare, Freudenthal). Ungarn ist noch sehr geplagt mit Wölfen, besonders die Marmaros, das Gömörer Comitat (Betlér), das Arader, Temeser, Fogaraser, Biharer (Küpy), Unger Comitat, dann die Umgebung von Szatmár, Grosswardein, Radno, Ubrasch, Hossufalu, Munkacz, Szent Miklós, Zelemer (zwischen Debreçin und Baszörmeny); ja sogar bei Triest zeigt sich hin und wieder ein Wolf. In Steiermark ist er ziemlich selten geworden. In Böhmen erscheint er nur in sehr strengen Wintern, früher aber war er ständiger Bewohner der Wälder. 1679 wimmelte es von Wölfen bei Frauenburg; 1709 wurden dort die letzten 10 erlegt; 1740 schoss man 6 Stück bei Wittingau; 1721—1756 wurden am Winterberg 43 Stück erbeutet; 1850 fiel der letzte böhmische Wolf bei Leitomysl.

Für Deutschland können wir für das allmähliche Verschwinden des Wolfes ziemlich genaue Hinweise geben. Der dreissigjährige Krieg hatte in ganz Deutschland eine starke Vermehrung der Wölfe zur Folge, besonders im Mecklenburgischen und Hennebergischen, so dass dieser Räuber übers Eis wieder in Rügen (1635) einwanderte, wo er vor dem Kriege schon ausgerottet war. 1649 gab es in Hannover eine Menge Wölfe; 1662 hatten die Bewohner von Waren in Mecklenburg von dieser Plage sehr zu leiden; 1669 musste zur Einschränkung ihrer Räubereien und um Mittel zur Vertilgung zu gewinnen in Pommern eine Steuer ausgeschrieben werden; 1670 traten sie in Hadeln im Hannöverschen (bei Wonna), 1677 in Sachsen in verstärktem Maasse auf; 1720 meldete man aus Güstrow (Mecklenburg) Klagen über Wölfe; 1735 wird die Grafschaft Diepholz (Hannover), 1739—1745 Hinterpommern, in der Mitte des 18. Jahrhunderts das Emsland am Hüssling, 1742 Pommern wieder von dieser Plage heimgesucht; 1777, nach dem siebenjährigen Kriege, wuchs ihre Zahl im letztgenannten Lande, und 1787 hatten sie von hier aus nach Mecklenburg einen Einfall gemacht und besonders die Gegend von Plate heimgesucht; 1781 ward der letzte im Georgenthaler Revier an der Birkenhaide in Thüringen, 1798 der letzte daselbst am Gunzebach erlegt; 1800 fiel der letzte Wolf im Sukower Forst (Mecklenburg); 1802 wanderten abermals Wölfe aus Polen in Pommern ein; 1812 folgten den abziehenden französischen Truppen ganze Rotten von Wölfen und verbreiteten sich über Neuvorpommern, Hinterpommern, Brandenburg, Ost- und Westpreussen; 1814, 1815 und 1816 gaben sie in Posen (Gnesen, Wongrowitz, Bromberg) und Preussen dem Forstpersonal genug zu thun; 1814 wurde der letzte Wolf in Sachsen gestreckt; 1817 gab es im Kösliner Bezirk noch genug, aber seit dem 11. Mai dieses selben Jahres war westlich von der Oder keiner mehr zu spüren; 1823 hörten die Klagen in den Provinzen Ost- und Westpreussen noch immer nicht auf; 1835 erlegte man in Westfalen (Werra an der Lippe bei Herborn) den letzten dieser Provinz; 1838 endete der letzte Wolf in der Davert; 1839 ward im Stettiner, 1855 bei Köslin der letzte erlegt; 1866 erschienen einige Irrlinge im Odenwalde. In Ostpreussen und Brandenburg treten auch jetzt noch hin und wieder Wölfe auf, die aus Russisch-Polen einwandern, so 1885, 1886 (Seesker Höhe), 1891 (Rominten). Als Standwild lebt jetzt der Wolf nur noch in wenigen Theilen Deutschlands, in den Vogesen, im Reichslande (in Lothringen an der Mosel, bei Pont à Mousson, Nomeny, in den Forsteien Gremeray, Amélécourt, Neufcher, Château-Salins, bei Remilly, Falkenberg, St. Avold, Bolchen, Busendorf bis nahe bei Diedenhofen, bei Metz, Tresnes en Saulnais); selten in der Pfalz (Forstamt Zweibrücken), im Rheinlande in den Weinbergen am linken Ufer. In Oberschlesien (Koschentin) bilden Verirrte eine seltene Beute der Jäger.

Das europäische Russland ist fast in allen seinen Theilen von Wölfen bewohnt. Im Norden begegnen wir ihnen im Gouvernement Archangel, an der Petschora und im Schenkursker Kreise besonders häufig, während sie am Meere selten erscheinen. Durch die Samojedentundra erreichen sie Asien. In Lappland sind sie selten (nur bei Maselga?), in Finnland häufiger, in Karesuando, bei Juckasjärwi im Kreise Torneå. In den Gouvernements

Wologda, Olonez und Petersburg hausen sie zahlreich, ebenso in Alt-Nowgorod (Tichwin), Wladimir und Smolensk (Kreis Wjasma, Sytschew, Potschinok, ja sogar in nächster Nähe der Stadt Smolensk), wo sie an der Chmara Leute überfallen und gerissen haben. In Polen scheinen die Wölfe seltener geworden zu sein, kommen aber noch immer als schädliche Viehräuber in Betracht. In Lithauen, bei Bialowesz, im Wilnaer, Minsker und Grodnoer Gouvernement sind sie noch sehr gemein. Die Ostseeprovinzen haben sie noch in Esthland (Wiek, Kirchspiel Röthel), Livland (1874, 1879 in den Kreisen Pernau-Fellin, Dorpat-Walk, bei Luhde. Werro, Lipskaln, im grossen Tihrel-Moor). In Kurland erscheinen sie jetzt höchst selten und waren schon 1829 spärlich vertreten. Auf den Inseln Oesel und Moon finden sich hin und wieder in strengen Wintern Zuläufer über das Eis ein, deren Schicksal aber jedesmal bald entschieden ist.

Im inneren Russland haben wir Wölfe für die Gouvernements Moskau (Swenigorod bei Djukowo, Wassiljewskoje, Podolsk, Dmitrow, bei Pestowo, ja in schneereichen, kalten Wintern auch dicht bis Moskau, wie z. B. 1892/93, wo sie in die Vorstädte eindrangen), Twer, Jaroslaw, Kasan, Simbirsk, Nischnij-Nowgorod (besonders Kreis Makarjew), für das mittlere und untere Wolgagebiet zu verzeichnen. Weiter südlich sind sie auch noch ziemlich häufig, so in Orel, in der Ukraine, Kiew, Charkow, Tschernigow, Poltawa, Podolien, in Wolhynien, Woronesch, den Steppen Südrusslands, Bessarabien, bei Odessa, in der Krym. Durch das Gouvernement Wjatka, Ufa (Bijsker Kreis), Perm, Orenburg (Ilek, Kreis Busuluk, und bei Tscheljäbinsk auch schwarze!) und die Uralvorberge erreicht der Wolf Europas Ostgrenze. Hier ist er in den Vorbergen häufiger, als im eigentlichen Gebirge, und fehlt den dichten Wäldern des Ural ganz. Im Permschen ist er im Süden öfter, als im Norden zu treffen, und hält sich mehr an der Grenze des Tomsker Gouvernements, woher die Wölfe nach den Gruben von Turinsk, in den Krasnoufimsker, Ossinsker, Ochansker und Schadrinsker Kreis streifen. Bei Solikamsk, an den Unterläufen der Soswa und Loswa sind sie zahlreich, ebenso bei Petrowskij sawod, selten bei Jekaterinburg, ja im Bogoslowsker Kreise sogar seltener als die Bären. Im Süden erreicht der Wolf den Kaspisee. Nach den Berichten des Reisenden Nosilow, der mehrere Jahre auf Nowaja-Semlja zubrachte, fehlen dort die Wölfe, so dass wir anderen Orts für die

Westküste dieser Insel aufgeführte (Schädel, den Heuglin am Matotschkin-Schar fand etc.) als Irrlinge ansehen müssen, die irgendwie hin verschlagen wurden.

Im Kaukasus bewohnt der Wolf mehr den Osten. Beobachtet wurde er an der Kuma, auf der grusinischen Heerstrasse bei Kobi und Ananur, ferner in Georgien, bei Borschom, am Kur, im Alousthale, im Lande der Chewsuren, Tuchen und Batani, im Dagestan, bei Elisabethpol, in Ost-Transkaukasien am Kisil-bari, Aighergul, in Armenien bei Eriwan, am See Geoktschai, am Ararat, beim Hospiz von Chesnaputkie und im Talysch (Lenkoraner Kreis). Er kommt hier überall bis zur äussersten Waldgrenze vor und im zuletzt genannten Kreise bewohnt er vorherrschend die hochalpinen Regionen (bei Sawalan). Für Armenien ist es noch fraglich, ob man unter den Angaben „Wolf" nicht am Ende Schakale zu verstehen hat. Am Ufer bei Suchum ist er selten.

In Skandinavien gehört der Wolf zu den schlimmsten Feinden der Renthierlappen, kommt aber auch in anderen Gebieten der vereinigten Königreiche vor. Für Norwegen werden folgende Aemter als reich an Wölfen aufgeführt: Kristians, Söndre-Trondtjem, Nordre-Trondtjem, Finmarken. In Schweden bewohnt er hauptsächlich den Norbottenslän, Westerbottens-, Oestersunds-, Westnorrlands-, Gefleborgs-, Kopparbergs-, Wermlands-, Upsala-, Westmannlands-, Oerebro-, Stockholms-, Kalmar-, Elfsborgs- und Hallandslän.

In Grossbritannien gab es zur Zeit Athelstans sehr viel Wölfe. König Edgar und auch Heinrich III. machten den Versuch, sie auszurotten. Unter Eduard II. hausten in Derbyshire noch Wölfe; unter Heinrich VII. (1485—1509) waren sie schon ausgerottet. In Schottland wurde 1680 der letzte, in Sutherlandshire 1743 erlegt. In Irland waren sie zu Cromwell's Zeit (1652) noch zahlreich, der letzte fiel 1766.

Die Jäger unterscheiden gewöhnlich zwei Formen des Wolfes, den grösseren, mit mähnenartiger Krause am Halse, den Waldwolf, und den kleineren Rohr-, Dorf- oder Steppenwolf. Für Polen und Lithauen trifft diese Unterscheidung zu (siehe meinen Aufsatz im „Zool. Garten", 1886), für die russischen Steppen aber gilt diese Regel nicht, denn ich erinnere mich, nirgends so enorme Exemplare von Wölfen gesehen zu haben, wie gerade in den Steppen.

Folgen wir nach dieser kleinen Abschweifung Isegrimm nunmehr nach Asien. Ueber den Uralrücken hinüber erstreckt sich sein Verbreitungsgebiet durch das ganze asiatische Russland. Wir finden ihn am Ob bei Beresow, bei den Ostjaken, in der Nähe von Tobolsk und hinunter bis zum Karischen Meere, während er am Narym (Zufluss des Irtisch) fehlen soll. Am Jenissei und dessen östlichen Nebenflüssen ist er sehr häufig. Er haust hier flussabwärts bis zum Polarkreis bei Sotino, Ossinowka, Sumarokowo, Werchneinbatskoje, Troizkoje, bei Turuchansk, seltener bei Angutskoje. Vom 67 1/2 Grade n. Br. bei Igarskoje tritt er noch häufiger auf, bei Awamskoje und in der „bolschaja nisowaja Tundra" (grosse Niederungstundra) ist er gemein. Man findet ihn auch bis 74 Grad n. Br. am Taymirgolf. Im Gebiete der oberen Tunguska und bei Minussinsk bildet er grosse Rotten. Im Lenathal geht er bis ans Delta des Flusses hinab und verbreitet sich über die Tundra am Ufer des Eismeeres. Auch auf die Inseln im Lenadelta (Kotelnoi) und ins Eismeer (Neu-Sibirien, Bäreninseln) ist er hinübergegangen. In Ostsibirien sah man Wölfe bei Jakutsk, Werchojansk, an der Kolyma, an der Behringsstrasse, auf Wrangelland (Kellet-Inseln), bei Saschiwersk, im Ulus Schigansk. Ueberall hier ist er in den dichten Wäldern seltener, in den lichteren häufiger zu treffen. Auf der Tschuktschen-Halbinsel fehlt er auch nicht, ebenso wie auf Kamtschatka und den Kurilen. Vom Anadyr (auch weisse Exemplare) und dem Ochotskischen Meere geht er in das Amurland. Wir fanden ihn für folgende Oertlichkeiten dieses Gebietes verzeichnet: Schantar-Inseln, sehr zahlreich, zwischen Uda und Bureja (Flüsse) seltener, am Unterlaufe der letzteren häufig, bei den Dörfern Kalgh und Kolm am Amur gemein, am See Orelj und Tschla, beim Udskoj ostrog (Posten mit Gefängniss), in den Prärien am Ussuri und von da bis nach Transbaikalien hinein, bei Idi (südlich von der Hadschi-Bay unter 49 Grad n. Br.), im Lande der Giljaken (südlich vom Amur), bei den Orontschonen. In der alpinen Zone des Jablonoi-Gebirges erscheint er zuweilen als Irrling bei 1150—1430 m Höhe, während er im oberen und mittleren Okathale den Burjätenpferden nachstellt. In Transbaikalien lebt er bei Tschita und Nertschinsk. Nordöstlich vom Baikalsee traf man Wölfe bei Irkutsk (1858 erschien einer in der Stadt!), auf der Insel Olchon im See, im Sajan-Gebirge. In den transbaikalischen Steppen und an der Jagoda stellt er dem Spermophilus (Bobac) nach, am Amur, in der daurischen Hochsteppe, am

Tarei-noor, bei Kulussutajewsk und im Argunthale frisst er sogar die Beeren von Menispermum. Am Suiffun und Ussuri ist er zahlreich vertreten, ebenso in der Mongolei, am Urunguflusse, in der dsungarischen Wüste, im Nanschan, Chingang, in der Wüste Gobi (bei den Chalcha-Mongolen), in Nord-Zaidam, am Dalai-noor, in der Dabasun-gobi, im Alaschan, im Chara-narin-ula, im Inschan, im Chuanchethale, Issunthale, am Mussi-ula und südlich davon, in der Salzsteppe Dün-juan-in, in der Ordos-Steppe, bei Kussuptschi, in der Wüste Tündscheri, in Dadschin, während er im Dschachargebirge fehlt. Weiter haben wir ihn am Karakorumpass, in Chotân (3° nördlich vom Karakorum) und in Kaschmir.

In China ist er ebenfalls ziemlich häufig, besonders in den Lösslandschaften, in der Provinz Petschili bei Schangtung, am Gelben Meere, in den Provinzen Schensi, Dschili, Gansu (bei Ssigu) und Süd-Tetung. Ferner berichteten Reisende über Wölfe aus Hai-yang, Tau-tswun, Huang-ku-tun, Kung-se-lo (am Golden sandriver), aus Pinfanho im nördlichen Tonking. Fehlen soll der Wolf in Südost-China, in Moupin, sowie im Gebiete zwischen dem chinesischen Tonking und Arakan. Am Oberlaufe des Hoangho sah Przewalski Wölfe in der Nähe des Kuku-noor.

Im Himalaya scheint der gewöhnliche Wolf zu fehlen. In Central-Asien wurde er bei Maral-baschi, am Aksu, im Altyntag, am Tarim und Loob-noor, wenn auch selten, beobachtet. Er geht dann über den Julduskamm, durch Kuldscha, Yarkand und Kaschgar in das russische Turkestan, wo ihn Sewerzow für die Gegenden am Issik-kul, oberen Naryn, Aksai, Tschu, Talas, Dschumgal, Susamir, den unteren Naryn, Sonkul, Tschatyrkul, Karatau, den westlichen Tjanschan, am Arys, Keles, Tschirtschik, den unteren Syr-Darja, sein Delta, die Umgebung von Chodschend, für das Sarafschanthal, die Gebirge zwischen Sarafschan und Syr-Darja und die Steppen von hier bis zur Kisil-kum-Wüste aufführt. Im Sommer steigt er in diesen Gebieten bis zur Schneeregion (4000 m), während er bis 3000 m beständig sich aufhält. Bei Semipalatinsk und in der Kirgisensteppe ist er sehr gemein und jagt hier auf kleineres Gethier, während im Pamir die Bergschafe (Argali) sein Wild bilden.

In den Steppen am Balchasch-See tritt der Wolf in colossaler Menge auf; am Tentek in den Niederungen, in den Sanddünen der Chorgosmündung,

Buchara und Chiwa, sowie am Emba ist er sehr gemein. Zahlreich schweift er an der Afghanengrenze in Transkaspien, am Tedschend und Murgab umher.

Vom Tarbagatai (chinesische Dsungarei) geht sein Verbreitungsgebiet südlich zum Hindukuh und auf das Plateau von Iran, wo er bei Badakschan (afghanisches Turkestan), in Afghanistan und Beludschistan getroffen wurde, ja bis an die Grenzen Nepals. Auf dem Karawanenwege nach Teheran aus Indien treibt er sich beständig umher und ist in Persien besonders bei Kazwin, Schiraz, Ispahan, am Asupass, bei Dehbid, Soh (nördlich von Ispahan), bei Kazrûn (NO von Buschiré bis 800 m) und bei Djora häufig. Gemein ist er im Elbrus, am Sihdih, am Atrek (Grenzfluss zwischen Persien und Turkestan), bei Abuscher, in den Hamrînbergen, bei Schikargah (Nord-Persien), am Tehrud, bei Kerman, in Ghurian (Chorassan, das alte Hyrkanien), bei Ghilan am Kaspisee und im aralokaspischen Bassin. Durch Kurdistan streift er nach Syrien und Klein-Asien hinein, wenigstens hat man Wölfe im Anti-Taurus, bei Seleucia am Tigris getroffen, in der syrischen Wüste, im Libanon westlich vom Todten Meere, bei Damaskus und Aleppo, im Taurus, in Cilicien, bei Gylek, im Siwash-Sandschak bei Amasiah, bei Sidimah, Beirut, Sewri-Hissar, Haimane, Angora, Merdan-ali, Issakaria und Smyrna.

In Arabien sollen Wölfe bis Riad (in Nedscheran) hinabgehen, und ebenso fanden wir Angaben über ihr Vorkommen im Jessulmerstaate, am Rhun und Dhurr-Yaroo (Indien), am Gilgitflusse, vom Gakuch bis zum Indus und in den Seitenthälern. Doch liegt hier möglicherweise eine Verwechselung mit Schakalen oder dem Kolsun (*C. dukhunensis*) vor.

Der echte Wolf hat auch Sachalin (wo er im Norden im Walde und Gebüsch gemein ist, während er im südlichen Theile nur stellenweise, wo das Renthier lebt, vorkommt), die nördlichste der japanischen Inseln (Yeso) besiedelt, und ist, wie es scheint, nur auf diese beschränkt. Ob *C. lupus* auch die Atlasländer Afrikas bewohnt, ist trotz der Behauptungen mancher Berichterstatter doch mehr als zweifelhaft. Kobelt stellt eine solche Möglichkeit ganz entschieden in Abrede und, wie uns scheint, mit vollem Recht.

Unser Wolf ändert auch öfters in der Farbe ab. Die melanistischen Exemplare sind (*C. lycaon* Schrb.) bei Tobolsk, am Irtisch, bei Barnaul, in Semipalatinsk, Turkestan, im Alatau, am mittleren Amur, in der Taurusebene bei Salahiga, bei Aleppo — in Europa im spanischen Galizien, Russland

(Gouvernement Wladimir, Finland, Kaukasus), nach alten Aufzeichnungen auch in Pommern, Schlesien und Rügen beobachtet worden.

Gute, weil constante Varietäten bilden:

Var. 1. *Canis chanco* Gray.

*Canis laniger* Blyth, Hodgs., Horsf. — *C. niger* Sclater.

Der gelblichweisse „tschangu" der Tibetaner lebt in Tibet, der Dabasun-gobi, südlich vom Kuku-noor, in Süd-Tetung, im östlichen Nanschan, im Gansugebiet, der Mongolei, zwischen Peking und Kiachta, im grössten Theile des eigentlichen China, bei Chong-han-yeu sehr häufig, ferner im Bujan-chara-ula-Gebirge (auf dem Tibet-Plateau), selten am Altyntag, Burchan-buddha, in der chinesischen Tartarei und westlich in Beludschistan, dem nördlichen Pendjab, in den Salt-Ranges. Gray wollte ihn zu einer besonderen Species erheben, und Sclater beschrieb eine schwarze Spielart mit weissen Pfoten, welche nur in Tibet aufzutreten scheint, sonst aber ein richtiger *C. chanco* ist, als *C. niger.* Letztere soll hin und wieder auch im nördlichen Himalaya beobachtet worden sein.

Var. 2. *Canis pallipes* Sykes.

*Canis lupus* Blyth, Elliot. — *C. pallipes* Blanf., Blyth, Gray, Jerdon, Murray. — *Lupus pallipes* Gray. — *Saccalius indicus*. H. Smith.

Dieser Wildhund heisst bei den Hindu „landgah, bheriya, gurg, hondar, nekra, bighana, landjag"; im Sindh „baggyar"; bei den Canaresen „tola"; bei den Telugu „toralu"; persisch „busina". Diese Varietät bildet einen Uebergang zu den Schakalen, woher ihn manche Autoren der Species *C. aureus* zugezählt haben. Sie besitzt nur ein eng umgrenztes Verbreitungsgebiet. Wir haben sie für Afghanistan, die Ebenen Ostindiens, südlich vom Himalaya (Gondwara, Radjputana, am Sombar-See), die Wüste Tharr (westlich vom Indus), Kutch, Dekhan, Concan, Kandeish und Ceylon aufgeführt gefunden. In Unterbengalen ist dieser Wolf selten, auf der Küste Malabar und im Himalaya fehlt er. Bei denen, welche ihn zu einer Varietät von *C. aureus* machen, figurirt er als *Saccalius indicus.*

Var. 3. *Canis hodophylax* Temm.

*Canis hippophylax* Temm. — *C. nippon?* Temm. — *C. hodophylax* Brauns. — *Lupus hodophylax* Temm. — *L. japonicus* Nehring.

Der „yama-ino" der Japaner wird von Elliot mit *C. lupus* vereinigt — von Anderen (Nehring) zu einer selbständigen Species erhoben. Er gehört nur Yeso, Nippon, Kiusiu und Shikokw an. Wir haben *C. nippon* Temm. nach der Beschreibung zu dieser Varietät gezogen, während derselbe in Jäger's „Handwörterb. d. Zoologie etc." als besondere Lupusart Japans figurirt.

Var. 4. *Canis occidentalis* Rich.

*Canis albus* Aud. et Bach. — *C. ater* Aud. Bach. — *C. gigas* Townsend. — *C. griseus* Aud., Bach., Rich. — *C. griseo-albus* Baird. — *C. lupus* Harlan, Elliot. — *C. lupus albus* und *griseus* Sabine. — *C. lupus* var. *albus, ater, rufus* Aud., Bach. — *C. lycaon* Harlan. — *C. mexicanus* Berlandier, Briss., Desm., Fisch., L., Shaw. — *C. nubilus* Harlau, Rich., Say. — *C. occidentalis* Baird, Gray, de Kay. — *C. occidentalis* var. *ater, griseo-albus, mexicanus, nubilus, rufus* Baird. — *C. occidentalis* var. *A. griseus, B. albus, C. stricte, D. nubilus, E. ater* Richardson. — *C. rufus* Baird. — *C. variabilis* Wied. — *Lupus albus* Rich. — *L. ater* Aud., Bach, Rich. — *L. gigas* Townsend. — *L. griseus* Rich. — *L. nubilus* Say. — *L. occidentalis* de Kay. — *L. variabilis* Wied.

Im Gegensatz zum europäisch-asiatischen Wolfe, dem *C. orientalis,* hat man den nordamerikanischen, der nach neueren Classificatoren bloss eine Varietät des ersteren bildet, *C. occidentalis* getauft. Die Menge seiner zoologischen Benennungen beweist schon, wie sehr er zum Variiren neigt — sollen doch sogar scheckige Exemplare gar nicht so selten sein. Die Amerikaner neunen ihn „Gray-Wolf".

Die typische Form dieser Varietät treffen wir auf den Aleuten, den Inseln im nördlichen Eismeere, an Amerikas Küste (Prince Patrick, Melville-Island, Eglinton, Prince of Wales), dann auf Boothia Felix, am Cumberland-Golf, in den Hudsonsbay-Ländern, an der Westseite des Smithsundes, und hin und wieder verlaufen in West-Grönland bei Uperniwik. Im Allgemeinen bewohnt er das Festland vom Missouri bis zum Grossen Ocean, von Canada bis Mexico. 1829 war er noch zahlreich in den Ebenen östlich vom Felsengebirge — jetzt finden wir ihn am Saskatsehawan, Coppermine-Fluss, am Larami-Fort, Platte-River, in britisch Columbien, am Puget-Sunde, dem Chilkat-Gebiete, am Yukon, Peels-River, bei Fort Rae, Union und Benton, auf Aljaska,

King-William-Island und Vancouver. Auf Labrador und New-Foundland ist er ziemlich gemein. Oestlich vom Mississippi und südlich von Canada kommt er nur noch in Neu-England und New-York vor. Weiterhin trifft man ihn in den Adirondackbergen, in Wisconsin, Minnesota, Massachusets, Connecticut, bei den Blackhills, in den nördlichen Prärien. am Missouri, oberen Mississippi, Tennessee, in einigen Theilen der Aleghanies, in Kansas (F. Harker), im Coloradothal, bei Fort Cobb im Indianerterritorium, im Dakota (F. Randall), Wyoming, Nebraska (Fort Kearney), Californien, Oregon, in den Little Chief Mountains, in den weniger bevölkerten Theilen von Ohio, in Maine, Süd-Florida. In Mexico (Saltillo, Guanajuato, Matamoras, Santa Cruz de Sonora), Neu-Mexico, Texas und Mazatlan, sowie Florida, am Rio Grande, in Kansas lebt die Form *C. mexicanus.* *C. griseo-albus* stammt aus West-Massachusets, von den Charlotte-Inseln, Vancouver, vom oberen Missouri, aus der Umgebung der Qu'apelle-Forts, aus britisch Columbia, Kansas, von San Francisco an der Bay, N.W.-Texas und dem amerikanisch-asiatischen Archipel. *C. nubilus* ist am häufigsten in Missouri, auf Vancouver, in den West-Cordilleren Mexicos an der Grenze der Unionsstaaten, am Steilacoom, im Nebraskaterritorium und am Puget-Sunde. *C. ater* hat man in Florida, Georgien, Kentucky, im Washingtonterritorium, bei Fort Yukon, auf New-Foundland, an den Missouribänken, im westlichen Nord-Amerika, am Mackenzie, im Chilkatgebiet, beim Qu'apelle-Fort und auf Vancouver erbeutet.

### 111. *Canis simensis* Rüpp.

*Canis semiensis* Heugl. — *C. simensis* Wagn. -- *C. walgié* Heugl. — *Lupus simensis* Rüpp. — *Simenia simensis* Gray. — *Vulpes walgié* Heugl.

Dieser von Rüppell in Abessynien entdeckte kleine Schakalwolf heisst bei den Völkern von Habesch, je nach den Provinzialdialecten, „walke, walgié, gaberu, gontsal, gens, boharja“. Soviel bisher bekannt ist, hat man die Kolla-Ebene Abessyniens, wie dessen Hochländer, die Djibara und Eisregion der abessynischen Alpen als die Heimath dieses Thieres anzusehen. Speciell wird er für Begemedêr, das Land der Wolo-Galla bei 2850 m Höhe, die Gegend von Gumuz, Jebûs bis zum Bertâ-District, das Kordofan, Darfur, für die Wohnsitze der Beni-Sangolo, Fadoqah und die Landschaften am Kilimandscharo genannt.

### 112. *Canis jubatus* Desm.

*Canis campestris* Wied. — *C. jubatus* Burm., Cuv., Dup., Flower, Hensel, Rengger, Sclater, Wagn. — *C. lupus mexicanus* L. — *Chrysocyon jubata* Gray. — *Chrysoc. jubatus* H. Smith. — *Lupus jubatus* Desm.

Dieser Wildhund heisst bei den Mexicanern „lobo", bei den Eingeborenen Süd-Amerikas „aguará-guazu, guara". Sein Verbreitungsgebiet erstreckt sich über den grössten Theil von Süd-Amerika, Brasilien (Lagoa Santa, Serra Geral, Minas Geraes, Taubaté am Parahyba), Argentinien, Patagonien (Lagunen und Sümpfe am Rio Negro, an dessen Zufluss Rio Neuquen, am Colorado), Paraguay und Uruguay (Montevideo). Sehr gemein ist er in den Steppen am Araguay und bei Ytararé. Professor Noack will ihn den Füchsen zugezählt wissen. Sieht man von seiner fuchsrothen Behaarung und den wenigen anatomischen Merkmalen, die hierfür sprechen, ab, so hat dieses Thier in seinem Habitus etwas ganz Besonderes, weder Wolfs- noch Fuchsartiges, wenn die Zeichnung nach dem Leben (in den Proceed. of L. Z. S.) eine richtige ist.

### 113. *Canis latrans* Say.

*Canis frustror* Woodhouse. — *C. latrans* Alston, Aud. et Bach., Coues, Harlan, Rich., Wagn., Wied. — *C. latrans* var. *ochropus* Escholtz, Gray. — *Chrysocyon latrans* Gray. — *Lupus latrans* Say. — *Lyciscus coyotis* ? — *Lyciscus latrans* Franzius, H. Smith.

Der Heul- oder Präriewolf, Coyote, reicht vom 55. Grade nördl. Breite bis ungefähr zum 8. Grade nördl. Breite hinab. Orte und Landschaften, für welche wir ihn namentlich erwähnt fanden, sind das südliche britische Columbien, die Gegenden am Coppermine River, Canada, Fort Union, F. Randall (Dakota), F. Kearney (Nebraska), das Gebiet des Yellowstone, das Wyoming-Territorium, Nord-Kansas, Fort Kiley, der obere Missouri und die Missouri-Ebene, das Felsengebirge, Colorado (auch schwarze und graue), Columbia-River, Oregon, Neu-Mexico (Fort Massachusetts und San Francisco Mountains), Arizona, Californien (San Diego, Fort Tejon), die Umgebung von S. Francisco, Sonora, Texas (am Rio Grande), das Mississippithal, Mexico, die Gebirge von Guatemala, San Salvador, Costarica (Guanacaste), Nicaragua, Ost-Honduras. Am häufigsten ist er in Texas, besonders in West-Yegua. Im Westen geht er bis an den Stillen Ocean. Die beiden besonders häufigen Spielarten des Coyote sind, die eine mehr im Norden, am Missouri-Oberlauf und Yampaiflusse — dies ist *C. frustror* —, die andere mehr im Süden, von Californien im Westen bis an die Gebirge von Guatemala hinab zu finden — *C. ochropus*. Ausserdem giebt es zahllose Uebergänge von einer Spielart zur anderen, ja sogar gescheckte Exemplare.

### 114. *Canis antarcticus* Shaw.

*Canis antarcticus* Burm., Desm., Wagn., Waterh. — *Dasycyon antarcticus* H. Smith. — *Pseudalopex antarcticus* Gray, Shaw.

Darwin erwähnt des „grauen Falklandswolfes" von den Falklandsinseln. Hauptsächlich kommt er auf Ost- und West-Falkland, an der San Salvador-Bay und am Berkley-Sunde vor. Nach Mivart soll er aber auf der Ostinsel bereits ausgerottet oder ausgestorben sein (aus Mangel an Nahrung, da die Seevögel von den Schiffern vernichtet wurden).

### 115. *Canis magellanicus* Gray.

*Canis culpaeus* Molina, Wolt. — *C. magellanicus* Gray, Wagn., Waterh. — *C. malovinicus* Wolt. — *C. (Pseudalopex) magellanicus* Burm. — *Cerdocyon magellanicus* H. Smith. — *Pseudolopex magellanicus* Gray. — *Vulpes magellanicus* ?

Der „colpeo" bewohnt von Nord-Chili (Thal Copiapo) und Patagonien (Punta de los Arenas) an Süd-Amerika bis zur Magellanstrasse (Fort Famine). Ebenso finden wir ihn auf Feuerland. Darwin verwechselte ihn mit *C. antarcticus* und nannte ihn daher auch irrthümlicherweise unter den Thieren der Malouinen (Falklands).

### 116. *Canis cancrivorus* Desm.

*Canis brasiliensis* F. Cuv., Geoffr., Lund. — *C. cancrivorus* Burm., Geoffr., Jard., Schomburgk, Wagn. — *C. melampus* Wagn. — *C. melanostomus* Wagn., Wiegm. — *C. rudis* Günther. — *C. silvestris* Darwin. — *C. techichi* Desm. — *C. thous* L. — *Cerdocyon cancrivorus* H. Smith. — *Lycalopex cancrivorus* Desm. — *Thous cancrivorus* Desm., Gray. — *Viverra cancrivora* Desm., Meyer.

Die Spanier fanden diesen Wildhund als halbzahmes Hausthier auf den Antillen vor, er ist aber auf dieser Gruppe seitdem ausgestorben. Wenn nun Schomburgk erzählt, dass er auch jetzt noch von den südamerikanischen Indianern in einer Kreuzung mit ihren Hunden zur Jagd benutzt werde, so sollen, nach Hensel, diese Angaben auf unglaubwürdigen Fabeleien der Eingeborenen beruhen. Die einheimischen Namen des Thieres sind: „maikong, karassissi, kouparà"; zu Hause ist er in Guyana (Demerara), Brasilien und dem Gebiete des Rio de la Plata. Er zieht Waldgebirge, bebuschte Steppen und Ufer an den Savannenflüssen jedem anderen Aufenthalte vor. Am häufigsten wird er in Brasilien bei San Paulo, in den Urwäldern bei Bahia im Orgelgebirge, bei Ypanema, in den Campos am Rio Grande do Sul, am Taroug, Yauwise, in den Steppen beim Fort do Rio Branco und in Cayenne getroffen. Griffith verwechselte ihn mit dem Waschbären.

### 117. *Canis microtis* Sclater.

*Canis microtis* Mivart.

Dieser Canide ist nur am Amazonenstrome gefunden worden, und zwar, wie Mivart angiebt, nur an den Stromschnellen (banks) desselben.

### 118. *Canis Azarae* Wied.

*Canis Azarae* Burm., Cuv., Geoffr., Gray, Mivart, Philippi, Rengg., Tschudi, Wagn., Waterh. — *C. brasiliensis* Schinz. — *C. entrerianus* Burm. — *C. fulvicaudus* Lund, Wagn. — *C. fulvipes* Gray, Martin, Philipp, Waterh. — *C. griseus* Burm., Gray, Knig. — *O. patagonicus* Philippi. — *C. vetulus* Lund, Sundewall, Wagn. — *Cerdocyon Azarae* H. Smith. — *Lycalopex Azarae* Burm. — *Lycalopex fulvipes* Martin. — *Pseudolopex Azarac* Burm., Gray, Wied. — *Vulpes Azarae* Fisch. — *Vulp. griseus* Gray.

Der „aguarachai" (aguaratschai) der Guarana-Indianer, „atoj, raposo do campo, raposo do matto, cochorro do matto, rapozinha vermelhada, grachain, lobinho do campo" der Süd-Amerikaner, gehört vor Allem den dichten Wäldern Brasiliens an (bei Bahia, Ypanema, Estrella, Barra do Rio Jauru, Caiçara, Matto Grosso, Lagoa Santa, seltener Minas Geraes und die Campos), wo er ein unserem Fuchse ähnliches Räuberleben führt. Nicht weniger häufig findet er sich aber auch am Parana, in Uruguay (*C. entrerianus*),

Paraguay, in Patagonien, (Rio Negro, Rio Santa Cruz, Süsswasserlagunen und Sümpfe, Magellanstrasse — *C. patagonicus* —, Rio Colorado), in Argentinien (Campo Masso de la Pampa), Chili, Feuerland und auf Chiloë (*C. fulvipes*). Nach Norden geht er vielleicht bis Guatemala. *C. vetulus* Lund bewohnt das Innere Brasiliens, im Allgemeinen aber findet man alle Färbungsspielarten fast allenthalben in seinem Verbreitungsgebiete.

119. *Canis parvidens* Mivart.

*Canis fulvicaudus* und *vetulus* Burm.

Für diesen haben wir nur die kurze Angabe Mivart's (nach dessen Beschreibung er eine selbständige Art ist) „Brasilien".

120. *Canis urostictus* Mivart.

Dieser kleine, fuchsähnliche Hund ist ebenfalls von Mivart beschrieben und Brasilien als seine Heimath angegeben.

121. *Canis aureus* Linné.

*Canis algiriensis* Bodichon. — *C. aureus* Blanf., Blyth, Brisson, Cuv., Desm., Elliot, Gray, Hodgs., Jerd., Murray, Pall., Schreb., Wagn. — *C. aureus*, var. *dalmatinus*. — *C. barbarus* Shaw. — *C. indicus* Hodgs. — *C. kokree* Sykes. — *C. micrurus* Reichenb. — *C. pallens* Temm. — *C. sacer* Ehrenb. — *C. syriacus* Ehrenb. — *Lupus aureus* Gray, Kaempffer, L. — *Oxygous indicus* Hodgs. — *Saccalius aureus* H. Smith. — *Saccalius indicus* Hodgs. — *Vulpes kokree* Sykes.

Der Goldwolf ist der Repräsentant der echten Schakale. Den Alten war er unter dem Namen „thos" bekannt, und in Luther's Bibelübersetzung ist es der „Fuchs" Simson's, der so häufig war, dass jener starke Held ihrer Dutzende fangen und zu je zweien zusammengebunden mit Feuerbränden ins Korn der Philister lassen konnte. Entsprechend der Verbreitung des Thieres, die eine sehr weite ist, haben wir auch eine grosse Menge von Localbezeichnungen zu vermerken. Die Araber nennen ihn „abu-sôm, abu l'hosên, dieb, dibh", die Wanyamwesi „limbué", die Türken „shikal, shakal", die Usbeken „sakal", die Perser „sagal, sjechal"; in Syrien heisst er „vassié", bei den Hindu „giddar, siyal, shial, phial", in Bundelkund „laraiya", in den alten Sanskritschriften „srigala", in Kaschmir „ŝ shal,

♀ shaj“, in Beludschistan „tholag“, bei den Mahratten „khola“, bei den Kol „karincha“, in Goudwara „kolial. nerka“, im Canaresen-Dialect „nari“, bei den Tamilen „kalla-neori“, bei den Telugu-Drawida „norka“, bei den Malijans „karaken, nari“, bei den Singhalesen „naria“, bei den Bothia „amu“, in Assam „hiyal“, bei den Kachari „wekhrong“, bei den Mikirstämmen „hizeis, joksat“, bei den Naga „hian“, in Birma „myekhwe“, bei den kaukasischen Abchasen „shikalka“.

In Afrika ist dieser zudringliche Geselle im Norden überall heimisch, in Abessinien, im Fayûum, Aegypten, dem Danakil- und Bogoslande, von Tripolis bis Marokko. Besonders zahlreich treibt er sich umher im Wadi-Mesah und weiter im Süden in den Savannen am Wualaba im unteren Ugalla. Wie weit er nach Süden hinabgeht, ist nicht sicher ausgemacht, da die auch von uns gebrachte Angabe (Zool. Jahrb. B. V) sich als eine mögliche Verwechselung mit *C. mesomelas* herausstellt.

Ueber die Suez-Landenge geht er nach Palästina, Syrien, Klein-Asien (bis Adana gemein), Armenien und in den Kaukasus hinein. Hier ist er im östlichen Transkaukasien ebenso gemein, wie im talyscher Tieflande (Lenkoran) in den Djungeln und Rohrdickichten, und bei Suchum-kalé und Noworonijsk am Schwarzen Meere. Man hört seine Stimme bei Elisabethpol sowohl wie in den Vorbergen des Kaukasus am Terek, bei Borshom, Awai und Andrejewo, am Kur. Früher reichte seine Nordgrenze hier bis zum Don — jetzt wird sie vom Kuban und unteren Terek gebildet. Um das Kaspische Meer erstreckt sich sein Gebiet nach Transkaspien (am Tedschend und Murghab, wo er sehr gemein ist) bis zum Aral-See. Am unteren Atrek und am See Delili ist er häufig. Der Syr-Darja bildet seine Nordgrenze in Central-Asien.

In Chiwa, am Syr-Darja, an den Rändern der Kisilkum-Wüste ist er ziemlich häufig. Weiter treffen wir ihn in Persien (bei Teheran, Ispahan, seltener auf dem Plateau), im Pamir, Afghanistan, Beludschistan (Bampur), wo er bis 520 m hinaufsteigt, in Kaschmir, Indien (mittlere Himalayaregion in Höhen bis 1150 m, in Vorderindien in den Nilgherris, in den Districten Narra, Thurr und Parkis besonders gemein, ferner am Ganges, in Gondscha, Gambroon, in Bengalen, dem Mahrattenlande, Klun, Birma, Assam, Cachar, Akyab, bei Thayet Myo in Nord-Pegu, bei Mandalay). Ein wahres Dorado für den Schakal ist der Salzsee Sombhar in der Radjputana mit seinen Djungeln.

Auch für die Insel Ceylon wird er aufgeführt. In Mesopotamien und im Irak ist er so gemein, dass er des Abends in die Strassen von Bagdad streift. Die beiden Ströme entlang geht er nach Syrien und Armenien hinauf.

Auch Europa hat noch diese Species in seinem südwestlichen Theile aufzuweisen, denn wir finden den Goldwolf nicht nur in der Türkei (Ost-Rumelien, Burgos, Constantinopel), Griechenland (Morea) und Dalmatien, sondern auch auf Euböa, Andros, Naxos und anderen griechischen Inseln, wie auch auf einigen Inseln des adriatischen Küstengebietes (Curzola, Guipana). Seine Nordgrenze erreicht er hier unter 46 Grad nördl. Breite im Niederungsgebiete der Donaumündung. Serbien und West-Bulgarien fehlt er.

122. *Canis anthus* F. Cuvier.

*Canis anthus* Rüpp. — *C. lupaster* Ehrenb. — *C. variegatus* Rüpp. — *Dieba anthus* Gray. — *Lupus anthus* Gray. — *Lup. lupaster* Ehrenb. — *Saccalius barbarus* H. Smith.

Dieser Wildhund giebt uns ein Bild des Wolfes im Kleinen. Die Araber nennen ihn „dib, abu-sôm, basôm, saghal, kelb-el-wadi, kelb-el-khalah"; die Berbern „kel, kitzetta"; in Abessynien heisst er bei den Amharesen „wokerê, gaberû"; bei anderen Stämmen „ûns". Sein Gebiet dehnt sich fast über die ganze grössere nördliche Hälfte Afrikas aus, vom 10. Grad südl. Breite an. Wir haben Angaben über sein Vorkommen aus Nordost-Afrika, Alexandria, Aegypten, Tunis, Algier (bei Oran und Constantine), Nubien, Sennaar, Habab, Abessynien (bis 1500 m Höhe), aus der Kollaebene, von Schoa, aus dem Somalilande, dem früheren ägyptischen Sudan, sowie Usegara. Auch an der abessynischen Küste des Rothen Meeres, am Westrande der ägyptisch-arabischen Wüste, im Bogoslande, bei den Danakil ist er keine Seltenheit. Durch Kordofân, Darfûr, die Steppen Sudans geht er bis nach Senegambien und Guinea. An der Ostküste treffen wir ihn bei Sansibar, Mozambique und auch im Inneren. Ueberall, wo er vorkommt, meidet er die dichten Wälder und bewohnt die Felsenklüfte der Wüstenränder, oder sucht die buschreichen, mit hohem Grase bewachsenen Steppen auf.

123. *Canis adustus* Sundevall.

*Canis adustus* Peters. — *C. lateralis* Sclater. — *Vulpes adusta* Gray. — *V. adustus* Sundevall.

In Loango heisst dieser Schakalwolf „mbûlú“; bei den Wanyamwesi „Iimbué“. Du Chaillu nennt ihn für die Gorillaregion. Ferner lebt er im Kaffernlande, am Kuilu und Fernando-Cap (südlich vom Gabun), am Gabun, in Angola und Benguela, am Loango-Ufer, bei Tschintschotscho, in den Savannen am Wualaba (unteren Ugalla), in Cabinda, Massabe, Mose Mandombe (südlich vom Kongo), am Kilimandscharo, in Central-Süd-Afrika und in Sansibar. Bei Moschi lebt er in 1450 m Höhe und ist bei 1200 m um die Dörfer herum nicht selten, ebenso wie am Kongo.

124. *Canis mesomelas* Schreb.

*Canis flavus* Rüpp. — *C. mesomelas* Blanf., Desm., L., Rüpp., Smith, Wagn. — *C. variegatus* Crytschm., Rüpp. — *Thous mesomelas* H. Smith. — *Vulpes mesomelas* Ehrenb., Gray, Schreb.

Er heisst bei den Somali „wakeri-dalh“; bei den Danakil „dauau, daua, dider“; bei den Arabern „abu el hosên, bashôm, dahleb“, bei den Bakalahari „pukuye“; am Rothen Meer „tenlie, kenlee“; bei den A-Sande „hoa“; bei den Dinka „auann“; bei den Djur „toh“; bei den Bongo „galah“; bei den Njamnjam „hoah“; bei den Kredj „glommu“; bei den Golo „ndaggeh“; bei den Ssehre „ndeh“; bei den Herero „ombondje“.

Der Schabrackenschakal bildet eine scharf gekennzeichnete Art, die aber trotzdem oft mit dem *C. aureus* vermengt wurde. Gray stellte ihn zu den Füchsen, und in der That scheint er ein Bindeglied zwischen Schakal und Fuchs zu sein. Fast ganz Afrika bildet seine Heimath, wie man aus den Namen der Oertlichkeiten ersehen kann, welche von den Reisenden gelegentlich seines Vorkommens genannt werden. Von Nordost-Afrika, Aegypten (Assuan, Suakim, Ain-Saba), durch Kordofân, Nubien, Abessynien, Tadjura am Rothen Meer, die Samhara, Massauah, den Pass Komayl, Pass Senafé, Ansebahügelregion, die Danakil- und Somaliländer, über den Kilimandscharo (Taveita), das Land der Bongo, der Bogos und A-Sandé, streift er in Ost-Afrika allenthalben umher und erreicht im Süden das Cap. Hier ist er in der Kalahari, bei Tunobis, im Ova-Herero-Lande, am Zwachop, in Transvaal und im Kaffernlande sehr gemein. An der Westküste geht er durch

Deutsch-Südwest-Afrika, Benguella bis an den Kunene und Gabun. Im Kongogebiet scheint er zu fehlen. In Malange und Luba ist er sehr häufig.

### 125. *Canis Hagenbecki* Noack.

Professor Noack stellt diese neue Species (Zool. Garten 1889), den Mähnenschakal, nach einem Exemplar, das aus Somaliland stammen sollte, auf. Soweit man aus der Beschreibung des fraglichen Thieres einen Schluss ziehen kann, und wenn man von einigen Anzeichen, aus welchen auf Bastardirung geschlossen werden könnte, absieht, scheint er eine gute Art zu sein. Näheres über das Vorkommen dieses Caniden ist nicht bekannt geworden.

### 126. *Canis vulpes* L.

*Canis alopex* L., Schreb. — *C. crucigera* Briss., Gmel. — *C. crucigerus* Temm. — *C. lycaon* Georgi, Gmel., Thunb., Tigerhjelm. — *C. melaleucus* Sternst., Thunb. — *C. melanogaster* Bonap. — *C. nigro-argenteus* Fellmann. — *C. vulpes* Blas., Desm., Gray, Middendorff, Pall., Schreb., Wagn. — *C. (vulpes) albus* Boit. — *C. vulpes japonicus* Temm. — *Vulpes alopex* Blanf. — *V. cruciata* Pall. — *V. crucigera* Briss. — *V. hypomelas* Küster, Wagn. — *V. fusco-atra* M. Bogdanow. — *V. melanogaster* Bonap., Wagn. — *V. nigro-argentea* Niles. — *V. vulgaris* Briss., Klein. — *V. japonica* Adams, Gray. — *V. nipalensis* Gray. — *V. vulpes* L.

Durch eine senkrecht gestellte Pupille und einige andere Merkmale unterscheiden sich die Füchse (Alopecoiden) von den bisher aufgezählten Caniden (den Thoiden). Der typische Vertreter dieser Sippe ist unser berüchtigter und doch so sympathischer Reinecke, dessen List und Verschlagenheit bisher allen Verfolgungen Schach zu bieten wusste, so dass er noch überall zahlreich vorkommt.

Entsprechend seiner weiten Verbreitung ist auch die Zahl seiner Volksnamen bedeutend. Die Engländer nennen ihn „fox“; die Franzosen „renard“; die Italiener „volpe“; die Sarden „pilonas“; die Spanier „zorra, rabosa, vulpeja“; die Russen „lissiza (den Kreuzfuchs „krestowka“, den schwarzbäuchigen „ssiwoduschka, tschernoduschka, myschanka“, *V. melanogaster* „kowyljschtschiza“ = Ginsterfuchs, *V. alopex* „tschernoburaja lissiza“); die Polen „lissa“; die Tschechen „liska“;

die Letten „lapsa“; die Esthen „rebbane“; die Lappen am Imandra „remij, riemi, rieban, repe, rupok, raupe, riepan, riewan“, die ♂ „ravia“, ♀ „zikko“, die Jungen „vielpes, velpes, skiuwga, rieban skiuwga“, *V. crucigera* „raude, riste rieban“, *V. alopex* „vilgok, zorve-zoppok, ranag“; die Syrjänen „rutsch“; die Meschtscherjäken „arslan“; die Ainos „tirinop“; die Ainos auf Sachalin „schurmale, ssumari“; die Orotschen „chole“; die Biraren, Monjagern, Orotschonen und die Golde am Ussuri „ssolaki“; die Dauren „chungu“; auf Sachalin „paghlant, paghlantsch“; bei den Japanesen „kitsune“; bei den Chinesen „echu“; bei den Baschkiren „tülkü“; bei den Usbeken und Kirgisen „tülke“; bei den Türken „tölki“; persisch „rubah“; bei den Hindu „lomri“; in Kaschmir das ♂ „luh“, das ♀ „laasch“; in Nepal „wamu“; bei den Sojoten und Burjäten „unegün“; bei den Mandschu „toby“. Einige Ost-Asiaten haben für die verschiedenen Farbenspielarten besondere Benennungen, wie folgende Tabelle zeigt:

| | Giljaken: | Mangunen: | Golde: | Kile: |
|---|---|---|---|---|
| die gewöhnliche Form | käkch | s'ull | s'ole | s'olaki |
| der rothe Fuchs . . | pasnga | chyldagda | chyldagda | chyldagda |
| der Kreuzfuchs . . | pasnga-pladf | kytr | ketschere | kettere |
| *V. nigroargentea* . . | pladf | kytr | ketschere | kettere |
| der schwarze Fuchs . | hädf | awata | awata | awata |

Der Fuchs bewohnt ganz Europa. Zum gewöhnlichsten Raubzeug gehört er in Spanien, Portugal, Frankreich, Belgien, der Schweiz (besonders am Wallenstädter See, in Appenzell, Chur und Graubünden, von der Ebene bis zur Schneeregion), Elsass-Lothringen (Zahern), Deutschland. Für letzteres haben wir in den Berichten der Jagdzeitungen genaue Daten. In Preussen sind das Jahr 1885 im Ganzen 84 000 Füchse erlegt worden. Am häufigsten scheinen sie zu hausen bei Velen und Corvey (in Westfalen), in Hessen-Darmstadt, der Rheinprovinz (St. Goar), bei Frankfurt a. M., bei Neustadt an der Orla, bei Kreuznach, am Lacher See, bei Suhl, in der Colbitz-Letzlinger Haide, im Harz (Gedern-Hohenstein, Eichhorst), bei Nordhausen, Frankenstein, Eisleben, im Kreise Delitzsch, im Drehsewald (Provinz Sachsen), bei Blankenfelde, Betzin-Carwesee, Trebbin und Blankensee (Provinz Brandenburg), in Pommern, auf Rügen, in Schleswig-Holstein, bei Perleberg und Pempowo (in Posen), bei Ratibor, Pless, Fürstenstein, Schräbsdorf, Bunzlau, Sibyllenort, Tschisty im Kreise Herrnstadt, im Kreise Striegau (Provinz Schlesien), in Ost- und West-Preussen und Mecklenburg. Im Königreich Sachsen, Bayern (Pfalz, Kaiserslautern), Württemberg, in Hessen und Lippe gehört der Fuchs auch nicht zu den Seltenheiten, wie ebenfalls in Thüringen. In Holland findet man ihn hier und da (Limburg, Nyswiller), ebenso in Dänemark. Oesterreich beherbergt ihn noch sehr zahlreich. Wir fanden ihn in den Schusslisten aus Laxenburg, Auhof, Asparn, Seebarn, Grafenegg, Weidendorf, Manhartsberg, Neuaigen, Grossergrund, Aldenwörth, Utzenlaa (Nieder-Oesterreich), aus Protivin, Frauenburg, Karlstein, Dobrychowic, Winterberg, Stubenbach, Schwarzenberg, Krumau, Wittingau, Chrynow, Domansic, Lobosic (Böhmen), aus Mähren, Krain, Steiermark (Murau, Klein-Alm, Schwarzensee), aus Tirol (Vorarlberg, Walserthal), aus der Bukowina, Ungarn (Bega-Niederungen, Gödöllö, Betlerer-Revier, Tisza-Füred und Paroszlo, Kis-jenö, Fogaras, Körmönder, Torontaler Comitat, Warasdin, Baranya, Gereble, Tergenye, Kerekudward, Leanyfalu, Pilis-Maroth, Dömös, Pilis Sz. Kereszt, Oedenburg, Sz. Miklós, Munkacs), Galizien, Dalmatien, Bosnien und der Herzegowina (Dinarische Alpen bei Dobricewo an der Trebincica-Niederung, in der Majevica-Planina, an der Drina, an der Sau [Save]), Kroatien und Siebenbürgen. In Venetien ist der Fuchs sehr gemein.

In England, Schottland und Irland wird er zu Jagdzwecken förmlich gehegt. In Scandinavien wird er für den Norbottens-, Westerbottens-, Oestersunds-, Westnorrlands-, Gefleborgs-, Kopparbergs-, Wermlands-, Upsala-, Westmanlands-, Oerebro-, Stockholms-, Kalmar-, Elfsborgs-, Skaraborgs-, Malmös- und Blekingslän in Schweden, und für Smaalmene, Akershus, Hedemarken, Kristians, Busherut, Jarlsberg, Laurvig, Bratsberg, Nedernaes, Listerog, Mandal, Stavanger, Söndre-Bergenhus, Nordre-Bergenhus, Romsdal, Söndre- und Nordre-Trondhjem, Norrland, Tromsö und Finmarken in Norwegen aufgeführt. Auch Italien (Lombardei, Venedig), Sardinien, Sicilien, Corsika, Griechenland, die Türkei, Bulgarien beherbergen den gewöhnlichen Fuchs, wenn hier auch seltener.

In Russland führt er immer noch ein ziemlich ungestörtes Dasein. Wir begegnen ihm in Finland (ganz Kola, Lappland, am Ponoi und Low-osero selten, am Imandra gemein, auf Kandalakscha, Toros- (Kola-) Busen, auf den Inseln, an der Tuloma, im Kamenny-Pogost, am Not-osero, am Enare, an der Petschenga, in Södanskylä, Utsjöki, Enontekis, Süd-Varanger, Tornea, in Kemilappmarken, Kengis, bei Haparanda, Karungi, Oefver-Kalix, Kuusamo, sogar auf dem Inselchen Hogland), im Gouvernement, Archangelsk (besonders Kreis Schenkursk), Wologda (ziemlich selten), Petersburg (wo er sehr gemein ist und auch Varietäten bildet), in den Ostseeprovinzen Esthland, Livland (besonders Felliner Kreis, die Rigaer Stadtforste), Kurland, im Gouvernement Moskau zahlreich, ferner im Charkower, Kiewer, Woronescher, Kasaner Gouvernement, im letzteren besonders werthvolle dunkle Varietäten, aber nicht südlicher als 54 Grad nördl. Breite. Im Orenburgschen (Ilek) und im Ural (Oesel, an der Soswa, bei Bogoslowsk, Turinsk) wimmelt es stellenweise von Füchsen. Seltener sind sie in dem waldlosen Schadrinsker, Jekaterinburgschen und Tscheljäbinsker Kreise, wie auch im West-Ural. Wenn wir die Ortschaften besonders aufzählten, so ist damit nicht gesagt, dass der Fuchs nur hier vorkommt — er bewohnt auch alle übrigen Theile Russlands, nur in geringerer Menge, auch die Steppen, z. B. bei Odessa und am Don, sowie zahlreich die Krym und das Wolgadelta.

Für die Süd-Küste von Nowaja-Semlja nennt Bär den Fuchs; Stuxberg beschränkt ihn auf die südlichsten Theile dieser Inselgruppe (am Nikolskij-Schar). Seine Existenz auf Spitzbergen, wo er „einzeln" vorkommen soll, ist wohl mehr als fraglich. Die grösseren Solowezki-Inseln besitzen ihn ebenfalls.

Im Kaukusus lebt er mit seinen Lokalvarietäten so ziemlich überall, besonders aber bei Elisabethpol in der Steppe, bei Achalziche, im östlichen Transkaukasien und vielleicht auch im Talysch (Lenkoran).

Ein Beweis dafür, dass er es versteht, auch mitten unter Feinden sein Leben zu fristen, ist der Umstand, dass aus Kiel, Kopenhagen und Riga Fälle vorliegen, wo er als Stadtbewohner erscheint. Für Moskau können wir aus eigener Anschauung bestätigen, dass der Fuchs im hohen Flussufer des Nordwest-Stadttheiles, dicht unter den Häusern, Baue angelegt hat und seit Menschengedenken hier haust. Sein Erscheinen in den anstossenden Strassen veranlasst die Hunde zu viel Gebell in der Nacht — aber das scheint ihn nicht besonders zu schrecken.

In Asien findet man den Fuchs sehr weit verbreitet. In Sibirien (Ob, Beresow, Jenissei und seine Zuflüsse, an den Niederlassungen Jenisseiskoje, Korennoje, Filippowskoje, Werchneinbatskoje, Dudinskoje, Goroschinskoje, an der Angara, bei Irkutsk und am Baikalsee bei den Dörfern Kultuk, Goremyki am Nordende des Sees, auf der Insel Olchon, an der Lena im Ulus Schigansk, im Delta und auf den Inseln, im Walde, wie in der Tundra, an der Olekma, am Witim, an der Jana bei Werchojansk, an der Kolyma und Indigirka), im Tschuktschenlande, auf Kamtschatka, auf der Insel Askold, auf den Schantarinseln (auch auf Alhal). Gemein ist er im ganzen Amurlande, besonders zahlreich aber am oberen Amur, am Ussuri, in den östlichen Abhängen des Chinganggebirges, am Udir, in der Ebene an der unteren Dseja, im Bureja-Gebirge. Seltener trifft man ihn im Sajan-Rücken, etwas häufiger an der Oka, wo er in einer Höhe von 1150 m gewöhnlich ist. Auf Korea bildet der Handel mit einheimischen Fuchsfellen eine Haupteinnahmequelle. Im Semipalatinskischen Gebiet, in der Kirgisensteppe, im Semiretschenskischen (am Issik-kul, oberen Naryn, Aksai, Tschu, Talas, Djumgal, Susamir, am unteren Naryn, Sonkul, Tschatyrkul, im Karatau, West-Tjanschan, am Arys Keles, Tschirtschik, im Syr-Darja-Delta, am Aral-See, in der Umgebung von Chodschent, im Sarafschanthal, in den Gebirgen zwischen Sarafschan, Syr-Darja und den Steppen bis zur Wüste Kisil-kum, in Höhen von 1000 bis 4000 m), im Lande der Kamenschtschiki und Dwojedanzy wimmelt es von Füchsen. Ferner haben wir ihn für den Altai, das Pamirplateau, Juldus, das Gebiet am Tarim, Lobnoor und seltener im Altyntagh, die Dsungarei und die Vorberge des Tjanschan zu verzeichnen. Ebenso muss er für den Alaschan, Inschan, die Mongolei, die Gegenden am Dsaisannoor, Balchasch, im Burchanbuddah, die Wüste Kusuptschi, den Chara-narin-ula, die Dabasun-Gobi, den Kukunoor, Nord-Zaidam, das Chuanchethal an der chinesischen Grenze, Tibet, Ost-Nanschan, Süd-Tetung, die Provinz Gansu (bei Ssi-gu) aufgeführt werden. Im Dschachar-Gebirge fehlt er.

Durch Chiwa (in der Kisil-kum fehlt er!), Buchara (am Kuly-kulan-See), Persien geht er bis nach Klein-Asien. In China finden wir Füchse im Hoangho-Thal, in Schensi, am Kossogol, Mussi-ula, in der Oase Satscheu und bei Amoy, sowie wahrscheinlich in allen übrigen Theilen des Reiches.

Von Asiens Inseln bewohnt er Neu-Sibirien, die Kurilen, Sachalin (an der Malka bis 2600 m Höhe), besonders das Thal der Tymjä, alle grossen Inseln Japans, besonders Yesso. Auf Nipon ist er ebenfalls zahlreich, sogar in den grösseren Gärten Tokios (Yeddos) zu treffen. Auf der

Halbinsel Taymir im Eismeere fehlt er. Im Allgemeinen also kann man sagen, dass der gemeine Fuchs von Spanien bis Kamtschatka, vom Mittelmeere, Persien und Tibet bis zur Waldgrenze im Norden (Skandinavien, Sibirien) heimisch ist.

Der Fuchs neigt sehr zum Variiren. Wirklich constante, beständig gewisse Gegenden bewohnende Formen führen wir weiter unten als Varietäten auf. Solche aber, welche zerstreut hier und da auftreten, von denen es fortlaufende Uebergangsreihen zur typischen Form giebt, können wir nur als Localrassen ansehen. Letztere sind folgende:

Bonaparte's *C. melanogaster*, der früher für eine selbständige Art, die Corsika, Sardinien, Sicilien angehören sollte, angesehen wurde, kommt auch in Spanien, Italien, in den Bergwäldern an der Saône und Loire (Frankreich) in Venezien, Syrien, bei Marasch in Klein-Asien, überall an der Wolga (mit allen Uebergängen zum gewöhnlichen Fuchs), ja sogar im Petersburger Gouvernement vor. An der Wolga führt er den Namen „kowylschtschiza" = Ginsterfuchs.

Schwarze Füchse kommen im Ural bis 62 Grad nördl. Breite vor, wo sie hinter den Lemmingen herziehen. Ferner, wenn auch selten, im Nordosten des Wologdaschen Gouvernements und auf Kamtschatka. Auf Sachalin, auf den Adianow-Inseln und auf der Insel Kariginskoje sind sie sehr gemein.

Schwarzbraune sind als Seltenheiten im Nordwest-Ural bei Slatoust und im Hauptkamme dieses Gebirges erlegt worden. Bogdanow's *V. fuscoatra* gehört dem Wolgagebiet an, ist in Simbirsk selten, häufig in Ufa, Kreis Birsk.

*V. crucigera* fanden wir für Lappland, Schweden, Saône- und Loiregebiet, Persien verzeichnet, ferner für Nord-Asien, Russland — es ist der Blaufuchs der Händler.

Dunkle Füchse leben auf Nord-Sachalin, die auf dem Südende sind heller. Ebenso giebt es dunkle in der Mandschurei, am Amur, an der Hadschi-Bay und in Japan.

Grauröthliche fand man auf der Insel Sikotan (Kurilen).

Weissliche kennt man aus Italien, gelblichweisse aus Ungarn (Felmern), ganz weisse (jedoch keine wahren Albinos) von Mergentheim (Württemberg), dem Kaukasus, wo es nach Boitard sogar weisse mit schwarzem Schwanze (? d. Verf.) hinter Suchum-kalé in den Bergen geben soll.

Albinos sind in Savoyen, 1864 bei Planegg in Bayern, 1866 bei Gerau im Darmstädtischen, sowie in Japan beobachtet worden. Auf die japanischen Albinos ward irrthümlich die Existenz des Eisfuches (*C. lagopus*) für Japan angenommen.

Var. 1. *Canis melanotus* Pall.

*Canis isatis?* Büff. — *C. caragan* Erxl., Pall. — *C. melanotis* Sewerzow. — *Vulpes melanotis* Slowzow. — *V. melanotus* Pall.

Diese Varietät fand Pallas bei Orenburg; sie ist aber auch im Kaukasus (Elisabethpol nach Kolenati), in den Ili-Niederungen, in der Steppenzone des Semiretschje, seltener am Nordufer des Balchasch, in der Dsungarei, im Juldus, am Jenissei-Oberlaufe, in der Kirgisensteppe, am Issikkul, oberen Naryn, Aksai, Tschu, Talas, Dschungal, Sussamir, am unteren Naryn, Sonkul, Tschatyrkul, im Karatau, West-Tjanschan, am Arys, Keles, Tschirtschik, am unteren Syr-Darja, im Delta dieses Flusses und am Aralsee (in den Gebirgen bis 2300 m) beobachtet worden. In Transkaspien und Turkmenien, am Ufer des Tedschend und bei Jolotan am Murgab, im Pamir, von wo er bis weit in die Bergwüste an Afghanistans Grenze geht, ist er sehr gemein. Man fand hier von dieser Form sogar Albinos.

In Persien (Steppen), im Salzgebiet der Mughânsteppe Transkaukasiens, sowie in den Dschungeln am Kaspi-See, im Dagestan, bis Georgien hinein schweift er zahlreich umher. Przewalski's *C. melanotis* von Tarim, Lob-noor, Tengri-noor, Juldus und noch weiter östlich scheint identisch mit *C. melanotus.*

Var. 2. *Canis montanus* Pearson.

*Canis flavescens* Blyth, Gray. — *Vulpes flavescens* Adams, Blanf., Blyth, Gray, Hutton. — *V. hymalayanus* Ogilby. — *V. montana* Pearson, Wagn. — *V. montanus* Adams, Blanf., Blyth, Jerd., Scully.

Der Bergfuchs bewohnt Ost-Turkestan, Nord-Persien, Afghanistan, den Himalaya bis zu verschiedenen Höhen in den einzelnen Gebirgspartien. Wir finden ihn in Kaschmir, Ladak, Tibet, Nepal (bis 1700 m), Simla, Astor, Gilgit, Nagar, Yassin, Chitral (bis 3000 m), im Thandianithal (zwischen Hazara und Ihelum im Pendschab, 5 Meilen von Abottabad) bis 2100 m, und im Sedletschthale. Wenn ihn Przewalski für den Sugetweg anführt, so ist es möglicherweise (nach seiner eigenen Anmerkung) eine Verwechselung mit *C. ferrilatus*. Die von Gray als *C. flavescens* beschriebene Spielart dieser Varietät herrscht in Yarkand, am Lob-noor und Tarim, in Beludschistan, sowie (selten) im Altyntagh vor.

Var. 3. *Canis hooly* Swinhoe.

Der schwarzbäuchige chinesische Fuchs, den Swinhoe unter obigem Namen beschreibt, ist für Süd-China, die Granithügel bei Amoy, die Insel Honkong und die Umgebung Fokiens nachgewiesen.

Var. 4. *Canis lineiventris* Swinhoe.

Diese weissbäuchige Form bewohnt dieselben Localitäten, wie der vorgenannte Fuchs, und wurde auch bei Canton und Laotong gefangen.

Var. 5. *Canis niloticus* Desm.

*Canis anubis* ? — *C. atlanticus* Hartm., Wagn. — *C. niloticus* E. Geoffr. — *C. riparius* Ehrenb. — *C. tripolitanus* Müll. — *C. vulpecula* ? — *C. vulpes* var. *atlantica* A. Wagn. — *Vulpes algiriensis* Loche. — *V. atlanticus* Hartm. — *V. niloticus* Desm., Ehrenb., Geoffr., Rüpp.

Der Nilfuchs „sabbar, abarer" der Kabylen, „tsaleb" der Araber, „wokere" der Nubier gehört dem Norden Afrikas an, wo er im Maghreb, Algier, Tunis, Tripolis, Aegypten, an der Ostküste des Rothen Meeres und auf dessen Inseln, sowie in Nubien, Somaliland gefunden wird. Wie Arabien in Flora und Fauna überhaupt mehr zu Afrika als zu Asien gehört, so auch in diesem Falle; der Nilfuchs ist auch hier heimisch, auf der Halbinsel Sinai, ja er streift auch nach Syrien. Ob unser Thier auch in Kordofan und Sennaar vorkommt, oder ob das *C. famelicus* ist, konnten wir aus dem vorhandenen Angabenmaterial nicht klarstellen.

Var. 6. *Canis meridionalis* ?

*Vulpes meridionalis* Spatz.

In Nr. 8 des „Weidmann", Jahrg. 1892, erwähnt Herr Spatz für den Sahararand in Tunis dieses Fuchses. — Weiteres, ob er vielleicht ein Synonym von *C. niloticus*, haben wir nicht in Erfahrung bringen können, nicht einmal den Autor gelang es uns zu eruiren.

127. *Canis fulvus* Desm.

*Canis (Vulpes) fulvus* Aud. et Bachm., Baird, Fisch., Harlan, de Kay, Richards., Wagn. — *C. vulpes* Harlan. — *Vulpes americanus* Lesson. — *V. fulvus* Desm., Richards. — *V. pensylvanica* Gray. — *V. vulgaris* Baird.

Der „Red-fox" der Nord-Amerikaner vertritt unseren Reinecke in Nord-Amerika an der Hudsonsbay, in Labrador, Canada, auf Aljaska (Kinai), bei Kodiak, auf den Aleuten, am Feel-River, Yukon-River, bei dem Fort Good Hope und Fort Anderson, auf Neu-England, im Essex-County (New-York), am Withriver, am oberen Missouri, in Massachusetts, wo er sehr gewöhnlich, in New-Jersey, Connecticut, Pensylvanien, Texas und Neu-Mexico. Auf Grönland fehlt er.

Beständige Varietäten desselben sind

Var. 1. *Canis decussatus* Geoffr.

*Canis cruciger* Schreb. — *Vulpes decussatus* Desm., Harlan, Pennant.

Der amerikanische „Kreuzfuchs" wird von New-York bis Canada, in Connecticut, am Fort Anderson, an der Hudsonsbay, auf Aljaska und bis ans Eismeer hin angetroffen. Am Nortonsund, der Bristolbay, am Behringsmeer und auf den Aleuten haust er ebenfalls.

Var. 2. *Canis argentatus* Geoffr.

*Canis lycaon* Gmel. — *Vulpes argentatus* Boitard; F. Cuv., Desm. Harlan, Smith, Shaw.

Der Silber- oder Schwarzfuchs lebt auf Aljaska, an der Hudsonsbay, in Labrador, auf den Inseln Nordost-Amerikas, am Peel-River, Fort Good Hope, Fort Anderson, am Yukon-River, Fort Liard, im Washington-Territorium, Tomarack bei Neu-Köln, in Connecticut und selten in Texas. Er geht auch auf die Kurilen (wo ihn die Aino „turepp" nennen) und vielleicht auch nach Kamtschatka hinüber. Südlich vom Noatakflusse fehlt er.

Var. 3. *Canis macrurus* Baird.

Der Präriefuchs wird für die Prärien am oberen Missouri, die Ebenen Columbiens, die Ost-Territorien namhaft gemacht. Zahlreich ist er bei Fort Crook in Californien, in Wyoming, beim Fort Berthold, in Dakota bei den Forts Randall, in Nebraska (Fort Kearney) und Oregon (Fort Dalles).

Var. 4. *Canis utah* Aud. et Bachm.

*Vulpes utah* Aud. et Bachm.

Diese Varietät kommt nur am Grossen Salzsee vor, ist wenigstens bisher weiter nirgends erbeutet worden.

128. *Canis ferrilatus* Hodgs.

*Canis Eckloni?* Przewalski. — *C. ferrilatus* Blanf., Blyth, Gray, Jerdon. — *Cynalopex ferrilatus* Blyth. — *Vulpes ferrilatus* Hodgs.

Der „igüs" der Tibetaner ist nur in Tibet, bei Lhassa, nach Stoliczka auch im oberen Sedletschthale, sowie bei Yarkand zu Hause. Mivart bezweifelt Stoliczka's Angabe. Przewalski nennt ihn für den Kukunoor, Bujan-chara-ula, Nord-Tibet und die Strecke von Tengri-noor bis Batang.

129. *Canis leucopus* Blyth.

*Canis Griffithi* Blyth. — *C. leucopus* Gray, Jerd., Murray. — *Vulpes flavescens* Blyth nec Gray. — *V. Griffithi* Blyth, Scully. — *V. leucopus* Blyth, Gray, Jerdon, Murray. — *V. persica?* Jerd. — *V. persicus* Blanf. — *V. pusillus* Adams, Blyth, Gray, Jerdon, Murray.

Dieser zierlicher und hochbeiniger als der gewöhnliche aussehende Fuchs heisst bei den Persern „rubah"; bei den Hindu und im Sindh „lumri, lokri", in Beludschistan „lombar". Er lebt in Persien, in den Bergen bei Schiraz und Ispahan bis 1430 m Höhe, in Afghanistan, bei Bussorah, in Indien (*V. pusillus* Blyth) im Pendjab, in der Salzregion des Sindh, auf der Halbinsel Kutch, in der Radjputana, den Nordwest-Provinzen, bei Fatigarh, Uballa, Hissar, Hansi, westlich von Cawnpoor. In Beludschistan findet man ihn ebenfalls und in Arabien bei Mascat. Aus dem russischen Turkestan (Aschabad) wurde 1893 ein Exemplar nach Moskau gebracht.

130. *Canis bengalensis* Shaw.

*Canis bengalensis* Elliot, Gray, Jerd., Murray, Wagn. — *C. chrysurus* Gray. — *C. kokree* Sykes. — *C. (Vulpes) bengalensis* Gray. — *C. (Vulpes) indicus* Hodgs. — *C. (V.) rufescens* Gray. — *Cynalopex bengalensis* Blyth. — *Vulpes bengalensis* Blanf., Gray, Horsf., Jerd. — *V. Hodgsoni* Gray. — *V. xanthura* Gray?

Die Hindu nennen diesen Fuchs „lumri"; im Sindh „lukri, lukar, loomur": in Bundelkund heisst er „lukharigo", in Behar „khekar, khikir", in Bengalen „khek-siyal", bei den Mahratten „kokri", in Gondwara „khekri“, bei den Telugu-Drawida „konka-nakka, gunta-nakka, poti-nara“, bei den Canaris „konk, kemp-nari, chandak-nari“.

Dieser Fuchs bewohnt Bengalen, Nepal, Indien vom Himalaya bis zum Cap Comorin in grosser Menge, er fehlt aber im westlichen Sindh, Pendjab, Birma. In Ost-Assam ist er sehr selten, ebenso im Dekhan und auf Guzerate. Kelaert erwähnt seiner für den Badulla-District auf Ceylon, doch bezweifeln andere Autoren die Richtigkeit dieser Angabe.

### 131. *Canis canus* Mivart.

*Vulpes canus* Blanf., Sclater.

Diese schöne, sehr auffallende Form heisst in Persien „kurba-shakal“, bei den Beludschen „pah“. Ihre Heimath ist Beludschistan, Afghanistan, Persien, Buchara, Süd-Turkestan, wie Felle beweisen, die aus sicherer Quelle in den Besitz des Präparators Lorenz in Moskau gelangten. Im Osten erreicht dieser Fuchs die Sindhebene.

### 132. *Canis corsak* L.

*Canis corsak* Erxl., Eversm., Fisch., Gmel., Pall., Radde, Schreb., Tilesius, Wagn. — *C. karagan?* Erxl., Pall., Schreb. — *C. melanotus?* Pall. — *Cynolopex corsak* H. Smith. — *Vulpes corsak* Gray, L., de Philippi.

Die Mongolen nennen diesen kleinen gelbgrauen Fuchs „kirsa, kirrassu“; die Kosaken Transbaikaliens „stepnaja lissiza (Steppenfuchs)“ oder „korsjuk“, die Russen überhaupt „korsak“. Im Süd erreicht er Indien nicht. Am Unterlaufe der Flüsse in Semiretschensk ist er ziemlich gemein und bewohnt die Steppenzone dieses Gebietes, am Aralsee, Issikkul, oberen Naryn, Aksai, Tschu, Talas, Djumgal, Sussamir, unteren Naryn, Ssonkul, Tschatyrkul, im Karatau, West-Tjanschan, am Arys, Keles, Tschirtschik, unteren Syr-Darja, an dessen Delta, die Steppen bei Chodschend, das Sarafschanthal, die kahlen Gebirge zwischen Sarafschan, Syr-Darja und den Steppen, von hier bis zur Kisil-kum-Wüste, überall nicht höher, als bis 300 Meter hinaufsteigend. In der Kirgisensteppe, in Central-Asien, im Burchan-buddha, Nord-Tibet und in der Tartarei ist er häufig. Von Transkaspien (Dusu-olum am Sumbar, selten am Atrek) geht er bis in die Mughansteppe und findet sich auf beiden Seiten des Kaukasus, immer die Wälder meidend, die kahlen Steppen suchend. Von der Nordseite des Kaukasus erreicht er den Don (Nowotscherkask) und zwischen diesem und der Wolga bei 49° n. Br. seine Nordgrenze, jedoch nur selten soweit sich verirrend. Auf den Jergeni-Bergen und in den Steppen bei Sarepta lebt er beständig. Im Orenburgischen bewohnt er die mittleren und südlichen Steppen, aber nicht über 53° n. Br. nach Norden (westlich von der Stadt Orenburg). Im Obschtschy Ssyrt, zwischen Ural und Samara, in Perm (Schadrinsker Kreis), bei Tscheljäbinsk ist er ziemlich selten — zahlreich aber in den ausgedehnten Steppen südlich von Troizk zu finden.

Die Angaben, welche ihn für das Amurland (Radde), Südost-Sibirien und China nennen, bedürfen gewiss einer Bestätigung, bis dahin müssen wir an ihrer vollen Richtigkeit zweifeln.

### 133. *Canis lagopus* L.

*Canis coeruleus* F. Cuv. — *C. fuscus* F. Cuv. — *C. isatis* Gmel. — *C. islandorum* Newton. — *C. lagopus* Desm., Harlan, Pall., Sabine, Schreb., Shaw, Stein, Tilesius, Wagn. — *C. lagopus* var. *fuliginosus* Richards. — *C.* (*Vulpes*) *lagopus* Richards. — *Leucocyon lagopus* Gray. — *Vulpes lagopus* Aud. et Bach., Baird, Fisch., Pelzeln, Richards.

Der Eisfuchs führt in seiner Heimath folgende Namen: Bei den Lappen „njal, sval, svala", die Jungen „njala shuvga", weisse „velges njala", blaue „zoppes njala", schmutzig graue „shelta njala"; bei den Samojeden „noga sellero, sirnoho"; bei den Ostjaken „kiön, nauleleg", im Sommerpelz „krestovatik" (offenbar russisches Wort: krest = Kreuz, krestovatik = Kreuzfuchs); bei den Tungusen „tschitara", die Nestjungen „norniki" (auch russisch, da nora die Höhle, norniki Pluralis zu nornik = Höhlenbewohner); bei den Jakuten „kyrssa"; bei den Jukagiren „naveuetla"; bei den Tschuktschen „edl'u, rekókadlin, tennup"; bei den Aleuten „krassnie pichi" (russisch krassnij = roth); bei den Aino „sitschubi, kumeschumali"; bei den Labrador-Eskimo die weissen „kakortassuk", die blauen „amgosek"; bei den Eskimo auf Grönland „kaka, terenniak, tariiniak"; bei den Tataren „aik-tilkoë"; bei den Russen „pessez, belij, (weisser) — goluboi (blauer) pessez"; bei den Finnen „naudi"; bei den Schweden „fjälraka"; bei den Dänen „graa-raef"; in Norwegen „melrak";

auf Island „refr, nefur, fox, dratthali, holtaporr, melrakki (Feldhund), „blodelrekkur“ (Bluttrinker), „skölli (Spötter), bitur (schlau), lagfoetla (Schleicher), tortryggur (misstrauisch); das Weibchen „refkeila, tóa, tófa“; die Jungen „tornyrmlinger“.

Die Südgrenze des Eisfuchses bildet im Allgemeinen der 69. Grad n. Br., doch schweift er stellweise, wie wir weiter sehen werden, auch bis 60° n. Br., so weit es keine Wälder giebt und die Tundra vorherrscht. Orte, für welche er besonders namhaft gemacht wird, sind: Nordost-Skandinavien, Lappland, Kola, Arvidjaur, die Inseln im weissen Meer, die Tundra am Mesen, die Insel Grumant, Nowaja Semlja, auf welcher sie im November hinter den Lemmingen von Süd nach Nord ziehen (wie Nossilow berichtet), während im Juni unter ihnen oft die Tollwuth ausbricht. Zuweilen erscheinen sie bei Archangelsk, im Kreise Pustosersk, an der Murmanküste und im Alpengürtel der Berge von Kola. Nach Pleske ist der Eisfuchs in Karesuando, am Swjatoi Nos, im Kamennoi Pogost, auf der Insel Kilda gemein, auf den Bergen in Kemilappmarken, Tornea, in Udsjöki, am Enare, in Enontekis ziemlich gewöhnlich. Von hier aus streift er nach Savolax, Ostrabotten in Finland und vom Mesen ins Wologdasche, wo er im Ural bis 65° n. Br. nach Süden geht. 1841 erschienen Irrlinge sogar bei Petersburg. Das Wandern scheint ihm überhaupt eine „Lust“ zu sein, denn in Schweden kamen Eisfüchse 1832 und dann wieder 1841 bis an die Südspitze Skanörs Ljung und nach Schonen, während sie sonst nur Norwegens Fjelde, wo das Alpenschneehuhn haust, bewohnen. Weiter haben wir *C. lagopus* zu verzeichnen für Waigatsch, die Bären-Inseln (zwischen Nord-Cap und Spitzbergen), Spitzbergen (Icesund), Jan Mayen und Island, König Karls Land, Kronprinz Rudolfs-Land, Franz Josephs-Land.

In Asien haust er in den Tundren Sibiriens, am Ob-Busen, bei Beresow, am unteren Jenissei, in der Surgutskaja Taiga, im Delta dieses Flusses, auf Taymir, bei Turuchansk, an der Lenamündung, auf der Insel Kotelnoi (NO von der Lena), Neu-Sibirien, auf den Ljächow-Inseln, ferner im Ulus Schigansk, am Anui, an der Baranicha, Kowima, Kolyma, am Anadyr, im Tschuktschenlande, auf der Kupferinsel, Kamtschatka und den Behrings-Inseln, sowie den Aleuten (besonders Attu); auf den Pribylow-Inseln und Kurilen höchst selten. Ins Amurland gerathen manchmal im Winter einzelne Exemplare. Der südlichste Punkt in Asien, wo sie nisten, ist Dudinskoje unter 69° n. Br. Unter 68° n. Br. erscheinen sie nur als Gäste (bei Igarskoje und Goroschinskoje).

Folgen wir dem Eisfuchse nach Amerika, so begegnen wir ihm auf Unalaschka, an der Kuskokwim-Bay, am Cap Barrow, auf Aljaska, am Norton-Sund, während er auf der Insel Kadjak fehlt. Er lebt auf den Commandeur-Inseln, am oberen Yukon, Mackenzie, in der Mistassini-Region, auf Labrador und New-Foundland. In den Hudsonsbay-Ländern, Nord-Canada, stellenweise in Britisch-Columbien ist er gemein, King Williams-Land, Melville, die Inseln am Wellington-Canal, am Cumberland-Sund, Kotzebue-Sund, auf den Harald-Inseln, Grinnell- und Ellesmore-Land, North-Lincoln, North-Devon und Grönland kommt er zahlreich vor. Besonders reich sind auf letzterem die Gegenden von Godhaven und Sophiahaven an Eisfüchsen, die der dänischen Abgabenverwaltung ein reiches Einkommen sichern. Der nördlichste Punkt, den der Eisfuchs erreicht, scheint unter 81° n. Br. auf Franz Josephs-Land, unter 83° n. Br. auf Grönland zu liegen. In der neuen Welt steigt er auch weiter nach Süden herab, als in Sibirien, denn wir finden ihn hier unter 50° n. Br., während in Asien nur der 60° n. Br. zuweilen von ihm erreicht wird.

### 134. *Canis virginianus* Schreb.

*Canis cinereo-argentatus* Erxl., Gmel., Harlan, Schreb., H. Smith. — *C. griseus* Bodd. — *C. virginianus* Desm., Erxl., Gmel., Harlan, Richards. — *Urocyon griseus* Baird. — *Uroc. litoralis* Gray. — *Uroc. virginianus* Allen, Baird., Frantzius, Gray, Richards. — *Vulpes cinereo-argentatus* Erxl. — *V. litoralis* Baird. — *V. virginianus* Allen, Alston, Aud. et Bachm., Baird, de Kay, Schreb.

Dieser kleine amerikanische Fuchs wurde von Hernandez „oztuhua", von den Engländern „Grayfox", von den Mexicanern „zorro", in Costarica „tigrillo", in Guatemala „gato de monte", von den Apache-Indianern „colinhe" genannt. Bei den Pelzhändlern geht er als Grau-Kit-Gris- oder Silberfuchs.

Seine Heimath ist Nord-Amerika, vom Grossen bis zum Atlantischen Ocean und vom Rio Gila bis zum Puget-Sunde, Florida bis Maine. Besonders aufgeführt finden wir ihn für die südlichen Theile New-Yorks, Long Island, Albany, selten in Neu-England und Massachusetts, Leominster, Pennsylvanien,

New-Jersey, Florida, Louisiana, am Mississippi, Tennessee, Washington D. C., Washington County in Texas, White Sulphur Springs (Virginia), Eagle-Pass (Texas), Californien (im Coloradothal, bei Fort Tejon, Cape St. Lucas, San Miguel Island, San Nicolas Island), in den Prairien, Mexico (Tehuantepec), Merida (Yucatan), Guatemala und Costa-Rica. Nach einigen Autoren soll er nördlich nicht über Maine hinausgehen und den Gebirgen Virginiens fehlen.

An der Küste von Californien und auf einigen Inseln an derselben findet sich eine Localrasse des Kitfuchses. — *C. litoralis* Gray. Man kennt dieselbe von San Miguel, Santa Cruz und Santa Rosa. Der Hauptunterschied von der typischen Form liegt in der Grösse — die Spielart ist auffallend winzig.

Diesem Fuchs ziemlich nahe steht

135. *Canis velox* Say.

*Canis cinereo — argentatus* Sabine. — *C.* (*Vulpes*) *cinereo — argentatus* Richards. — *C. microtus* Reichenb., Wagn. — *C. velox* Harlan, Wied. — *Vulpes velox* Aud. et Bachm., Baird, Gray.

Er bewohnt die offenen Ebenen zwischen dem Saskatschawan und Missouri und geht bis zu den Cascade-Mountains in Oregon und bis Columbien. Er wird stets nur in der Ebene, nie im Walde gefunden.

136. *Canis chaama* Smith.

*Canis chaama* Sclater. — *C. variegatoides* ?. — *Fennecus chaama* Gray. — *Megalotis capensis* Cretzschm. — *Vulpes chaama* Gray.

Das Capland, die Karoo, die Diamantenfelder in West-Griqualand, Namaqualand, die Kalahari-Wüste, die Gebiete zu beiden Seiten des Oranjestromes sind die Heimath dieses Thieres. Identisch mit *C. chaama* scheint *C. variegatoides* von Caledon (70 Meilen östlich von Captown) und von Beaufort. In nächster Umgebung der Capstadt ist dieser hübsche Fuchs vollständig ausgerottet.

137. *Canis pallidus* Rüpp.

*Canis brachyotis* ? — *C. corsak* Giebel. — *C. pallidus* Cretzschm., Cuv., Wagn. — *Fennecus pallidus* Gray. — *Megalotis pallidus* Cretzschm. — *Vulpes Edwardsii* Rochebrune. — *V. pallidus* Gray, Rüpp.

Im Aeusseren ist dieser Canide dem Corsak ähnlich. Er bewohnt Nubien, Süd-Aegypten, Dongola, Kordofan, Darfur, Sennaar, Chartum, Suakîm, Mandaub, die westlichen Sudan-Steppen (Kanem, Bornu, vielleicht auch Lógonê) und Senegambien, von wo das als *V. Edwardsi* beschriebene Exemplar stammt. Am Rothen Meer fehlt er. Die einheimischen Namen sind „saberah, abusûf, abu'l-hosên".

138. *Canis famelicus* Rüpp.

*Canis corsak* de Philippi. — *C. dorsalis* Gray. — *C. famelicus* Cretzschm., Lataste, Wagn. — *Fennecus dorsalis* Gray. — *Megalotis famelicus* Cretzschm. — *Vulpes corsak* Schmarda. — *V. famelicus* Cretzschm., Rüpp.

Die Araber nennen auch dieses Thier „saberah". Im Maghreb heisst er „ta'alib".

Der südliche Sinai, Nord-Arabien, die Gegenden am persischen Golf bei Buschiré, Mesopotamien, Nubien, Kordofan, Koseir und Kene (am Rothen Meer) sind seine Heimath. Seltener ist er in Nord-Afrika, Aegypten, am Weissen Nil, in der Tura el chadra, südlich von Chartum (am Bahr el abiad).

139. *Canis zerda* Zimmermann.

*Canis cerdo* Gmel., L. — *C. fennecus* Lesson. — *C. funecus* Denh. — *C. megalotis* Griff., Leuckart. — *C. pygmaeus* Ehrenb., Leuckart. — *C. saharensis* Bach. — *C. zerda* Rüpp., Smith, Wagn. — *Fennecus arabicus* ? — *Fenn. Brucei* Desm. — *Fenn. zaarensis* Gray. — *Fenn. zerdo* Gmel., Lesson, Zimm. — *Megalotis cerdo* Illig. — *M. famelicus* Lesson. — *M. zerdo* Smith, Zimm. — *Viverra aurita* Blumenb. — *Vulpes Deschami*. — *V. minimus et zaarensis* Skjöldebrand.

Die Namen des Grossohrfuchses sind: arabisch „saberah, abu-sôf, fenek, zerda, jerd, jerda"; in Dongola „abu-sûhf". Entdeckt wurde er von Bruce und 1776 von Büffon als „animal anonym" beschrieben.

Diesen kleinsten aller Caniden hatte Illiger zum typischen Repräsentanten der Sippe *Megalotis* erhoben. Obwohl sein ganzes Aeussere und sein Gebahren sehr an den Fuchs erinnern, so wollen ihn manche Autoren doch zu den wolfsartigen Caniden stellen, da er eine runde Pupille hat. Er bewohnt nur die Wüsten von Nord-Afrika in den Berber-Staaten, Algier (Beni M'zab und Sûf), die sandigen Hügel bei Warglah, Fessan, die Nilländer (Gizeh,

Saqarah, bei den Pyramiden), die Umgebung von Mo'asarah, Turah, Beni-Hassan, im Fajum, Kordofan, Nubien, Habab und Sennaar, die Bahjuda, Abessynien, einzelne Theile der Sahara (Umgebung der Oasen), wie Oase Chargeh, den Norden von Tuggurt und bei Koseir. Am häufigsten ist er zwischen Ab-dôm und Chartum. Von Asien besitzen wir Nachrichten, dass er den äussersten Westen, die Sinai-Halbinsel und den Ain-Musa bewohne. In der Vorwüste und im Zibân scheint er zu fehlen.

140. *Canis procyonoides* Gray.

*Canis brachyotus* Blainv. — *C. procyonoides* Radde, Schrenk, Wagner. — *C. viverrinus* Temm. — *Nyctereutes procyonoides* Garrod, Gray, Sclater. — *Nyct. viverrinus* Martens, Temm.

Die Chinesen nennen dieses Thier „chaussé"; die Mandschu „naoto"; die Japaner „tanuki" (Obstfuchs) oder „hatsimonsi"; die Giljaken „jandak"; die Mangunen, Golde, Somagern „jandako": die Birartungusen „ilbigae"; die Monjagern „ölbiga"; die Russen „amurskij jenot" (Amur-Waschbär).

Obwohl der *C. procyonoides* Anklänge an Viverren und auch Marder aufweist, müssen wir uns doch, nach Zusammenfassung der vorhandenen Untersuchungen Mivart anschliessen, welcher ihn zu den echten Caniden rechnet. Er gehört einem ziemlich grossen Gebiete von Ost-Asien an, nämlich dem Amurlande, geht südlich in China bis Canton hinab. Man findet ihn am Sungari, Ussuri, Suiffun und an der südlichen Biegung des Amur in grosser Menge. Ferner haust er im Bureja-Gebirge, an der Mündung der Bureja und Dseja, am Komar-Flusse, am Sidimi, Gerbilak, fehlt aber am Schilka und an der Argunmündung. Besonders reiche Resultate giebt die Jagd auf ihn am Bolongo-See, im Wanda-Gebirge (linkes Amur-Ufer) und hier besonders bei den Dörfern Emmero und Imminda. Seltener ist er beim Dorfe Sargu, an den Mündungen des Chongar und Odschal. Ferner begegnen wir ihm am Flusse Tundschi, an der Hadschi-Bai. Seine Nordgrenze auf dem Festlande erreicht den 50. bis 51. Grad n. Br. Wie weit er nach Süden geht, ist nicht genau bekannt. Oben nannten wir Canton, man könnte noch Hankeu und Tsitu hinzufügen. Einmal fanden wir ihn für „Indien" angegeben — jedenfalls ein Irrthum. Auf Sachalin fehlt er. auf den japanischen Inseln, besonders Nippon, ist er sehr gemein (Takone bei Yeddo). Er neigt sehr zum Variiren und so unterschied man früher zwei Arten, was aber nicht gerechtfertigt erscheint, wenn man neuere Untersuchungen in Betracht zieht.

141. *Canis dingo* Blumenb.

*Canis dingo*-Gould, Mivart. — *C. dingo Australasiae* Bennett, Desm. — *C. familiaris dingo* Blumenb., Gray, Sclater, Wagn. — *Chrysaeus Australasiae* H. Smith.

Den Dingo oder „warragal" sehen fast alle Zoologen als verwilderten Haushund an. Mac Cay und Nehring haben aber aus fossilen Resten, die im Quaternär und Pliocen der Colonie Victoria gefunden wurden, die Ansicht gewonnen, dass es ein echter Wildhund ist, den man nahe zu *Canis pallipes* stellen kann. Wir haben ihn am Schlusse der echten Caniden aufgeführt, weil diese Frage noch nicht definitiv entschieden ist. Heutzutage ist er auf den Westen Australiens beschränkt.

## Genus III. Cyon Hodgson (1838).

142. *Cyon javanicus* Mivart.

*Canis dukhunensis* Blyth, Sykes. — *C. familiaris* var. *sumatrensis* Hardwicke. — *C. himalayanus* Hodgs. — *C. javanicus* Cuv., Desm. — *C. pallens* Temm. — *C. primaevus* Delessert, Hodgs. — *C. quao* Hartm. — *C. rutilans* Blyth, Boie, S. Müller, Temm., Wagn. — *C. scylax* ? — *Cuon dukhunensis* Gray. — *Cuon primaevus* Adams, Cantor, Gray, Hodgs., Murie. — *Cuon rutilans* Blyth, Jerdon. — *Cuon sumatrensis* Gray. — *Cyon dukhunensis* Blanf. — *Cyon grayiformis* Hodgs. — *Cyon javanicus* Gray. — *Cyon primaevus* Scully. — *Cyon rutilans* Blanf. — *Primaevus buansu* Lesson.

Unter dem Namen *Cyon javanicus* vereinigt Mivart drei bisherige Species, die aber, was wir (nachdem uns die Durchsicht grösseren Materials ermöglicht worden) jetzt voll anerkennen müssen, in der That nur Localrassen ein und derselben Art sind. Die Namen des Thieres sind folgende: bei den Hindu „sankutta, ram-kutta, ban-kutta, jangli"; bei den Mahi (Bombay) „kolsun, kolosna, kolassa, kolsa"; bei den Gered „erom-naiko"; bei den Kolain „toni"; bei den Tamylen „vatai-karau";

bei den Telugu-Drawida „reza-kuta, adavi-kutta"; bei den Malayans „shim-rai"; in Kaschmir „ramhun"; in Ladak „sidokki"; in den Landschaften zwischen Simla und Nepal „bhaosa, bhunsa, buansu"; in Tibet „hazi, phanos"; in Bhutan „paoho"; bei den Leptcha „sa-tûm"; in Birma „thau-khwe"; bei den Malayen der Sunda-Inseln „aijing-utan, adjin-gajok, adjak"; bei einigen Himalaya-Stämmen „dhole".

Die Verbreitung dieses interessanten Thieres erstreckt sich vom Himalaya (Kaschmir, Nepal, Ladak, Gilgit, Tibet), vom oberen Industhale, Vorder-Indien bis Assam. Man findet die Form *C. dukhunensis* in Cuttack in Bengalen, im Dekhan, bei Hyderabad und in der Regentschaft Balaghat, im Nilgerri-Gebirge und an der Koromandel-Küste. Ferner begegnen wir dem Kolsun (*C. primaevus*) in Astor, Chitral, Jassin, in Baroda, Simla; bei Moulmein, Tenasserim, auf Malakka. Auf Ceylon fehlt dieser Wildhund nach Kelaert's entschiedener Behauptung. Uebrigens führt ihn für diese Insel nur Jerdon auf. Auf den Sunda-Inseln (Sumatra, Borneo, Java, Celebes?) ist er sehr gemein, haust auch auf Timor — ob er aber auf den anderen Inseln des ostasiatischen Archipels vorkommt, ist bisher nicht nachgewiesen. Die Form der malayischen Inseln wurde als *C. rutilans* beschrieben (von Sumatra als *C. quao*).

Wenn dieser Hund für Bagdads Umgebung genannt wird, so beruht das wohl auf einem Irrthum, da kein einziger Reisender ihn für die Strecke zwischen oberem Indus und Tigris nennt, wenn man nicht die sehr vage Bezeichnung „Wölfe" auf ihn beziehen will.

### 143. *Cyon alpinus* Gray.

*Canis alpinus* Middendorff, Pall., Radde, Schrenk, Wagn. — *Cuon alpinus* Pall. — *Cyon alpinus* Mivart.

Die kurze Synonymenliste beweist uns schon, dass wir es mit einer scharf charakteristischen Art zu thun haben, so dass dem Speciesmachen keine undeutlichen Merkmale die Handhabe zur Vergrösserung des Namenwustes bieten. Die heimischen Namen des Roth- oder Alpenwolfes sind folgende: bei den Giljaken „tschodamlatsch", ebenso auf Sachalin; bei den Mangunen, Golde, Kile, Orotschen „dschargul"; bei den Jakuten und Tungusen

„dschärgyl, dscherkul“; bei den Burjäten „s'ubri“, ebenso bei den Sojoten; bei den Aino „ukanis“.

Der Rothwolf ist sehr weit in Central-Asien verbreitet. Sicher ist sein Vorkommen für die Länder zwischen 30 ° und 60 ° nördl. Breite und 70 ° und 140 ° östl. Länge von Greenwich nachgewiesen. Vom Pamirplateau, wo er den Nahoor-Schafen nachstellt, über den Tjanschan, Altai, das Sajanische, Dsungarische Gebirge bis ins Amurland ist er häufig. Entdeckt wurde er 1794 von Pesterew am Us, einem Nebenflusse des Jenissei. Wir finden ihn jetzt noch zahlreich im Geong-Gebirge, im Stanowoi-Chrebet, am Ussuri, Sidimi, Gorin, Chongar, Chelasso, Jai, in den Gebirgen am Amurliman und am Tatarischen Sunde bei Idi. Ebenso ist er am Suiffun, im Wanda-Gebirge, an den östlichen Quellflüssen des Jenissei, an der mittleren Oka bei den Karagassen ziemlich gemein. Vereinzelt trifft man ihn bei den Sojoten, im Nuku-daban, am Schwarzen Irkut, wo er den Steinböcken nachgeht. Besonders wird er hier am rechten Ufer des oberen Irkut, in den Charbet-Höhen, im Dschida-Gebirge (80 km südöstlich vom Turinskischen Posten) und am Urgudinskij Karaul häufig beobachtet. Im südlichen Jablonoi und Kentei-Gebirge soll er fehlen, dagegen haust er in grosser Menge in den Daurischen Hochsteppen, beim Grenzposten Soktei, südlich vom Zyan-olui; in der Tarei-noor-Steppe, im Chingang-Gebirge und östlich vom unteren Schilka. In der Uferregion an der Bureja ist der Rothwolf selten, in den Murgil- und Lagar-Höhen war er häufig, ebenso an den Quellen des Ditschun. Obwohl er hauptsächlich ein Gebirgsthier ist und die Ebenen meidet, finden wir ihn doch für die Moräste am Naraflusse (Zufluss der unteren Bureja) angeführt.

Nach Süden trifft man ihn in der chinesischen Provinz Petschili. Im Westen müssen wir ihn für die Bergwälder bei Barnaul, für das Aksai-Plateau, Katyn-kamysch, Kegen, das Argut-Gebirge, den Poor-riki, das Emaland und den Karaga-su verzeichnen. Vom Issik-kul geht er in das Semiretschje-Gebiet, an den oberen Naryn, und erreicht hier Höhen von 2000 bis 4000 m. Gelblich-weisse Exemplare fand man in Ladak und Tibet (Przewalski), sowie am Karakul im Pamir.

Auf Sachalin ist er gemein. Von den japanischen Inseln beherbergt ihn nur Yesso in seinen nördlichsten Partien. Auf den Kurilen haust er auch (wahrscheinlich aber nur auf Kunaschir und Iturup).

## Genus IV. Otocyon Lichtst. (1838).

144. *Otocyon caffer* Lichtst.

*Agriodus auritus* H. Smith. — *Canis Lalandei* Desmoul., Gray. — *C. megalotis* Cuv., Desm., A. Smith. — *Megalotis capensis* ? — *Megal. Lalandei* Desm., Gray, H. Smith. — *Megal. megalotis* Desm. — *Otocyon caffer* Wagn. — *Otoc. Lalandei* H. Smith. — *Otoc. megalotis* Mivart.

Diese durch ihren Reichthum an Backenzähnen unter den Raubsäugern einzig dastehende Art gehört nur Afrika an, wo sie bei den Cap-Ansiedlern „Gna-Schakal", bei den Betschuanen „motlosi" heisst. Die Gegenden am Oranje-Fluss, bei Port Natal, Caffraria, das Capland, die Kalahari und Ost-Afrika bis Ugogo hinauf, im Westen das Namaqua- und Herero-Land, bilden die Heimath des Löffelhundes. Bei Aandonga heisst er „ombuija"; bei den Ovaherero „okataha"; die 'Ai-san (Buschmänner) nennen das Thier „'a". Am Kilimandscharo, bei Aruscha-Wacini, steigt er bis 715 m ins Gebirge hinauf.

## Genus V. Icticyon Lund (1845).

145. *Icticyon venaticus* Lund.

*Canis brachyurus* Temm. — *Cynalycus melanogaster* Gray. — *Cynogale venatica* Lund. — *Icticyon venaticus* Burm., Flower, Gray, van Hoeven. Sclater. — *Melictis Beskii* Schinz.

Lund beschrieb zuerst das interessante Thier unter dem Namen *Icticyon venaticus*, Schinz nannte es *Melictis*, Gray *Cynalycus melanogaster*, Burmeister stellte es anfangs zu den Mardern, widerrief es aber später. Giebel hielt es für eine Uebergangsform zu den Hunden. Van der Hoeven wies endlich nach, dass er ein echter Canide sei, dessen Gebiss in mancher Beziehung an *Cyon alpinus* erinnert, doch sind die hierauf bezüglichen Merkmale nicht constant. Bei den Spaniern Süd-Amerikas heisst dieses Thier „cachorro do matto". Man findet es in Guayana (Surinam, Britisch Guayana bei Dunoon am Myoma-Creek, Nebenfluss des Demerara), in Brasilien. Es jagt in Rudeln auf kleinere Säuger, wobei es ein hundeähnliches „Klaffen" (Hoeven) ausstossen soll, und lebt in selbst gegrabenen Höhlen. Seine Zehen verbinden stark entwickelte Schwimmhäute. Vielleicht ist es mit dem fossilen *Spheotus pacivorus* Lund identisch.

Schliesslich bleiben uns zwei Hunde übrig, die wir unberücksichtigt lassen, da es scheint, als ob wir es mit Phantasiegebilden zum Theil, zum Theil mit Bastarden zu thun hätten. Es ist dies 1) *Canis durangensis* Reichenb., der in Durango, Neu-Biscaya (Mexico) vorkommen soll und kaum Rattengrösse erreicht und 2) ein Hund aus Abadeh, nördlich von Schiraz, 1800 m hoch im Gebirge lebend, den die Perser „sag-gurg" (Hund-Wolf) benennen sollen.

## Vertheilung der Familie Canidae nach den Regionen.

| | I. | II. | III. | IV. | V. | VI. | VII. | VIII. | IX. | X. | Bemerkungen. |
|---|---|---|---|---|---|---|---|---|---|---|---|
| I. Genus: ***Lycaon*** | . | . | . | . | . | * | . | . | . | . | |
| Spec. 1. *Lycaon pictus* L. | . | . | . | . | . | * | . | . | . | . | |
| II. Genus: ***Canis*** | * | * | * | * | * | * | . | * | * | * | |
| Spec. 2. *Canis lupus* L. | * | * | * | * | * | . | . | . | . | . | |
| var. 1. *Canis chanco* Gray | . | . | . | * | * | . | . | . | . | . | |
| „ 2. „ *pallipes* Sykes. | . | . | . | * | . | . | . | . | . | . | |
| „ 3. „ *hodophylax* Temm. | . | . | . | . | * | . | . | . | . | . | |
| „ 4. „ *occidentalis* Rich. | . | . | . | . | . | . | . | * | ? | . | Streift nach Mexico (IX) hinein. |
| Spec. 3. *Canis simensis* Rüpp. | . | . | ? | . | . | * | . | . | . | . | |
| „ 4. „ *jubatus* Desm. | . | . | . | . | . | . | . | . | * | . | |
| „ 5. „ *latrans* Say. | . | . | . | . | . | . | . | * | * | . | |
| „ 6. „ *antarcticus* Shaw. | . | . | . | . | . | . | . | . | * | . | |
| „ 7. „ *magellanicus* Gray | . | . | . | . | . | . | . | . | * | . | |
| „ 8. „ *cancrivorus* Desm. | . | . | . | . | . | . | . | . | * | . | |
| „ 9. „ *microtis* Sclater | . | . | . | . | . | . | . | . | * | . | |
| „ 10. „ *Azarae* Wied. | . | . | . | . | . | . | . | . | * | . | |
| „ 11. „ *parvidens* Mivart. | . | . | . | . | . | . | . | . | * | . | |
| „ 12. „ *urostictus* Mivart. | . | . | . | . | . | . | . | . | * | . | |
| „ 13. „ *aureus* L. | . | . | * | * | . | * | . | . | . | . | |
| „ 14. „ *anthus* Cuv. | . | . | * | . | . | * | . | . | . | . | |
| „ 15. „ *adustus* Sundw. | . | . | . | . | . | * | . | . | . | . | |
| „ 16. „ *mesomelos* Schreb. | . | . | * | . | . | * | . | . | . | . | |
| „ 17. „ *Hagenbecki* Noack | . | . | . | . | . | * | . | . | . | . | |
| „ 18. „ *vulpes* L. | * | * | * | * | * | ? | . | . | . | . | |
| var. 1. *Canis melanotus* Poll. | . | * | * | ? | . | . | . | . | . | . | |
| „ 2. „ *montanus* Pearson | . | . | * | * | * | . | . | . | . | . | |
| „ 3. „ *hooly* Swinhoe | . | | . | . | * | . | . | . | . | . | |

| | I. | II. | III. | IV. | V. | VI. | VII. | VIII. | IX. | X. | Bemerkungen. |
|---|---|---|---|---|---|---|---|---|---|---|---|
| var. 4. *Canis linciventris* Swinh. | . | . | . | . | * | . | . | . | . | . | |
| „ 5. „ *niloticus* Desm. . | . | . | * | . | . | . | . | . | . | . | |
| „ 6. „ *meridionalis* ? . | . | . | * | . | . | . | . | . | . | . | |
| Spec. 19. *Canis fulvus* Desm. . . | . | . | . | . | . | . | . | * | . | . | |
| var. 1. *Canis decussatus* Geoffr. | . | . | . | . | . | . | . | * | . | . | |
| „ 2. „ *argentatus* Geoffr. | ? | ? | . | . | . | . | . | * | . | . | |
| „ 3. „ *macrurus* Baird. . | . | . | . | . | . | . | . | * | . | . | |
| „ 4. „ *utah Aud.* Bach. | . | . | . | . | . | . | . | * | . | . | |
| Spec. 20. *Canis ferrilatus* Hodgs. | . | . | ? | * | * | . | . | . | . | . | |
| „ 21. „ *leucopus* Blyth. . | . | . | * | * | . | . | . | . | . | . | |
| „ 22. „ *bengalensis* Shaw. . | . | . | . | * | . | . | . | . | . | . | |
| „ 23. „ *canus* Mivart. . . | . | . | * | ? | . | . | . | . | . | . | |
| „ 24. „ *corsak* L. . . . | . | * | * | . | ? | . | . | . | . | . | |
| „ 25. „ *lagopus* L. . . . | * | ? | . | . | . | . | . | . | . | . | |
| „ 26. „ *virginianus* Schreb. | . | . | . | . | . | . | . | * | * | . | |
| „ 27. „ *velox* Say. . . . | . | . | . | . | . | . | . | * | . | . | |
| „ 28. „ *chaama* Smith . . | . | . | . | . | . | * | . | . | . | . | |
| „ 29. „ *pallidus* Rüpp. . | . | . | ? | . | . | * | . | . | . | . | |
| „ 30. „ *famelicus* Rüpp. . | . | . | * | . | . | . | . | . | . | . | |
| „ 31. „ *zerda* Zimmer . . | . | . | * | . | . | * | . | . | . | . | |
| „ 32. „ *procyonoides* Gray | . | . | . | . | * | . | . | . | . | . | |
| „ 33. „ *dingo* Blumenb. . | . | . | . | . | . | . | . | . | . | * | |
| III. Genus: ***Cyon*** . . . . . . . | . | * | ? | * | * | . | . | . | . | . | |
| Spec. 34. *Cyon javanicus* Mivart. | . | . | ? | * | . | . | . | . | . | . | |
| „ 35. „ *alpinus* Gray . . | . | * | ? | * | * | . | . | . | . | . | |
| IV. Genus: ***Otocyon*** . . . . . . | . | . | . | . | . | * | . | . | . | . | |
| Spec. 36. *Otocyon caffer* Licht. . | . | . | . | . | . | * | . | . | . | . | |
| V. Genus: ***Icticyon*** . . . . . . | . | . | . | . | . | . | . | . | * | . | |
| Spec. 37. *Icticyon venaticus* Lund. | . | . | . | . | . | . | . | . | * | . | |
| Im Ganzen: Genera . . . . . . . | 1 | 2 | 1 | 2 | 2 | 3 | . | 1 | 2 | 1 | |
| Species . . . . . . . | 3 | 4 | 10 | 8 | 5 | 11 | . | 4 | 11 | 1 | |

Am reichsten an Caniden ist also die südamerikanische, afrikanische, mittelländische und indische Region, dann folgen die europäisch-sibirische, nordamerikanische und chinesische Region, zuletzt die arctische und australische. Vertreten sind die Hunde durch 5 Genera, in 37 Species mit 14 Varietäten.

## Familie V. Mustelidae.

| | | | | | |
|---|---|---|---|---|---|
| Krallen nicht ·etractil, Zehen gerade: bfam. I. **elinae.** | Aeusseres Ohr, unterer Höckerzahn vorhanden. | Oberer Höckerzahn gleichgross oder grösser wie oberer Reisszahn. | P.M. $^{4}/_{4}$, M. $^{1}/_{2}$. | Erster oberer P.M. fällt meist aus, Schwanz kurz . . . . . . . | Genus 1. *Meles* Storr. |
| | | | | Schwanz sehr lang . . . . . . | „ 2. *Arctonyx* F. C |
| | | | | Schwanz sehr kurz, Schnauze rüsselartig, oberer Höcker- und Reisszahn gleich gross . . . . . | „ 3. *Mydaus* F. Cu |
| | | | P.M. $^{3}/_{3}$, M. $^{1}/_{2}$. | Oberer Höckerzahn grösser als oberer Reisszahn, Schnauze spitz, Schwanz lang . . . . . . . | „ 4. *Mephitis* Cuv. |
| | | | | Schwanz mittellang . . . . . . | „ 5. *Ictonyx* Kaup. |
| | | | P.M. $^{2}/_{3}$, M. $^{1}/_{2}$ . . . . . . . . . . . . . | | „ 6. *Conepatus* Gra |
| | | Oberer Höckerzahn kleiner als oberer Reisszahn. | P.M. $^{3}/_{3}$, M. $^{1}/_{2}$, erster oberer und unterer P.M. fällt meist aus, oberer Höckerzahn dreieckig | | „ 7. *Taxidea* Wate |
| | | | P.M. $^{4}/_{4}$, M. $^{1}/_{2}$, oberer Höckerzahn aussen und innen gleich lang . . . . . . . . . . | | „ 8. *Helictis* Gray. |
| | Aeusseres Ohr und unterer Höckerzahn fehlen, P.M. $^{3}/_{3}$, M. $^{1}/_{1}$ . . . . | | | | „ 9. *Mellivora* Stor |
| Krallen scharf, retractil, ehen ± rbunden, urz, das ·te Glied ch oben ebogen. | Zehen wenig verbunden, letzter oberer Backenzahn klein, Schwanz cylindrisch. Subfamilie II. **Mustelinae.** | Sohlengänger. | P.M. $^{3}/_{3}$, M. $^{1}/_{2}$, Sohlen nackt, Analdrüsen. | 14 Brustwirbel | „ 10. *Galictis* Bell. |
| | | | | 15—16 „ | „ 11. *Grisonia* Bell. |
| | | | P.M. $^{4}/_{4}$, M. $^{1}/_{2}$, Sohlen mit 6 kahlen Stellen . . . . . . . . . . | | „ 12. *Gulo* Storr. |
| | | Zehengänger mit Analdrüsen | P.M. $^{4}/_{4}$, M. $^{1}/_{2}$, unterer Reisszahn mit kleinem Innenhöcker . . . . | | „ 13. *Mustela* L. |
| | | | Unterer Reisszahn ohne Innenhöcker. | P.M. $^{3}/_{3}$, M. $^{1}/_{2}$ | „ 14. *Putorius* Cuv. |
| | | | | P.M. $^{2}/_{2}$, M. $^{1}/_{2}$ | „ 15. *Lyncodon* Ger[illegible] |
| | Zehen durch Schwimmhäute verbunden, Schwanz abgeplattet, zugespitzt, letzter oberer Backenzahn gross. Subfamilie III. **Lutrinae.** | | P.M. $^{4}/_{3}$, M. $^{1}/_{2}$, Schwanz mittellang | | „ 16. *Lutra* Erxl. |
| | | | P.M. $^{4}/_{3}$ ($^{3}/_{3}$), M. $^{1}/_{2}$, Krallen sehr klein | | „ 17. *Aonyx* Lesson. |
| | | | P.M. $^{3}/_{3}$, M. $^{1}/_{2}$, Schneidezähne früh ausfallend, Schwanz kurz, die Hinterfüsse rückwärts gerichtet | | „ 18. *Enhydra* Cuv. |

## Subfamilie I. Melinae.

### Genus I. Meles Storr.

146. *Meles taxus* Schreb.

*Meles canescens* W. Blanf. — *M. chinensis.* — *M. europaeus* Desm. — *M. leucurus* Gray. — *M. taxus* Blas., Blumenb., Pall. — *M. vulgaris* Desm. — *M. vulgaris* var. *canescens* Blanf. — *Taxidea leucurus* Hodgs. — *Taxus europaeus* Schreb. — *Taxus vulgaris* Tied. — *Ursus meles* L. — *U. taxus* Schreb.

Von der weiten Verbreitung des Dachses zeugen schon seine zahlreichen Namen, welche ihm bei den verschiedenen Völkern seines Wohnungsgebietes beigelegt werden. Die Engländer nennen ihn „badger“, die Franzosen „le blaireau“; in der Picardie heisst er „grisard“; bei den Spaniern „tejon“: bei den Portugiesen „texugo“; in Italien „tasso“; gälisch, irisch und bretonisch „broc“; dänisch „brok“; schwedisch „graefwing“; niedersächsisch „gräwing, grebing“; deutsch „Dachs, Grimmbart“; bei den Tschechen „jesvec“; in Krain „josabez, jasbez“; bei den Walachen „jesure, esure“; bei den Russen „jaswez, jaswik, barsuk“: bei den Türken „porsuk“; bei den Baschkiren, Meschtscherjaken „barsyk“; bei den Kirgisen und Bucharen „borsuk“; bei den Magyaren „borz“: bei den Usbeken und Karakalpaken „parsük“: bei den Dauren „eberjän“; bei den Giljaken „torksch“; bei den Mangunen „toro“; bei den Golde und Kile am Gorin „oijo, doro, dorko“; bei den Kile am Kur „doroko“; bei den Monjagern und Birar-Tungusen „awuare“: bei den Amur-Tungusen „awarae“; bei den Sojoten „dorogun“; bei den Burjäten „dorogonn“; bei den Tungusen am Sungari „dorochon“: bei den Mongolen und Mandschu „monges'u“; bei den Persern „gur-kon“; bei den Esthen „mägger, kächer“; bei den Letten „ahpsis“.

Der Dachs geht im Allgemeinen nach Norden nicht über den 60. Grad nördl. Breite. In Europa trifft man ihn fast überall, so in England (aber selten, hauptsächlich in Lancashire), in Irland, wo er sehr gemein ist, in den Gebirgswaldungen Frankreichs. In der Schweiz lebt er von der Ebene bis in die Alpenregion allenthalben und steigt bis 2425 m in die Berge. In Graubünden (bei Chur), im Tessin am See Pilatus, in Luzern, in Uri bei Realp (1550 m), ferner im Engadin, und im Jura bei Basel ist er bis jetzt noch sehr häufig. Italien beherbergt den Dachs ebenfalls in seinen Bergen überall, nur im äussersten Süden dieser Halbinsel fehlt er. Besonders häufig tritt er auf in Venetien, in der Gegend von Treviso, in Friaul, bei Mira, in der Provinz Verona. Auf der Insel Sardinien findet man ihn nicht. In Spanien haust er auch, besonders in Galizien. Oesterreich bietet ihm in seinen waldreichen Kronländern viele bequeme Schlupfwinkel. Bei Auhof, Laxenburg und Asparn, in Steiermark, Böhmen (Konopischt) — sogar in Kuchelbad bei Prag, bei Karlstein, im Elbthale, in Tirol (Innsbruck, Kreith, Raitis,

Mutters, Natters, Wilten), Niederösterreich (Sonnenburg, Mautern a. D.), im Wiener Wald, in Ungarn (Körmönder Besitzungen, Torontaler Comitat, Gödöllö), Siebenbürgen, Kroatien (Comitat Warasdin) giebt es ihrer sehr viele.

Deutschland ist ebenfalls reich an Dachsen. Sowohl die norddeutsche Ebene, wie das mittel- und süddeutsche Hügel- und Gebirgsland gewähren ihm gute Gelegenheit zu seinem einsiedlerischen Leben. Einzelne Gegenden sind besonders mit Dachsbauen gesegnet, so in Preussen die Provinz Schleswig-Holstein, Müllrose bei Frankfurt a. O., Ragow bei Teltow, Ruttken, Greene bei Nordhausen, Tappenstedt bei Harburg, Weissenfels bei Merseburg, Charlottenhof bei Potsdam, Ratibor, Pless, Fürstenstein, Oberschlesien, Rügen, wo sie im Anfang dieses Jahrhunderts verschwunden waren, dann wieder bei Lanken in der Dworside, in der Stubnitz sich einbürgerten. In Oldenburg (Blankenburg), Hessen (Alsfeld, Büdingen, Lindheim in der Wetterau, Raunheim in der unteren Mainebene, Gladenbach bei Marburg), in Pfalzbayern (Forstamt Winnweiler besonders) am Donnersberg und bei Grosswallstadt, im bayerischen Hochgebirge, im Norden bei Aschaffenburg (wo 1877 sich ein Dachs in den Theaterkeller durchgegraben hatte!), in Baden bei Freiburg, in der Lahngegend (Weilburg), in Meiningen, Thüringen (Gräfenthal), in Sachsen (Prohlis), in Mecklenburg und den Reichslanden — überall hier führt er ein ziemlich ungestörtes Dasein, ebenso wie im hannöverschen Solling und bei Velen in Westphalen.

In Dänemark tritt er seltener auf, in Skandinavien fehlt er dem Norden ganz, während er im Süden stellenweise vorkommt. Holland und Belgien beherbergen ihn auch, wir fanden ihn besonders für Geldern aufgeführt.

Im europäischen Russland begegnen wir ihm in den Ostseeprovinzen Esthland, Livland (Walk, Pernau, Wolmar, an der Salis), Kurland und in Finland. Für Lappland sind die Angaben einander widersprechend. Während Mela und Lagus den Dachs für Kola (Kuusamo und russisch Lappland in der Region der *Picea excelsa*) „häufig" sein lassen, fehlt er nach Fellmann gänzlich. Pleske nennt ihn für die Waldregion Kolas. Im Archangelschen Gouvernement finden wir ihn im Schenkursker Kreise zahlreich und bei Cholmogory. Im Petersburger, Wladimirschen, Jaroslawer, Wjatkaschen und Wologdaschen Gouvernement ist er gemein, im Olonezschen aber ziemlich selten. Im Moskauer Gouvernement kommt er stellenweise zahlreich vor, ebenso im Rjäsaner, Tambowschen (Koslowscher Kreis, Konstantinowka), Saratowschen, Simbirsker und Kasaner Gouvernement. In Wolhynien beherbergt ihn am zahlreichsten der Jampolsche Kreis; in Podolien, Lithauen (Kowno, Grodno, Bjaloweszer Wald, Wilna), Polen, ebenso im Pensaschen und allen Dnjepr-Gouvernements, in Bessarabien, überhaupt in ganz Mittel- und Südrussland haust er überall, wo es Wälder giebt. Im Ural meidet er die dichten Urwälder und bewohnt mehr die lichten Vorhölzer in den Pawdinskischen Domänen, bei Kljutschiki (auf dem Wege von Werchoturje nach Bogoslowsk) und den Südwest-Ural. Bei Kungur ist er selten, im Schadrinsker Kreise fehlt er ganz. Von Orenburg geht er in die Mugosarberge und weiter. Die Krym besitzt ihn ebenfalls, wenn auch nur stellenweise (Salgirthal, Kilburun, Sudak, Jalta). Auf der Balkanhalbinsel (Bulgarien) ist er gemein.

Im Kaukasus bildet der Dachs vielleicht schon eine Localrasse, die sich durch kleineren Wuchs auszeichnet. Er lebt hier in Georgien, am Ostufer des Schwarzen Meeres, in den Bergen bei Suchum-kalé [1]), in Borshom, sehr zahlreich in Armenien (auf dem Erzerum-Plateau bis 1830 m Höhe erreichend), ferner im talyscher Berglande (Lenkoran am Kaspi). In Persien haben wir ebenfalls eine Localrasse, *Meles canescens*. Er wird hier selten am unteren Atrek (Grenze nach dem russischen Turkestan), desto häufiger aber bei Abadeh (zwischen Schiraz und Ispahan bis 2000 m Höhe), bei Ispahan (1500 m) und auf dem persischen Plateau gefunden. Südlicher als Dehbid (100 engl. Meilen nördlich von Schiraz) scheint er nicht zu gehen. Durch Armenien können wir ihm nach Klein-Asien (Zebil im Taurus) und Syrien folgen. Um den Kaspisee herum geht er nach Turkestan, in das Delta des Amu-Darja, wo er auch kultivirte Landstrecken bewohnt, ebenso die Berge und Steppen, das Semiretschensker Gebiet am Issikul, oberen Naryn, Aksai (bei Kopal und Wernoje), Tschu, Talas, Djungal, Susamir, Sonkul, Tschatyrkul und unteren Naryn. In Karatau und West-Tjanschan (Quellgebiet des Arys, Keles, Tschirtschik), am unteren Syr-Darja, bei der Mündung des Arys und im Delta ist er sehr gemein. Auch kennt man ihn bei Chodschend, aus dem Sarafschanthale, den Bergen zwischen Sarafschan und Syr-Darja, aus der Steppe, welche zwischen letzterem Flusse, dem Sarafschan und der Wüste

[1]) Fehlt aber in der Bakdasarilsar-Schlucht im Dagestan, während er an der Malka Höhen von 2600 m erreicht.

Kisilkum sich erstreckt. Der Wüste selbst fehlt er. Festgestellt ist ferner sein Vorkommen für die Gegenden von Aschabad, Tschikischljär und den Kopet-dagh; ebenso für das eigentliche Central-Asien, Transbaikalien, die daurische Hochsteppe, wo er den Kälbern nachstellen soll (? d. Verf.) und das Amurgebiet. Wir lassen hier die einzelnen Angaben folgen: von der Südküste des Ochotskischen Meeres, durch das Gebiet von Jakutsk, die nördliche Mandschurei, längs dem Tatarischen Sunde, am Amur (zwischen Dseja- und Ussurimündung, in den waldigen Landschaften und Hügeln am linken Amurufer (bis zum Gorin) ist er gemein. Zahlreich haust er im Burejagebirge, am Kur (Zufluss des Amur), im Wuanda-Gebirge, am Siddimi (Bokke-Gebirge), Changor, Gorin (Dorf Ngagba bei den Somagern), am Patchä (nahe der Amurmündung) und bei den Dörfern Dscharé, Gauroné, Anu, Nikolskij Post (am Amur). Bei den Dörfern Olgh-ro, Tägl und Kullj am Süd-Ochotskischen Meere unter $53\frac{1}{2}$ ° nördlicher Breite erreicht er hier seine Nordgrenze. Weiter treffen wir den Dachs am Sungari, Ussuri (bis zur Einmündung des Noor), an den Nebenflüssen Da und Mussamu (fliessen in den Amur), am Jai, Tundschi und an der Hadschi-Bay (49 ° nördl. Breite). Von hier geht er bis Idi (an der de Castris-Bay) nach Süden. In Korea giebt es ebenfalls Dachse, die eine Localrasse repräsentiren sollen.

Gehen wir nach Ost-Sibirien, so finden wir im östlichen Sajan keine Dachse, ebenso östlich vom Munku-Sardik-Gebirge. Dagegen kommt er in den Turkinskischen Alpen, im Ergik-Targak-Taigan (Land der Darchaten), südlich vom Kossogol-See, an der Iga, im Dschida-Rücken, an der Selenga und nördlich im Gebiet der Alar-Burjäten vor. Im Okathal und am Irkut (westlich vom Baikal) fand man ihn nicht, am Unterlaufe des Chikoi und Chilok (rechte Zuflüsse der Selenga) nur höchst selten. An den Lenaquellen, in Transbaikalien, im Kentei und Jablonoi ist er ebenfalls ziemlich rar, wird aber, je näher zur Gobi, desto häufiger getroffen. Er bewohnt das Tarrei-Bassin (auch die Alar-Inseln), das Chingang, wenn auch nicht sehr zahlreich, ebenso die Ebenen westlich und östlich vom Bureja-Gebirge. In letzterem veranlassen ihn die reifenden Trauben und Holzäpfel zu grossen Herbstwanderungen.

In Central-Asien begegnen wir dem Dachse im Dschachar-Gebirge, im östlichen Nanschan, im Gansu-Gebiet, Süd-Tetung, am Kuku-noor, in der

Dabassun-Gobi, der Dsungarei, am Urungiflusse und bis Tibet hinein, das seine Südgrenze bildet.

Im Westen lebt er am Ufer des Balchaschsees zahlreich, in den Sanddünen der Chorgosmündung, im gemässigten Sibirien am Jenissei, Irtisch, Tobol, Ob, im Lande der Kamenschtschiki und Dwojedanzy, in der Kirgisensteppe, bei Yarkand und Kaschgar. Auf Kamtschatka, am nördlichen Ochotskischen Meere und auf Sachalin fehlt er sicher. Der tibetsche Dachs — *Taxidea leucurus* — ist ebenfalls nur eine Localrasse, wie auch der Dachs in China. Ueberhaupt kann man vom europäischen bis zum japanischen Dachs,welchem der chinesische nahestehen soll, eine Menge allmählicher Uebergänge nachweisen.

Albinos des gemeinen Dachses wurden in Mecklenburg bei Bützow (Museum Maltzan) erlegt, ebenso bei Westheim im Jahre 1892. Eine Varietät ist der chinesische Dachs.

Var. 1. *Meles leptorhynchus* A. Milne-Edwards.

Von Petschili, Ningpo und Fukjan stammend.

Var. 2. *Meles* var.?

Diese Varietät (vielleicht auch nur Localrasse) wurde von dem Herrn Satunin bei Chanskaja Stawka, im Kirgisengebiet, Gouvernement Astrachan, erbeutet und wird von ihm beschrieben werden. Der Schädel, sowie die Zeichnung bieten einige Abweichungen vom gewöhnlichen Typus.

147. *Meles anakuma* Temm.

Die Japaner nennen diesen kleinen Dachs „anakuma, sasakuma (Bambusbär), mujina“. Sein Verbreitungsgebiet scheint sich auf die japanischen Inseln Yezo, Nippon, Kiusiu, Shikokw (die Provinzen Awa, Akita, Echigo, Aidzu und Kotsuke, wo er sehr gewöhnlich ist) zu beschränken.

## Genus II. Arctonyx F. Cuv.

148. *Arctonyx collaris* F. Cuv.

*Arctonyx collaris* Evans, Gray, Jerdon. — *Arctonyx isonyx* Hodgs. — *Meles* (*Arctonyx*) *collaris* Anderson. — *Mydaus collaris* Gray, Hartw.

Im Naga-Dialect „chomhuvho, thembakso“; bei den Kuki „nuloang“; bei den Manipuri „no'ok“; bei den Mugh „quado-waildu“; in Arakan „kwe-htu-wet-hti“; in Birma „khwe-ta-wek, wek-ta-wek“; im französischen Hinterindien „bhala-sur (Bärschwein) oder „bali-sur (Sandschwein)“ genannt.

Das Gebiet dieser Art ist ziemlich eng umgrenzt, denn wir fanden sie nur für den Fuss des Himalaya, die Gebirge zwischen Bhutan und Hindostan, Nepal, Sylhet, Cachar, Arakan, Birma, Assam, Pegu, Tenasserim und West-Yünnan, Seoni (Central-China) und Malakka verzeichnet, wobei das Vorkommen in Seoni noch zweifelhaft ist. Das Leydener Museum hat ein Exemplar von Sumatra — über die übrigen Sunda-Inseln wissen wir noch nichts.

Var. 1. *Arctonyx taxoides* Blyth.

*Arctonyx leucolaemus* A. Milne-Edw. — *Arct. obscurus* A. Milne-Edw. — *Arctonyx taxoides* Anderson, Blanf. — *Meles albogularis* Blyth. — *Meles leucolaemus* und *obscurus* A. Milne-Edw.

Die Chinesen nennen dieses Thier „zwan-dschu“. Es bewohnt die Wälder in einer Höhe von 2600 bis 3000 m, hauptsächlich im Gansugebiet (bei Sigu und Choisjan), Moupin, ferner Assam, Arakan, Süd-China. Auch in Ost-Tibet kommt es vor, zwischen Tengri-noor und Batang.

## Genus III. Mydaus F. Cuv.

149. *Mydaus meliceps* F. Cuv.

*Meles macrurus* Temm. — *Mel. meliceps* J. Geoffr., Horsf. – *Mephitis javanensis* Desm., Raffl. — *Mydaus javanicus* Desm. — *Myd. macrurus* Temm. — *Myd. Marchei* Huet. — *Myd. meliceps* J. Geoffr., Horsf. — *Myd. telagon* ?. — *Ursus foetidus* ?.

Die Volksbenennungen des Stinkdachses sind: auf Java „telagon, teledu“; auf Sumatra „tellego“, auf Malakka „segung“. Seine Heimath sind die Inseln Java, Sumatra, Borneo (bis 2118 m Höhe) und die Palavan-Gruppe. Am häufigsten findet man ihn bei Batavia und Samarang. Ziemlich gemein ist er in Bantam, Cheribon, während er bei Surabaya und auf Ost-Java zu fehlen scheint. In den Gebirgen auf Prahu und Palavan ist er sehr zahlreich. Einige Berichterstatter lassen ihn nicht niedriger als 150 m über dem Meere leben, Bock aber traf ihn auch in der Niederung. Für die Halbinsel Malakka, sowie für Tenasserim führt ihn Sterndal auf, Blanford nennt ihn nicht unter den Thieren dieser Gegenden, so dass hier noch keine Klarheit herrscht.

## Genus IV. Mephitis Cuv.

### 150. *Mephitis mephitica* Coues.

*Chincha americana* Lesson. — *Mephitis americana* Cuv., Lesson. — *Meph. americana* var. *hudsonica* Rich. — *Meph. americana* var. *K.* Desm., Emmons, Goodm., Harl., de Kay, Kenn., Lynslay, Rich., Sab., Thomp., Warren, Wymann. — *Meph. chiche* Fisch. — *Meph. chiha* Lesson. — *Meph. chinga* Aud., Bach., Fitz., Giebel, Licht., Schinz, Tied., Wagn., Wied. — *Meph. dimidiata* Fisch. — *Meph. hudsonica* Rich. — *Meph. interrupta* Raffinesque. — *Meph. macrura* Aud., Bachm., Woodh. nec Licht. — *Meph. mephitica* Allen, Baird, Shaw. — *Meph. mephitica* var. *occidentalis* Merriam. — *Meph. mesomeles* Gerr. — *Meph. mesomelas* Coues, Licht., Schinz, Wied. — *Meph. occidentalis* Baird, Coope and Sukley. — *Meph. putorina* ?. — *Meph. putorius* Tied.? — *Meph. varians* Baird, Coues, Gerr., Gray. — *Meph. varians* var. *a.* Gray. — *Meph. varians* var. *chinga* Gray. — *Meph. vittata* Licht. — *Viverra mephitica* Allen, Coope, Coues, Parker, Shaw. — *Viverra mephitis* Erxl., Gmel., Griff., Linné, Schreb. — *Viverra putorius* Erxl.?

Der „skunk“ der Anglo-Amerikaner, „chinche“ der Mexicaner, „enfant du diable“ der französischen Ansiedler, bewohnt ein ziemlich ausgedehntes Gebiet und neigt sehr zum Variiren.

Wir fanden ihn für folgende Ortschaften und Gegenden aufgeführt: fast ganz Nord-Amerika, südlich von der Hudsons-Bai und dem Sclaven-See, besonders aber in Massachusets, in den Adirondack-Bergen, an den Ufern des Missouri im Buschwalde, in Louisiana (Calcasieu), Oregon (Fort Townsend), Californien (Petaluma, Fort Crook), im Wyoming-Territorium, bei Fort Laramie, in Utah (Ogden), New-York (Essex County), Pennsylvanien (Bone Caves, Carlisle, Chester-County), an der Westküste der Vereinigten Staaten, in Texas (Indianola, Eagle Pass, Matamoras), Indiana, Georgien, Mexico (San Matteo al Mar, Provinz Oaxaca, Monterey), Guatemala.

Eine mehr südliche Form des Stinkthiers ist

### 151. *Mephitis macrura* Coues.

*Mephitis edulis* Berlandier. — *Meph. longicaudata* Thomes? — *Meph. macrura* Baird., Gerr., Licht., Schinz, Wagn. — *Meph. mexicana* Gray.

Der „long tailed mexican skunk“ der Anglo-Amerikaner ist auf ein sehr beschränktes Gebiet angewiesen, wir wissen nämlich nur von seinem Vorkommen im Nord-Westen von der Stadt Mexico, wo er die Gebirge bewohnen soll. Vielleicht gehört er auch Central-Amerika an (Guatemala?) — in den Unions-Staaten fehlt dieses Stinkthier jedenfalls.

152. *Mephitis putorius* L.

*Mephitis americana* var. *R.* Desm. — *Meph. bicolor* Allen, Baird, Gray, Merriam, Parker. — *Meph. interrupta* Lesson, Licht., Raffin., Schinz. — *Meph. myotis?* Fisch. — *Meph. quaterlinearis* E. Winans. — *Meph.* (*Spilogale*) *putorius* Coues. — *Meph. virginiana?* — *Meph. zorilla* Aud., Bachm., Licht., Schinz, Schreb., Wagn. — *Meph. zorilla* var. *putorius* Coues. — *Spilogale interrupta* Gray, Raffin. — *Spilog. putorius* Coues. — *Viverra putorius* Gmel., L. — *Viv. zorilla* Schreb.

Eine ebenfalls ziemlich begrenzte Verbreitung hat diese „little striped skunk“ genannte Art. Es gehört dieses Thier den südlichen Vereinigten Staaten, den Landschaften um den oberen Missouri, Neu-Californien an. Besonders genannt fanden wir es für Louisiana, Jowa, Florida (wo es sehr gemein sein soll), Idaho, Kansas (bei Williamsport), Carolina, Georgien, Wyoming, Colorado, das Washington-Territorium, Cap St. Lucas, Süd-Texas und Mexico. Die Angaben, welche dasselbe für New-York aufführen, sind unzuverlässig. Gray hat auf diese Form das Genus *Spilogale* begründet.

## Genus V. Ictonyx Kaup.

153. *Ictonyx zorilla* Sundevall.

*Ictidonyx zorilla* L. — *Mephitis africana* Licht. — *Meph. capensis.* — *Meph. lybyca* Ehrenb. — *Meph. mustelina* ?. — *Meph. zorilla* van der Hoeven, Illig., Licht., Rüpp. — *Mustela zorilla* Cuv., Desm., Fisch., Licht., Rüpp. — *Rhabdogale africana* ?. — *Rhabd. lybica* Ehrenb. — *Rhabd. mustelina* Wagn. — *Rhabd. Vaillanti* Ehrenb. — *Rhabd. zorilla* Cuv., Wiegm. — *Viverra striata* Shaw. — *Viv. zorilla* Gmel., L., Schreb., Thunb. — *Zorilla senegalensis* var. ?. — *Zor. Vaillanti* Loche. — *Zor. variegata* Lesson.

Ein so auffallendes Geschöpf, wie der Bandiltis, hat natürlich bei jedem Volke, in dessen Gebiet er sein Wesen treibt, einen besonderen Namen. Die

Armenier nennen ihn „gheurdschen"; die Araber „abu-wusiêh, abu el afên" (Vater des Gestankes); der spanische Name ist ein Deminutivum von „zoro" (Fuchs) = zorilla"; in Tigre führt er den Namen „tsegi"; die Boeren tauften ihn nach seiner Hauptbeschäftigung den „Moishond" (Mäusehund).

Von Klein-Asien und Armenien (Erzerum, die russische Grenze) führen seine Spuren nach der Landenge von Suez. In Palästina soll er fehlen. Seine eigentliche Heimath bildet jedenfalls Afrika, denn der ganze Nord-Osten dieses Erdtheils, Aegypten (sogar Stadt Kairo), Suakim, Nubien, Bahjuda (zwischen Abdôm und Chartum), Kordofân (Sero bei Launi), Hoch-Sennaar, Abessynien, das Land der Galla, die Gegenden um Redjaf nahe bei Lado beherbergen den Mäusevertilger in grosser Zahl. Am Bahr el abiad (Tura el chadra, südlich von Chartum), Bahr el azrak (Dorf Rumelah am Westufer), im Lande der Bari, Sîr und Nuwêr stösst man ebenso oft auf das nützliche Thier, wie an der Küste von Mozambique, auf der Cabeçeira, am Zambesi, am Cap, überhaupt ganz Süd-Afrika (Mossamedes) und bis zum Senegal hinauf. Eine Varietät des Bandiltisses bildet

Var. 1. *Ictonyx frenata* Flower.

*Mustela frenata* Licht., Schinz. — *Putorius frenatus* Licht.

Sie ist nur aus Aegypten und Sennaar bekannt.

154. *Ictonyx albinucha* Thunb.

*Mustela albinucha* Gray. — *Zorilla* (*Poecilogale*) *albinucha* Thunb.

Das östliche Central-Afrika (die Gebiete des Flusses Meime, Gonda, die Anuscha-boga, Kasuri in Urua), sowie der ganze Süden des Erdtheils können als Heimath dieser mit dem Bandiltis nahe verwandten Art gelten.

## Genus VI. Conepatus Gray (1837).

155. *Conepatus mapurito* Coues.

*Conepatus amazonica* Gray. — *Conep. chilensis* Gerr. — *Conep. conepatl.* Gmel. — *Conep. Humboldti* Gerr., Gray. — *Conep. Humboldti* var. *amazonica* Gray. — *Conep. mapacito* (sic!) Flower. — *Conep. mapurito* Gmel. — *Conep. nasutus* var. *chilensis, Humboldti, Lichtensteini, nasuta* Gray. — *Gulo mapurito*

Humb. — *Gulo suffocans* Illig. — *Gulo quitensis* Humb., Licht. — *Marputius chilensis* Gray. — *Marp. nasuta* Gray. — *Mephitis amazonica* Licht., Schinz, Tschudi. — *Meph. americana* var. *D, E, F, G, H, I, M, Q,* Desm. — *Meph. americana* var. *a, d, h, m, n, o, p, s,* Griff. — *Meph. americana* var. *chinche* Desm. — *Meph.? castaneus* Giebel, d'Orbigny. — *Meph.? chilensis* F. Cuv., Geoffr., Giebel, Gray, Griff., Licht. — *Meph. conepatl* Fisch., Gmel. — *Meph. Feuillei* Gervais, Schinz. — *Meph. foeda* Illig. — *Meph. furcata* Schreb., Wagn. — *Meph.? Gumillae* Licht. — *Meph.? Humboldti* Blainv. — *Meph. leuconota* Giebel, Licht., Schinz, Thom. — *Meph. leuconota intermedia de Saussure.* — *Meph. mapurito* Fisch., Giebel, Gmel., Lesson, Licht., Schinz, Tschudi. — *Meph. mesoleuca* Aud., Bachm., Baird, Licht., Schinz, Schreb., Thomes, Wagn., Wied. — *Meph. Molinae?* Licht., Schinz. — *Meph. nasuta* Bennett, Fraser, Gray. — *Meph. patagonica?* Burm.. Licht., Schinz. — *Meph. quitensis?* Fisch., Lesson, Licht., Schinz. — *Meph. suffocans?* Giebel, Illig, Licht., Schinz. — *Meph. Westermanni* Reichenb. — *Mustela (Lyncodon) patagonica* d'Orbigny. — *Thiosmus chilensis* Fitz., Licht., Trouessart. — *Thiosmus mapurito* Coues, Less. Trouessart. — *Thiosm. mesoleuca* Lesson. — *Thiosm. mesoleucos* Chatin. — *Thiosm. nasuta* Lesson. — *Thiosm. patagonicus* Fitz. — *Thiosm. suffocans* Licht., Trouessart. — *Thiosm. yagara* Licht. — *Viverra conepatl* Gmel. — *Viv. foeda* Baird. — *Viv. mapurito* Gmel., Humb., Linné, Shaw, Turton. — *Viv.? mephitis* Gmel., Linné. — *Viv. putorius* Mutis nec Linné.

Keine einzige Species der Musteliden neigt wohl so sehr zum Variiren, wie gerade die Stinkthiere. und vor allen die Species *Conepatus.* Nach mühevollem, reiflichem Vergleichen und Erwägen haben wir uns daher entschlossen, den englischen Bearbeitern (besonders Coues) zu folgen und die auf offenbaren Localvarietäten begründeten Species der verschiedenen Autoren zu einer zu vereinigen (da man alle nur denkbaren Uebergänge von einer Form zur anderen findet). Trouessart nimmt drei Species an (*Thiosmus mapurito, chilensis* und *suffocans*), aber auch diese können einer vergleichenden Kritik kaum Stand halten. Ob die Benennung *Conepatus mapacito* Flow. ein Druckfehler oder Versehen des Autors ist, konnte natürlich nicht festgestellt werden. *Conepatus (Viverra) conepati* Gmel. ist aber offenbar ein Versehen, da an anderen Stellen das richtige „*conepatl*" steht, woher wir unter den Synonymen nur *Viverra conepatl* Gmel. aufführen.

Der „*Conepatl*" wurde von Hernandez in Mexico entdeckt und beschrieben. Er figurirte dann in der Litteratur unter verschiedenen Benennungen. Molina nennt ihn „chinghe, chinche (Wanze), yaguaré, maikel"; Büffon führt ihn unter dem Namen „chinche" auf; Gumilla heisst ihn „mapurito, mafutiliqui"; Azara bezeichnet ihn mit „yaguaré, zorra"; die Brasilianer mit „chinga"; die Eingeborenen haben für ihn den Namen „atok, iritataka, conepatl", je nach den Ländern des Vorkommens. In Texas kennt man ihn als „white backed skunk".

Die Verbreitung dieses Stinkthiers geht durch ganz Süd-Amerika und ins nördliche bis an die Grenze der südwestlichen Staaten der Union hinein. Wir treffen es an der Magellanstrasse, in Patagonien am Rio Negro, Rio Neuquen, in dem Campo llano de la Pampa und im Buschwalde, in Argentinien, Uruguay (auch bei Montevideo), sowohl in der offenen Ebene, als auch auf den Triften und Campos des Gebirges, ferner in Brasilien, besonders am Rio dos Velhas, in den Niederungen bei der Niederlassung Boa Vista am Barro do Colhao (10° 35′ s. Br.) in Minas novas, bei San Paulo, am oberen Jacuhy, an der Lagoa-Santa, in der Baraba legitima (Grenze der Capitanien Goyaz und Minas geraes), in Minas geraes, am Amazonas, in Rio Grande do Sul, wie im Hochlande der Serra, so auch in den Campos und an den Waldrändern. Durch Paraguay, wo es die waldigen Partien bewohnt, können wir ihm nach Westen bis Chili folgen, nach Peru und Bolivia. In Ecuador haust es in der subalpinen Region bei Quito, in Neu-Granada hauptsächlich bei Cundinamarca, Pamplona und Santa Fé de Bogota. In Venezuela treffen wir es am Orinocco und Apure. Seltener ist es in Central-Amerika (am häufigsten noch in Guatemala) und Mexico, bei Chico und Tabasco, an der Alvarado-Quelle. Seinen nördlichsten Verbreitungsbezirk erreicht es in Neu-Mexico, Arizona, in den Wüsten Californiens und Texas, auf dem Sandsteinplateau des Llano Estacado, an den Quellen des Red-River.

## Genus VII. Taxidea Waterh.

156. *Taxidea americana* Waterh.

*Meles americanus* Bodd., Zimm. — *Mel. hudsonicus* Cuv. — *Mel. Jeffersoni* Harlan. — *Mel. labradoria* Aud., Bachm., Fisch., Bodd., Geibel,

Goodmann, Griff., Harlan, de Kay, Kenn., Lesson, Meyer, Rich., Sabine, Say, Wagn., Wied. — *Mel. labradorica* Sabine. — *Mel. labradorius* Meyer, Sabine. — *Mel. taxus* var. *americanus* Bodd. — *Taxidea americana* Allen, Baird, Coope, Coues, Gray, Suckley, Zimm. — *Taxid. labradoria* Baird., Gerr., Gray, H. Smith.? Waterh. — *Taxus labradorius* Say. — *Ursus labradorius* Gmel., Kerr., Shaw., Turton. — *Ursus taxus* Schreb.

Der französische Name des amerikanischen Dachses ist „carcajou, le siffleur“: die Cree-Indianer nennen ihn „nannaspachae-neeskaeshew, mistonusk, awawteckawo“; die Yakimas „wechthla“; mehr im Süden, an Mexicos Grenze, heisst er „brairo, braibo, lacyotl“.

Das Wohngebiet dieses Thieres ist Nordamerika, Labrador, von der Hudsonsbay bis in die sandigen Ebenen der Rocky-Mountains unter dem 58. Grad n. Br. und die grossen westlichen Prairien bis zum 35. Grad n. Br. hinab. Im Einzelnen fanden wir ihn verzeichnet für das westliche Britisch-Amerika, die östlich von der Hudsonsbay gelegenen Landschaften, die Staaten am Winipeg-See, Wisconsin, Jowa (Quisquaton), Dakota (Fort Randall), Oregon (Upper des Chuttes), zahlreich am oberen Missouri, in Michigan, Illinois, Ost-Minnesota, Ost-Nevada, das Washington-Territorium (Cascade-Berge), Montana, Nord-Columbien, Mary's Valley in den Rocky Mountains, am Fort Boisé am Snake- oder Lewis-River und am Powder-River in Nord-Utah (sehr zahlreich), ebenso am Yakima (Nebenfluss des Columbia von Norden). Ferner trifft man ihn in Arkansas bis 49 Grad n. Br. hinauf, im Colorado-Territorium, am südlichen und unteren Colorado, in Californien (Fort Crook), Arizona, Texas, Neu-Mexico, Nord-Mexico (Matamoras). Im Westen erreicht er den Stillen Ocean, ob er aber jetzt noch östlich vom Mississippi vorkommt, ist zweifelhaft: früher ging er im Osten bis Ohio und Indiana. Ein Exemplar des Leydener Museums ist mit dem Vermerk „Demerara“ versehen — jedenfalls ein Irrthum, da der amerikanische Dachs nie in Süd-Amerika gelebt hat.

Var. 1. *Taxidea Berlandieri* Coues.

*Meles labradoria* Bennett. — *Mel. tlacoyotl* Berlandier. — *Taxidea americana* var. *Berlandieri* Allen, Gray. — *Tax. americana* var. *californica* Gray. — *Taxidea* var. *Berlandieri* Baird, Coues. — ? *Taxid. labradoria* Waterh.

In der Nahuatlsprache heisst diese Abart „tlacoyotl“, spanisch „texon, tejon“. Sie gehört dem Südwest-Rande der Vereinigten Staaten, dem südlichen Llano Estacado, Süd- und West-Texas, Unter-Californien, Neu-Mexico (Canton Burgwyn), den Gegenden am Cap St. Lucas, dem inneren, nördlichen und östlichen Mexico an und ist besonders zahlreich bei Nuevo Leone und Thaumalipas zu treffen.

## Genus VIII. Helictis Gray.

157. *Helictis orientalis* Gray.

*Gulo nipalensis* Hodgs. — *Gulo orientalis* Horsf. — *Helictis nipalensis* Gray, Schinz. — *Helictis orientalis* Horsf., Wagn. — *Melogale fusca* Geoffr., Guer. — *Mydaus macrurus* Griff., Temm. — *Mydaus orientalis* Müll.

Das Spitzfrett führt in Nepal den Namen „oker“, bei den Malayen „nyentek“. Seine Heimath bildet Java, die Gebirge von Prahu und Sumatra. Auf dem Festlande wird es für Nepal und Sikhim genannt, während die ganze Strecke von hier bis Malacca in der Litteratur nicht unter den Wohnorten dieser Art figurirt, also ein Zusammenhang der indo-malayischen Inselregion und des nördlichen Vorkommensgebietes im Himalaya zu fehlen scheint.

158. *Helictis personata* Geoffr.

*Gulo castaneus* Griff. — *Gulo ferrugineus* H. Smith. — *Gulo larvatus* Temm. — *Helictis moschata* Gray. — *Helict. nipalensis, orientalis* Blyth. — *Helict. personata* Thomas, Wagn. — *Melogale personata* Belang., Geoffr., Guer.

Diese Art heisst in Birma „kyoung-u-gizi“, in Arakan „kyoung-pyan“. Man hat bisher das Thier aus Pegu, Rangoon, Arakan, Manipur, Tenassarim, Cachar, Tipperah und China (*Hel. moschata* Gray) erhalten. Nördlich soll es bis zum Jantse-kiang hinaufgehen.

159. *Helictis subaurantiaca* Flower.

*Helictis subaurantiaca* Swinhoe.

Von dieser Art weiss man nur, dass das Exemplar, welches Flower beschrieb, aus China stammte, einige andere Stücke aus Tamsay, Formosa gebracht wurden.

## Genus IX. Mellivora Storr.

### 160. *Mellivora capensis* Schreb.

*Gulo capensis* Desm. — *Gulo mellivora* F. Cuv., Thunb. — *Gulo mellivorus* Retzius. — *Melis mellivora* Thunb. — *Mellivora capensis* F. Cuv., Lesson. — *Melliv. ratel* Flower. — *Ratelus capensis* Cuv., Schreb., Sparm. — *Ratelus mellivora* Bennett. — *Ratel. typicus* ?. — *Taxus mellivorus* Tiedem. — *Viverra capensis* Schreb. — *Viv. mellivora* Sparm.

Der Honigdachs, das Rattel, französisch „le ratton, blaireau puant", arabisch „abu kemm", amharisch „faro mogaza", im Kordofan „abu keib" genannt, ist fast über ganz Afrika verbreitet. Vom Cap der Guten Hoffnung geht er bis zum 17. Grad nördl. Breite hinauf, sowohl in Wäldern als auch in den baumlosen Gegenden sein Dasein fristend. Am allerhäufigsten findet man ihn in West- und Süd-Afrika, aber auch im Osten dieses Erdtheils ist er keine Seltenheit. Denham nennt ihn für die Uferlandschaften am Tsad-See. Man fand ihn auch im Sudan, in Dongola, in der Bahjudasteppe, im Kordofan und Sennaar, bei Qolabat, in Abessynien (West und Süd). Zahlreich fing man das Thier bei Bîr el Qomr, Chartum, in Dar-seru, bei Sena, Mangasea, im Gur-Gebiet und im Bogoslande, bei den Bongo, wo es „njirr" heisst, im Lande der Djur (hier „ogang" genannt) und bei den Njamnjam, die es „torubah" nennen. Auch aus Urua und dem Mensathal, von Gibra und Wadi Heschеï erhielt man Exemplare des Honigdachses, sowie vom Kilimandscharo, wo er bis 1430 m an den Abhängen des Bergriesen hinauf geht.

Eine Varietät davon bildet

### Var. 1. *Mellivora leuconota* Sclater.

Sie wurde von Sclater beschrieben und stammte aus West-Afrika. Nähere Angaben über den Fundort fehlen.

### 161. *Mellivora indica* Burton.

*Gulo indicus* Shaw. — *Mellivora indica* Blainv., Jerd. — *Melliv. ratel* Gray, Horsf. — *Ratelus indicus* Burton. — *Ratel. mellivora* Bennett. — *Ursitaxus inauritus* und *nipalensis* Hodgs. — *Ursus indicus* Kerr., Shaw.

Diese asiatische Art des Honigdachses heisst bei den Hindu „bijoo, gorepat", in Baghalpur „bajrubhal", in Nepal „bharria", bei den Telugu-

Dravida „bigu-khawar“, bei den Tamylen „tava karadi“, bei den Kol-Stämmen „usa-banna“. In Indien ist sie sehr allgemein verbreitet. Die Ufer des Ganges, der Djumna, Nepal, nach Hartwicke auch Bengalen, beherbergen die Art sehr zahlreich. Im Sindh, Pendjab, Dekhan und Kutch, in Guzerate, am Fusse des Himalaya, im ganzen Nilgherri-Gebirge, im Westen und Nordwesten vom Bengalbusen begegnet man ihr allenthalben. In Unter-Bengalen, an der Küste Malabar und auf Ceylon fehlt sie sicher. Zarudnoi erhielt im russischen Turkestan (Aschabad) ein Fell, das am Tedschend erbeutet sein sollte und nach Angabe des Herrn Warenzow wurden öfters lebende Junge des Thieres auf dem Markte zu Aschabad ausgeboten — somit dürfte dasselbe auch durch Persien und Afghanistan gesucht werden.

## Subfamilie II. Mustelinae.

### Genus X. Galictis Bell.

162. *Galictis barbara* Bell.

*Galera barbara* L., Nehring, Retz. — *Galera subfusca?* — *Galictis barbara* Wagn., Wied., Wiegm. — *Gulo barbarus* Desm., Rengg. — *Gulo canescens* Illig., Licht. — *Gulo mustela?* — *Gulo tayra* F. Cuv. — *Mustela barbara* L., Wied. — *Must. galera?* — *Must. gulina* Schinz. — *Must. poliocephala* Oken. — *Must. tayra* Cuv. — *Putorius barbarus?* L. — *Viverra poliocephala* Schneider, Traill. — *Viv. vulpecula.*

Dieses Raubthier heisst in Brasilien „irara, papamel, jupium“; die alten Männchen werden „morro“ genannt. Ausserdem kommt der Name „hyrara, tayra“ vor. Cuvier nannte es „le furet, le galera“. Bei Azara finden wir die Bezeichnung „el huron major“ und ein Berichterstatter führt es als „eira ilija“ auf.

Seine Heimath ist Süd-Amerika. Man begegnet ihm in den Buschwaldungen Patagoniens, wo es auf Apereas, Agutis und Hirschkälber Jagd macht. In Brasilien bewohnt es die waldigen Theile von Rio Janeiro, Minas Geraes, am Rio Madeira, Rio Negro, Rio Curicuriaré, im Matto dentro, bei Ypanema, Ciudad de Matto grosso, Borba und Marabitanas. In Argentinien, am Rio de la Plata, in Paraguay, in Peru (bei Elvira), Ecuador (bei Sarayacu), Guyana, Mittel-Amerika bis Britisch-Honduras und Mexico ist es ziemlich zahlreich vorhanden. Unter dem Namen „galera“ ist es auf Jamaika bekannt, wo es noch nicht ausgerottet wurde. Albinos sind eine häufige Erscheinung und ebenso bildet es viele Localspielarten. Als constante Varietät kann man ansehen:

Var. 1. *Galictis peruana* Tschudi.

Sie gehört nur Peru an.

## Genus XI. Grisonia Bell.

163. *Grisonia crassidens* Nehring.

*Galictis Allamandi* Bell. — *Galictis crassidens* Nehring.

Der grosse Grison, von welchem *G. Allamandi* Bell. eine melanistische Spielart ist, bewohnt Argentinien, San Paulo, Rio Janeiro, die Provinz Ceara und Santa Catharina, hier an den Flussufern seiner Nahrung, Fischen und Crustaceen nachgehend. Ebenso findet man ihn in Guyana, bei Caracas, in Mittel-Amerika (Costa Rica), Venezuela und Surinam, also nur östlich von den Cordilleren.

164. *Grisonia vittata* Bell.

*Galictis bilineata* M. S. — *Galictis luja?* — *Galictis vittata* Schreb., Waterh. — *Gulo vittatus* Desm., Rengger. — *Lutra vittata* Traill. — *Mustela quiqui* Molina. — *Ursus brasiliensis* Thunb. — *Viverra vittata* L., Schreb.

Der kleine Grison — „el huron menor“ Azaras, „huron, cachorinho do matto“ der Brasilianer, „jagua gumbé“ der Süd-Amerikaner — bewohnt das tropische Süd-Amerika, die Landschaften am Rio de la Plata, Brasilien (Ypanema, die Küstenstriche und Campos, die Ufer des Rio grande do Sul, die Umgebung von Porto Allegre, Bahia). Häufig ist er bei der Colonie Neu-Freiburg, an der Lagoa Santa, in Patagonien (Campo llano de la Pampa und die Buschwälder), Paraguay, Argentinien, Guyana, Mittel-Amerika (Honduras und Mexico). Im Allgemeinen tritt er in den nördlichen Districten häufiger auf, meidet die Urwälder und sucht die lichten Buschwaldungen auf. In Chili lebt eine Form, die man wohl als Varietät von einiger Constanz ansehen kann, es ist dies

Var. 1. *Grisonia (Galictis) chilensis* Nehr.

## Genus XII. Gulo Storr.

165. *Gulo borealis* Nilss.

*Gulo arcticus* Desm. — *G. borealis* Briss., Cuv., Retz., Wagn. — *G. leucurus* Gray. — *G. luscus* Allen, Coues, Harlan, de Kay, Lindley, L., Rich., Sabine. — *G. sibiricus* Pall. — *G. volverene* Griff. — *G. vulgaris* Griff. — *Meles gulo* Pall. — *Mustela gulo* L. — *M. martri* Acerbi. — *M. rufo-fusca* L. — *Ursus freti Hudsonis* Briss. — *U. gulo* Georgi, Grape, L., Schreb., Thunb. — *U. luscus* Fabrice, L. — *U. sibiricus* Pall. — *Taxus gulo* Tiedem.

Die Volksnamen dieses in Europa einst weit verbreiteten Thieres sind: in Skandinavien „fjelfras, järf, jerv, wolwerene“; bei den Russen „rossomacha“; französisch „le glouton“; englisch „glutton“; finnisch „kampi“; ostjakisch „lolmach“; bei den Lappen „kijet“; in Finnmarken „gjedk, gädke, kiedke, kotkki“; bei den Kamtschadalen „dimug“; bei den Giljaken des Continents und Sachalins „kusrj, kysrj“; bei den Mangunen und Kile am Gorin „ongdo“; bei den Golde „ailoki“; bei den Kile am Kur „ausko“; bei den Birartungusen „kaltywke“; bei den Monjagern „kyltywki“; bei den Orotschonen „awelkan“; bei den Dauren „chowwyr“; bei den Sojoten „dsegin“; bei den Tungusen am oberen Baikal „agilkan“; bei den Ainos auf Sachalin „kutzi“; in Nord-Amerika „wolwerine, carcajou, queequehatch, quickhatsch“; bei den Cree-Indianern „okeecoahawgew, okeecoohawgees“.

Der Vielfrass, der jetzt nur die nördlichsten Partien von Europa, Asien und Amerika bewohnt, war früher über einen weit grösseren Raum verbreitet. Noch in diesem Jahrhundert zählte er zur Fauna des Petersburger Gouvernements, der Provinzen Kur- und Livland (Rütimeyer und Grewingk fanden am Burtneeksee im Rinnehügel einen Zahn und sonstige fossile Reste), ja vor 20 Jahren gab es im Bialoweszer Forste in Lithauen noch genug Vielfrasse. Wenn wir aber Berichte haben, welche von der Erlegung dieses Thieres in Kurland in den Jahren 1875 (bei Saucken im Gerkaurevier) und 1876 (bei Kreuzburg, Kreis Jacobstadt) erzählen, oder wenn in russischen Jagdzeitungen von Treiben auf plötzlich erschienene Vielfrasse in Wolhynien und Kiew (1889) die Rede ist, so haben wir es jedenfalls mit Irrgästen oder entsprungenen Gefangenen zu thun, wie auch derartige Fälle für Deutschland nachgewiesen sind, wo 1777 bei Helmstedt im Braunschweigischen, 1751 bei Frauenstein in Sachsen, wie Bechstein mittheilt, je ein Vielfrass erlegt wurde.

In Pinsk und Podolien wurden 1830 die letzten gespürt, in Livland waren sie schon 1791 sehr selten, in Kurland aber noch gemein, 1805 waren jedoch auch hier keine mehr zu finden.

Seine Südgrenze in Europa verläuft vom 60. Grade nördl. Breite in Finland (Kuusamo) über den Swir, die Suchona, den Jug, die Witschegda nach dem Ural. Nördlich von dieser Linie begegnen wir ihm in Lappland und Finmarken, wo er zahlreich bei Karasjöki, am Enare, in Utsjöki, Tornea (Karesuando, Enontekis), bei Haparanda, Karungi, im Ofver-Calix, Kemilappmarken, Kuolajärwi, Södanskylä und Posis (Kirchspiel Kuusamo) gefunden wird. In letzterem Orte drang 1882 ein Vielfrass in die Capelle des Ortes und frass von einer Leiche. In der Waldregion ist er hier überall nur sporadisch vertreten und hält sich mehr in der Tundra. Auf Kola lebt er in der alpinen und subalpinen Region, wie auch in der Tundra. Besonders zahlreich ist er am Ponoi (Kamennyi pogost.), an der Murmanküste, auf Kandalakscha, am Imandra. Bei Kiza am Flusse Kola ist er selten, ebenso im Songelskij-pogost, am Not-osero (See) und an der Petschenga. In Finland ist seine Zahl nicht auffallend gross, am häufigsten wird er in Tawastehus und Ostrabotten getroffen. Das Gouvernement Archangelsk beherbergt den Vielfrass ebenfalls (besonders am Weissen Meere, im Schenkursker Kreise, an der Pinega und Onega, am Mesen). Weiter finden wir ihn in den Gouvernements Wologda, Wjatka und Perm. Im Petersburger Gouvernement und im Waldairücken ist er als ausgerottet zu betrachten.

Auf Skandinavien haust er noch verhältnissmässig zahlreich. In Norwegen finden wir für Hollingdal, Nordre-Trondhjem, Nordland, Tromsö den Vielfrass aufgeführt. Er geht hier dem Alpenschneehuhn und Renthier in den Fjelden nach. In Schweden wird er für den Norbottens-, Westerbottens-, Oestrasunds-, Westnorrlands-, Kopparbergs-, Stockholmslän genannt — überhaupt geht er hier soweit, als das wilde Ren verbreitet ist.

Im Ural erstreckt sich sein Gebiet zungenförmig nach Süden, soweit das Gebirge mit Wald bestanden ist. Am häufigsten spürt man ihn im Nord-

und Mittel-Ural, selbst in der Breite von Ufa. In russischen Jagdberichten wird er für Sterlitamak (Gouvernement Ufa), Solikamsk, die Kreise Werchoturje, Tscherdym genannt. Im Hauptkamm ist er selten, an der Soswa und Loswa auf der Ostseite gemein. Sehr selten erscheint er bei Tagilsk, im Jekaterinburger Kreise (am Resch, an der grossen und kleinen Rewta), und südlich von der Tschusowaja. Fast ausgerottet ist er im Sysertsker, Kaslinsker und Kyschtymschen Ural. Einige Male ward er bei den Polowsker und Näsepetrowsker Kronsgütern am Westabhange des mittleren Ural, ebenso bei Slatoust erlegt.

Von hier aus geht er durch ganz Nord-Asien bis an die äusserste Ostspitze, die Tschuktschen-Halbinsel. Die Südgrenze in Asien fällt wieder mit der des Rens so ziemlich zusammen, und nur stellenweise überschreitet er dieselbe auf den Spuren des Moschusthieres. Sicher beobachtet wurde der Vielfrass in Asien in folgenden Oertlichkeiten: im Ural an der Murinja (Lebäschja) unter 61° nördl. Breite, an der Lobwa, am Tagil, bei Kuschwa (südlich von Werchotynskoje, 58½° nördl. Breite), ja sogar bei 53° nördl. Breite. Weiter nach Osten fand man ihn bei den Wogulen und Ostjaken, am Irtisch und Ob, denen er bis in den Altai stromaufwärts folgt, hier unter 50° nördl. Breite seinen südlichsten Punkt erreichend, und wo er zwischen dem Saisan-See und Marku-kol beim Dorfe Uimon an der Katunja und am Kurtschum (Fluss nördlich vom Saisan) haust. Im Sajan steigt er bis 1000 m hinauf, auf die Moschusthiere Jagd machend, und bewohnt hier die Quellgebiete der Oka, des Irkut, Kitoi und der Belaja zahlreich. Auch im Daurischen Gebirge, bei den Karagassen, Durchaten und Sojoten fehlt er nicht und geht im Jenisseiquellgebiete über den 50. Grad nördl. Breite nach Süden hinab. In den Gebirgen am Baikal ist er im Süden und Norden den Kälbern gefährlich, im Westen aber zeigt er sich selten. Häufig ist er am rechten Selengaufer, besonders bei den turkinskischen warmen Quellen. Weiterhin haben wir ihn im Kentei- und Jablonoi-Rücken, an der mongolisch-chinesischen Grenze in Sochondo vereinzelt, auf den Ostabhängen dieser Gebirge gar nicht. Im Nord-Ost vom Jablonoi lebt er überall, seltener auf den Gebirgen zwischen Onon, Argun und Schilka, bis zum Westabhange des Chingang und an der Kumara (Komarfluss). Im Burejagebirge ist er in den Uferpartien nur einzeln zu treffen und geht längs der Dseja an den Ussuri und Amur (Dschewinhöhen), von wo seine Südgrenze in der Richtung auf die Südspitze von Sachalin, das er ebenfalls, wenn auch nur in den südlichsten Theilen, bevölkert — verläuft. Nördlich von diesem Striche ist er nachgewiesen für die Waldgegenden der Tschuktschenhalbinsel, für die Umgebung der Posten Anadyrskoje und Karaga. Auf den neu-sibirischen Inseln machte er sich den Reisenden, ebenso wie am Cap Schelägskoje auf dem Festlande durch Beraubung ihrer Vorrathsniederlagen bemerkbar. An der Kolyma und Kamenka, auf der Taymirhalbinsel (Fluss Nowaja, 72° nördl. Breite), am Jugorskij Schar ist er sehr gemein. In der Umgebung von Obdorsk, Beresow und Samarowo, bei Jakütsk, im Ulus Šchigansk an der Lena (am Eismeer), an der Indigirka, im Lande der Kamenschtschiki und Dwojedanzy ist er sehr gewöhnlich, ebenso an der oberen Jana. An der unteren Tunguska und am Olenek lassen ihn Müller und Czekanowsky ziemlich, andere — z. B. Messerschmidt — gar nicht selten sein. Zwischen Petrowsk und Dubrowo bewohnt er die Thäler der Lena. Am Udskoi Ostrog im Stanowoigebirge, bei Jenisseisk, Turuchansk, Sumarokowo, Tomskojo und Sotino, an der Boganida (71° nördl. Breite), beim Chatangskij Post findet er sich ebenfalls. Von hier geht er bis an das Eismeer in die Tundra. Ferner müssen wir ihn für das Ufer des Ochotskischen Meeres, den Amur-Liman, das Gestade des Tatarischen Sundes, die Hadschi-Bay (49° nördl. Breite), die Gebirgswälder am Amur und Gorin, am oberen Changar, Sargu und die höheren Partien des Geong-Gebirges aufführen. Im Wanda-Gebirge, am Ussuri, dem oberen Njumanlaufe und an den Quellen des Sungari lebt der Vielfrass vereinzelt. Im Gebiete des mittleren Amur kommt er fast gar nicht vor. Im Allgemeinen ist sein Auftreten in Südost-Sibirien mehr an das Moschusthier als an das Ren gebunden und er kommt hier daher hoch in die Gebirge hinauf. Auf Kamtschatka ist er so selten, dass man sogar Vielfrassfelle importirt. Ob er bei Lepsa in Turkestan (N. von Tschukutschak) lebt, ist nach Sewerzow sehr fraglich. Auf den japanischen Inseln fehlt er gänzlich.

In Amerika finden wir den Vielfrass ebenfalls. Von Aljaska bis Neu-England im Südwesten reicht sein Verbreitungsbezirk. Seine Südgrenze erreicht im Osten den 42. Grad nördl. Breite, im Westen den 39. Grad nördl. Breite. Er lebt auf Aljaska vom Nortonsund bis an die Südküste, ebenso auf der Insel Kadjak und den östlich von ihr gelegenen Eilanden. Bei den

Tlinkit-Indianern ist er auch vorhanden, aber am Nutkasunde sucht man ihn vergebens. Durch das Küstengebiet, über das Felsengebirge geht er bis in das Coloradoterritorium und an den Salzsee. Am Stuart-See ($54\frac{1}{2}$ ° nördl. Breite, 125 ° westl. Länge) wird er getroffen — im Präriegebiete fehlt er natürlich, um am Athabaska-See wieder aufzutauchen. Ueber den Lesser-Slave-See nach Cumberlandhouse (Basquianhill), Carltonhouse (52 ° nördl. Breite, 106 ° 12′ westl. Länge), Alexandria ($51\frac{1}{2}$ ° nördl. Breite, 104 ° westl. Länge), den White-Fish-Lake, ferner den Winipeg-See gehend, erreicht er den Red-River und dessen Zuflüsse (Pembina-River, 49 ° nördl. Breite, Wolwerine-Creek). Am Peters-River giebt es keine Vielfrasse, selten sind sie am Rayny-Lake gesehen worden.

Die grossen Seen nördlich umgehend kommt er nach Kanada an den Lorenzstrom, nach Labrador. In diesem Gebiete begegnete man ihm am Nipissin-See und am Uttawah-Flusse, sowie auf Labrador. Seinen südlichsten Verbreitungspunkt erreicht der Vielfrass hier an der Michillmakinac-Strasse zwischen Huron- und Superior-See. Ob er südlicher als der Lorenz vorkommt, ist fraglich. In Connecticut fehlt er, ebenso auf New-Foundland und Anticosti. Ziemlich selten erbeutet man ihn in den Hoosac-Mountains und in Massachusets. In Nebraska, den Black-Hills, Montana, Michigan, bei Fort Simpson, am Pell-River geht er nicht oft in die Falle. Obwohl Fabricius für die südlichen Theile Grönlands den Vielfrass (*Mustela gulo*) aufführt, so bezweifelt Brown dennoch sein Vorkommen auf dieser Insel, weil unter „amarok“ und „kappik“ vielleicht verwilderte Hunde und keine Wolverenen zu verstehen sind. Wenn unter 70 ° bis $76\frac{1}{2}$ ° nördl. Breite Vielfrasse auf Grönland erbeutet wurden, so mögen das von Melville-Island oder Wolstenholme-Sund herübergekommene, verschlagene Exemplare gewesen sein, die den Renthieren folgten. Am Mackenzie geht er bis an das Ufer des Eismeeres und aus den Wäldern östlich von diesem Flusse streift er zuweilen in die Barren-Grounds. Richardson constatirte sein Vorkommen bei Fort Confidence (67 ° nördl. Breite, 119 ° westl. Länge), aber am grossen Fisch-Flusse und Kupferminen-Flusse begegnete er ihm nicht.

## Genus XIII. Mustela Linné.

166. *Mustela martes* L.

*Martarus abietum* Alb. Magn. — *Martes abietum* Flemm., Ray. — *Mart. arborea* Schwenkf. — *Mart. sylvatica* Alston, Nilss. — *Mart. sylvestris*

Gesn., Nilss. — *Mart. vulgaris* Griff. — *Mustela abietum* Klein, Ray. — *Must. altaica* Pall., Schinz. — *Must. abietina* Rzac. — *Must. flava* Heyrowsky. — *Must. martes* Alb. Magn., Blas., Bonap., Briss., Desm., Grape, Lagus, Pall., Richard. — *Must. martes* var. *abietum* L. — *Must. martora* Ranzani. — *Must. sylvatica* Nilss. — *Putorius altaicus* Pall. — *Viverra martes* Shaw.

Der Edel-, Gold-, Wald-, Baum-, Busch-, Tannenmarder heisst auf plattdeutsch „Bommoart"; bei den Engländern „yellow breasted martin"; die Franzosen bezeichnen ihn mit „la marte", während sein Name in der Provençe „mart" lautet; italienisch heisst er „martora, martorella"; spanisch und portugiesisch „morta"; holländisch „marter"; schwedisch „mard"; dänisch „maar"; in Irland „cat-crann"; russisch „lesnaja kuniza"; die Tschechen nennen ihn „kuna lesni"; die Letten „zauna"; die Esthen „nukkis"; die Kirgisen „dschusar"; die Baschkiren „susar"; die Lappen „naette, na' ette, noette, nätti".

In Europa ist der Baummarder fast überall heimisch. Deutschlands Laub- und Nadelwälder bieten ihm noch immer genügende Verstecke und in manchen Gegenden ist er noch sehr häufig, so in der Pfalz (Forstamt Winnweiler), in Oberbayern, im bayerischen Hochgebirge, in Thüringen, im Hainleiter Gebirge (auf dem Possen), im Harz (Wernigerode, Eichhorst, Gedern-Hohenstein), in der Provinz Sachsen (Merseburg, Kitzen, Schwaneberger Revier), in Brandenburg (Fürstenberg, bei Berlin, Potsdam, in der Schorfheide, Grunewald, Göhrde, Königswusterhausen), in Hannover (Münden, Colbitz-Letzlinger Heide, Kirchrode), in Schlesien (Grossstrehlitz, Ohlau, Brieg, Schräbsdorf, Raudnitz, Peterwitz, Noldau), Posen (Pempówo), Ratibor, im Münsterlande, Corvey, in der Rheinprovinz (Revier Mühlenberg), im Teutoburger Walde, bei Bebra an der Fulda, in Hessen-Kassel, Oldenburg, Schleswig-Holstein, Mecklenburg, in den Vogesen, im Elsass (Frammersbach, Lützelhausen). In Neu-Vorpommern ist er, ebenso wie auf Rügen, jetzt sehr selten geworden, während 1535 der Baummarder hier gemein war.

In Oesterreich haust er in Vorarlberg (Walserthal), Tirol (Innsbruck, in den Revieren Wilten, Natters, Mutten, Raitis, Kreith), Steiermark, in den Revieren von Auhof, Laxenburg und Asparn, im Wienerwald, bei Wiener-Neustadt, in Nieder-Oesterreich (Reviere Seebarn, Grafenegg, Manhartsberg,

Wiedendorf, Grossergründ, Aldenwörth, Utzenlaa, Neuaigen), in Böhmen (Nassaberg, Zleb, Unterfladitz, Unterkrelowitz, Konopischt, Maierhofzell), im Böhmerwald, in Mähren (bei Datschitz), in Ungarn (sehr zahlreich in Gödöllö, dem Bereger Revier, Munkacs, Szent Miklós, Gereble, Tergenye, Kerekudward, Leanyfallu, Warasdin, Kroatien). Die Schweiz beherbergt ihn auf der Nord- wie auf der Südseite der Alpen und des Jura. Im Canton Chur bewohnt er die Ebene wie die montane Region. Ueberhaupt findet man ihn in Mittel-Europa in den Wäldern bis zu 1800 m über dem Meere. Ferner gehört er zur Fauna Italiens (häufig in den Apenninen, bei Ravenna, Neapel, in der Romagna). In Spanien fehlt er den Gebirgen ebenfalls nicht, wird in den Pyrenäen, in Frankreich getroffen. Aus Holland meldete man ihn für Geldern. In England fanden wir den Marder für Wales, Breconshire, Cumberland, Westmoreland, Lancashire, Lincolnshire, Norfolk, Hertfordshire (Dorsetshire der letzte 1804, Surry 1847), Hampshire verzeichnet. Ob er noch die Insel Wight bewohnt, ist sehr fraglich. In Schottland kommt er noch in Sutherland, Rossshire, Ayrshire vor. In Irland lebt er in Kerry, Cork, Tipperary, Galway, Longford, Fermanagh, Armagh, Down, Antrim, Londonderry und Donegal.

Auf der Balkanhalbinsel beherbergen den Edelmarder die Türkei, Macedonien, Thessalien, Bulgarien, doch ist er hier nicht so häufig, wie in nördlicheren Gegenden. In Skandinavien gehört er sowohl Norwegen als Schweden an. Eine grosse Seltenheit bildet er in der Lombardei, Venetien und auf Sardinien, wo er nur in der Gallura-Region auftritt, sowie in Belgien.

In Russland ist der Edelmarder weit verbreitet. Sowohl im Norden, in Finland, Lappland (besonders in den Tannenwäldern, seltener in der subalpinen Region), auf Kandalakscha, auf der Insel Sosnowez, im Kamennoipogost, am Imandra, auf Kola (selten), an der Tuloma, am Not-osero, Enare (häufig), im nördlichen Utsjöki (höchst selten), in Enontekis, Finnmarken, im Tanathal, am Süd-Varanger, bei Tornea und in Kemi-Lappmarken, bei Kuusamo als auch im Petersburger Gouvernement, im Archangelschen (Kreis Mesen, Schenkursk), Wologdaschen, am Ladoga- und Onega-See, in den Ostseeprovinzen Livland (Pernau, Salis, Walk, Wohlfahrtslinde), wenn auch ziemlich selten, in Kurland, Litthauen, Minsk, Kiew (Kreis Radomysl), Wolhynien (Berditschew, Kreis Owrutsch, Schitomir), Orel (Sewsk), Rjasan

(Saraisk), an der Wolga (Kasan in grösseren Wäldern, Simbirsk, in der Surskaja Datscha, am Nordbogen bei Samara häufig —, sehr selten an der Wasserscheide zwischen Wolga und Swjaga bei Jasaschnaja-taschla) ist er bald seltener, bald häufiger beobachtet worden. Bei der Stadt Simbirsk erscheinen zuweilen verlaufene Exemplare. Im Saratowschen Gouvernement ist er fast ausgerottet und wird höchst selten bei Tschardym, Alatyr, Woljsk gefangen. Vor zehn Jahren war er im Atkarsker Kreise, bei Schirokij-Karamysch noch sehr gemein — jetzt ist er hier verschwunden. Weiter westlich begegnen wir ihm im Woronescher Gouvernement, wo er in letzter Zeit wieder häufiger auftritt, dann im Moskauer, Wladimirschen (Dawidowo), Olonezer (Kargopol, Rjägowsche Wolost). Nach Osten können wir dem Edelmarder in die Gouvernements Wjatka, Ufa, Perm folgen und nach Orenburg. Am häufigsten wird er bei Werchoturje im Ural, bei Solikamsk, am Iset, bei Tagilsk, Krasnoufimsk, Jekaterinenburg, seltener im Kyschtymschen und Käslinsker Ural erbeutet. Im Schadrinsker Kreise fehlt er ganz, hinter der Soswa bildet er eine Seltenheit, dagegen ist er im nordwestlichen Perm sehr gemein und geht bis zum 65. Grad nördl. Breite hinauf. Im nordöstlichen Theile dieses Gouvernements breitet er sich neuerdings mehr und mehr aus, hat aber Petropawlowsk noch nicht erreicht. Im Bogoslowsker Kreise verbastardirt er sich mit dem Zobel (bei Kljutschi), und diese Mischlinge sind unter dem Namen „kidas“ den Pelzjägern bekannt. Nach Süden treffen wir den Marder im Charkower, Tschernigower und Poltawaschen Gouvernement, auf der Halbinsel Krym in den Bergwäldern. Im Kaukasus (Georgien und Armenien) haust er, soweit es Wälder giebt, bis 2600 m Höhe.

Im westlichen Asien geht das Verbreitungsgebiet des Baummarders durch Persien (Berge von Ghilan) bis nach Turkestan. Die Laubwälder des Karatau und Tjanschan beherbergen ihn selbst in Höhen von 1150 bis 3000 m, wo er am häufigsten im Semiretschensker Gebiet, am Issikkul, am oberen Naryn und Aksai vorkommt. Fraglich ist seine Existenz (nach Sewerzow) für das Gebiet des Tschu, Talas, Dschumgal, Susamir, des unteren Naryn, Sonkul, Tschatyrkul und den West-Tjanschan (Quellgebiet des Arys, Keles, Tschirtschik), sowie den Unterlauf und das Delta des Syr-Darja. Im Altai erreicht er 1200 m Höhe und ist hier ebenso gemein, wie in West-Sibirien, im Lande der Kirgisen, in den Quellgegenden des Jenissei, in der Tartarei und Mandschurei, wo er bis an das ochotskische Ufer am Stillen Ocean streift. Häufig ist er bei Irkutsk und auf der Tschuktschen-Halbinsel —, dagegen fehlt er auf Kamtschatka, Kadjak, den Aleuten und Commandeur-Inseln. An der Tara, südlich von Tomsk, hat er den Zobel ganz verdrängt und ist neuerdings auch schon in Transbaikalien erschienen.

Radde wies den Edelmarder auch für Transkaukasien und Talysch (Lenkoraner Bergland) nach. Angaben, die ihn für China nennen, sind aber wohl falsch, denn keine einzige neuere Quelle führt ihn unter den Thieren des „himmlischen Reiches" auf. Ebenso ist er für Korea nicht erwiesen.

Farbenspielarten und Albinos scheinen nicht so gar selten zu sein. Aus Böhmen, Venetien kennt man „blonde" Marder. Weisse wurden 1806 und 1807 bei Dippoldishofen in Württemberg, 1863 und 1869 bei Passau, 1866 in der Herrschaft Krumau im Böhmerwalde, ferner bei Wohrad (Frauenburg) in Böhmen erbeutet. Der Präparator Lorenz in Moskau besitzt mehrere rein weisse Exemplare aus dem Ural.

In Amerika kommt der echte Edelmarder nicht vor.

### 167. *Mustela foina* Erxl.

*Martarus fagorum* Alb. Magn. — *Martes abietum* Adams, Horsf. — *Mart. domestica* Gerv. — *Mart. fagorum* Flemm., Ray. — *Mart. foina* Alston, Blas., Briss., Cuv., Giebel, L., Nilss., Scully. — *Mart. foina* var. *leucolachnea* Blanf. — *Mart. leucolachnea* Blanf. — *Mart. saxatilis* Schwenkf. — *Mart. saxorum* Klein. — *Mart. toufaea* Hodgs. — *Mart. toufaeus* Blyth. — *Mustela foina* A. Brehm, Brisson, Cuv., L., Nilss. — *Must. foisna* Chatin. — *Must. martes* var. *fagorum* L. — *Must. martes* var. *foina* L. — *Viverra foina* Shaw.

Seiner weiten Verbreitung entsprechend hat der Stein- oder Hausmarder auch sehr viele Namen. In Mecklenburg heisst er „Moart, Husmoart"; in Deutschland an manchen Orten „Dachmarder". Die Italiener nennen ihn „foina, fuina"; die Portugiesen „fuinha"; in Catalonien führt er den Namen „fagina" — sonst in Spanien „garduña, pabiobillo, patialvillo"; in der Provençe „faguino, fahino"; bei den Franzosen „la fouine"; in Belgien „faweina"; in Graubünden „fierna"; bei den Tschechen „kuna skalni"; bei den Polen „kuniza"; die Russen bezeichnen ihn wegen seines weissen Halsfleckes mit „kuniza beloduschka" (Marder mit dem weissen Seelchen); die Letten nennen ihn „mahja zauna“ (Hausmarder); die Griechen „iktis“; die Gälen (Kymren) „bela“; die Finnen und Lappen „nätä“; die Magyaren „nyert, nert“; in Klein-Asien und bei den Türken „samsar“; bei den Kirgisen „dschusar“; bei den Afghanen „dalla-kafak“.

Im Allgemeinen kann man sagen, dass er das Verbreitungsgebiet mit dem Edelmarder theilt, mit Ausnahme des äussersten Nordens. In Deutschland lebt er in Bayern, der Pfalz (Forstamt Zweibrücken), Schwaben, Coburg (Callenberg), Mittelfranken (Oberwurmbach und Gunzenhausen), bei Pforzheim, in Homburg, in ganz Preussen, Schleswig-Holstein, auf Rügen, in Oldenburg, Hannover, bei Dortmund (Zumbusch), im Teutoburger Walde und stellenweise auch in Mecklenburg. 1892 wurde einer in der Stadt Hamburg gefangen! Sehr gemein ist er bei Breitenbrunn und Stadtprozellen, bei Suhl und Sprottau. Im Gebirge steigt er bis 2000 m hinauf, im Sommer in den Alpen sogar über die Tannenzone hinaus. In Oesterreich führen ihn die Schusslisten für Vorarlberg (Walserthal), Blons (ebenda), Böhmen (im Süden seltener als im Norden), Niederösterreich (Seebarn, Grafenegg, Manhartsberg, Wiedendorf, Grossergrund, Aldenwörth, Utzenlaa, Neuaigen, Asparn), Tirol (Innsbruck, Wilten, Natters, Mutten, Raitis, Kreith), Ungarn (Gereble, Tergenye, Kerekudward, Leanyfallu, Munkacs, Szent Miklós), Krain auf. In der Schweiz bewohnt er Ebenen und Gebirge bis 2000 m, besonders zahlreich im Jura, bei Bern, Luzern, Genf, Graubünden, seltener bei Basel. In Italien gehört er zur Fauna des ganzen Landes (in Venetien sehr gemein), fehlt aber auf Sardinien. In Holland ist er selten, in England und Irland noch ziemlich häufig. In Schweden bewohnt er mehr den südlichen Theil. In Spanien hält er sich vorherrschend im Gebirge auf. Auf der Balkanhalbinsel scheint er zahlreich vorhanden, auch in Griechenland, sogar in bewohnten Orten, z. B. im Fort Palamedes. Für Belgien wird er auch gemeldet.

In Russland finden wir ihn im Süden öfter als im Norden, doch geht er ziemlich weit hinauf und wird bis zur Grenze Kolas und Finnmarkens gespürt (auf Kola selbst fehlt er). In Livland ist er häufiger als der Edelmarder, haust selbst in den Städten (z. B. im kaiserlichen Garten und den Vorstädten von Riga), in Esthland sehr selten, in Kurland und Lithauen aber sehr gewöhnlich, ebenso in Polen. Für Petersburg fanden wir die Angaben einander widersprechend. Finland besitzt ihn nur in seinen südlichen Partien. Speciell aufgeführt als lästigen Hühnerdieb fanden wir ihn für Bessarabien, Berditschew, Kiew, Poltawa, Charkow, das Uralgebiet (Iset, Werchoturje, Solikamsk). Die Krym und der Kaukasus (Georgien, Borschom, Dagestan, Armenien) haben ihn gleichfalls aufzuweisen. Sehr fraglich ist sein Vorkommen an der Wolga (in den Schiguli-Bergen bei Samara).

Gehen wir nach Asien, so treffen wir ihn in den Bergen von Marasch (Levante), in Persien (Ghilan), im Taurus (Chamku-bel, Kara-bel), in Palästina und Syrien. Vom Kaukasus, Transkaukasien, Talysch (Lenkoran) kann man ihn bis nach Turkestan verfolgen, wo er ebenso wie in Turkmenien (Kopet-dagh) im Sommer in der Höhe von 4000 bis 10500 Fuss (1150 bis 3000 m), im Winter mehr thalwärts sich umhertreibt. Sewerzow nennt ihn für die Uferlandschaften am Issik-kul, für das Semiretschensker Gebiet, den oberen Naryn, Aksai, Tschu, Talas, Dschumgal, Susamir, unteren Naryn, Sonkul, Tschatyrkul, den Karatau und West-Tjanschan (an den Quellen des Arys, Keles, Tschirtschik und ihrer Zuflüsse), für den Syr-Darja von der Einmündung des Arys bis zum Delta hinab, für die Umgebung von Chodschend, das Sarafschanthal bis zur Quelle des gleichnamigen Flusses hinauf, schliesslich für die Gebirge zwischen Sarafschan und Syr-Darja und die Steppen zwischen Sarafschan, Syr-Darja und Kisil-kum-Wüste. Durch die Kirgisensteppe geht er nach West-Sibirien hinein, wo er die Höhenwälder durchstreift. Andererseits erstreckt sich sein Gebiet durch den Kopet-dagh, Afghanistan nach dem Himalaya, wo wir ihn für Gilgit, Sikhim, Hunza, Nagar, Yassin, Hazara, Tibet verzeichnen müssen, jedoch nur in Höhen über 1600 m. Ob wir ihn auch zur Fauna von Ladak, Yarkand und Kaschgar rechnen dürfen, ist noch nicht entschieden, denn Felle dieses Marders, die auf den Märkten genannter Orte in den Handel kommen, können auch aus anderen Gegenden stammen, und directe Beweise für sein Vorkommen in Ost-Turkestan stehen noch aus. In einer Zeitschrift fanden wir den Hausmarder für Nord-China verzeichnet, wir glauben hier eine Verwechselung mit anderen Arten annehmen zu müssen.

Weissliche Exemplare und Albinos wurden öfters beobachtet, so ein Stück in der Stadt Prag selbst, in Oberbayern (Landsberg am Ammersee 1843 und 1844), in Schwaben (Kirchheim 1852), Reutlingen und Altenburg (bei Pais in Bayern 1853) und Aschaffenburg 1865.

### 168. *Mustela zibellina* L.

*Martes zibellina* Briss., Georgi, Gray. — *Mart. zibellina* var. *asiatica* Brandt. — *Mustela instabilis* ? — *Must. martes zibellina* Briss. — *Must. sobella* Gesn. — *Must. zibellina* Giebel, Gmel., Pall., Schreb. — *Must. zibellina* var. *alba, asiatica, flava, fuscoflavescens, ferruginea, maculata, ochracea* Brandt. — *Viverra zibellina* Shaw.

Ein Thier, dessen Verbreitung so gross ist und das einen so werthvollen Pelz liefert, hat begreiflicher Weise eine Menge von Benennungen. Die Russen im Ural (Kaslinsker Kreis) nennen ihn „borowaja sobatschka" (Waldhündchen); die Mordwinen „sobol, wetbatscha"; die Tscheremissen „lugmutsch"; die Syrjänen „nisj"; die Wotjaken „stor, nyis"; die Permjäken „nytsch"; die Wogulen „njuchse, njukosi, neps"; die Tataren in Kasan und Sibirien „kysch"; die Baschkiren „kösch, kurg"; die Kalmücken „bulgana"; die Kirgisen „dschusar"; die Mongolen „bologan"; die Ostjaken „dschükusj, erj"; die Ostjaken am Jenissei „edd, ceddo"; die Samojeden „toss, tossu"; die Juraken „to, tos"; die Turuchanen „sini"; die Ostjaken am Naryn „schig"; die Chatanga-Tungusen „dynka, dönke, tschapkan, schegew, solo, sewa, sigop"; die Biraren „nika, neke"; die Monjagern „naka"; die Jakuten „kis, serba"; die Burjäten „bula, bologa"; die Dauren „baljga, bolaga"; die Sojoten „bulugu"; die Lamuten „segup"; die Goldier am Sungari „sebu"; die Goldier am Ussuri „s'äfa, seba"; die Mandschuren „syka, soko"; die Chinesen „tiopy"; die Giljaken „luner"; die Giljaken auf Ost-Sachalin „oghrob, myghr-njga"; die Orotschonen „schaipa"; die Kile am Kur „s'öbu": die Ainos auf Sachalin „goinu"; die Kamtschadalen „gymretschun, kymchym, kymysch-schim"; die Kamtschadalen von Boljscherezk „schimschim"; die Korjäken „a'jana"; die Kurilen „kyttigim"; die Baikal-Tungusen „tschimkan"; die Krym-Tataren und Armenier „samur"; die Finnen „soboli"; die Schweden „sabel"; die Engländer „sable"; die Provençalen „sebeli".

Rzaczinski's Angaben, dass man im XVI. Jahrhundert Zobel in Lithauen, 1548 sogar weisse, gefangen habe, müssen wohl angezweifelt werden. In Nordost-Russland und Finland hat es aber jedenfalls einstmals welche gegeben. Noch Georgi giebt als Westgrenze des Zobels Kola und

Lappland an. Sichere Berichte über das Vorkommen des Zobels im nordöstlichen Russland haben wir von den arabischen Schriftstellern, welche ihn für das Land Burtas, das ist das Mordwinengebiet, anführen (X. Jahrh.). Wassilij, der Sohn Dmitrij Donskoi's, besetzte das nowgorodsche Fürstenthum an der Dwina hauptsächlich wegen der reichen Ausbeute an Zobeln. Vor 200 Jahren war dieser in Wologda, Wjatka und dem westlichen Perm gemein. Im XV. Jahrhundert lebte er in Kemilappmarken, im jetzigen Kreise Mesen, bei Cholmogory und an der Dwina. Im XVII. Jahrhundert fand man ihn noch an einigen Quellflüssen der Petschora. 1833 wurden im Archangelschen Gouvernement 12, in Kemi 2 Zobel erbeutet. Der letzte Zobel auf der Westseite des Ural ward bei Beresowka (an der Grenze des Ufimschen und Krasnoufimschen Kreises) vor circa 50 Jahren erlegt. Jetzt erscheinen diesseits des Ural, am Oberlaufe der Petschora, nur noch hin und wieder welche als Irrgäste. Zu Pallas' Zeiten trat er als Seltenheit im Gouvernement Ufa sporadisch auf.

Im südlichen Ural erschienen die Zobel plötzlich in den Jahren 1850, dann 1860, 1870 und 1871 in den Domänen Arakulskaja und Kaslinskaja. Jetzt findet man ihn im Ural im nördlichen Theile, in dichten Wäldern des Werchoturischen und Solikamsker Kreises (Gouvernement Perm). Aus dem Tagilsker und Goroblagodatschen Kreise verschwanden sie vor etwa zwölf Jahren. Am häufigsten sind sie noch in der Bogoslowsker Domäne, an der Soswa und Loswa, in der Soldinskaja und Alapajewskaja Datscha, sogar häufiger als *M. martes*. Südlich von Tagil ist der Zobel eine grosse Seltenheit, wie auch am nordwestlichen Abhange des Gebirges (Schtschugor 64° nördl. Breite).

In Sibirien geht der Zobel im Norden bis 66,5° nördl. Breite hinauf. Wir treffen ihn am Ob, so weit der Baumwuchs nach Norden reicht. Bei Tomsk am mittleren Ob und seinen Zuflüssen, im Tobolsker Gouvernement, bei Tara und Tobolsk sind die Zobel sehr hellfarbig, ebenso die von Pelym. Dunkler sind die vom Naryn, Surgut und Beresow. Im südlichen Theile des Tomsker Gouvernements ist der Zobel (z. B. an der Tara) zum Theil schon von *M. martes* L. verdrängt worden. Am Saisan-See, bei Altaiskaja-Staniza ist er ziemlich häufig, ebenso bei Krasnojarsk, am Jenissei und dessen Zuflüssen Oj, Kuba, Bargusin und den drei Tunguskas, wo es stellenweise sehr schöne dunkle Exemplare giebt (z. B. bei Nasimowo, 170 km unterhalb Jenisseisk). Im Quellgebiete des Jenissei wird der Zobel in ziemlicher Menge gefangen, ebenso im Gebiete der tuschinskischen Urjänchen, im Lande der Karagassen, wie an den linken Zuflüssen der Lena (wo aber die Felle zur schlechtesten Sorte gehören). Besserer Qualität sind die aus dem Ulus Schigansk (untere Lena), vom Wiluj, aus dem südlichen Theile des Irkutsker Gouvernements und aus den Gebirgen rechts vom Irkut sind sie sogar schöner, als die vom Baikalzobel. Die aus dem Turkinsker Kreise sind wenig werth. An den Lenaquellen finden wir das Thier ebenfalls, aber nicht auf der Strecke von der südlichen Westküste des Baikal bis zur Angara (oder oberen Tunguska), Die schönsten Zobelfelle stammen aus dem Jablonoi- und Stanowoigebirge (Jakutsker Zobel), von Olekminsk, Nertschinsk, von der Dseja, Uda und vom Aldan. Die dunkelsten werden am Utschur gefangen.

Im Baikalsee beherbergt die Insel Olchon den Zobel nicht, während er am Nordwinkel dieses Sees sehr gewöhnlich ist — andererseits fehlt er den östlichen Abhängen des südlichen Jablonoi zeitweilig, ebenso am Kentei, wie denn genau genommen alle Angaben für das Vorkommen des Zobels insofern nur relativen Werth haben, als dieses Raubthier sehr oft Wanderungen (hinter den Eichhörnchen her) unternimmt und seinen Standort wechselt, oft da plötzlich auftritt, wo es Jahrzehnte lang unbekannt war und ebenso plötzlich verschwindet, wo es vielen Generationen der Bevölkerung eine Quelle guten Verdienstes bot.

Im nördlichen Ost-Sibirien hausen noch heute Zobel an der Kolyma (sehr grosse, weissliche), Olekma, auf Kamtschatka (die wolligsten und allerbesten), wo sie eine Uebergangsrasse zum amerikanischen zu bilden scheinen. An der mittleren Indigirka sind sie selten geworden, an der Jana (Wercbojansk) fehlen sie überhaupt ganz.

Südlich vom Baikal treffen wir unser Thier in den wilden Thälern der Slüdenka, Sneschnaja und im Selenga-Gebiet. Im östlichen Sajan, im Lande der Sojoten, im Quellgebiet des Sangischan (Zufluss des Irkut) zahlreich, mangelt der Zobel wieder dem Lande von hier bis zum oberen Irkut und wird im Charadaban (unterhalb Changinsk) nur sporadisch gefunden. An den Quellen des Kitoi (Nordabhang des Sajan) tritt er wieder häufiger auf und erscheint an der Kumara im Urgudinschen Gebirge nur hin und wieder, während er auf der Wasserscheide der Bystraja in grosser Menge vorkommt.

Im Amurgebiete lebt der Zobel fast überall. Von den Quellflüssen Schilka und Argun und den Nebenflüssen des Amur, Dseja, Bureja, Komar, bis zum Ussuri und bis ans Meer hin (Tatarischer Sund, Ochotskisches Meer) ist er mehr oder weniger gemein. Einzelne Theile dieses Gebietes liefern besonders geschätzte Färbungsspielarten, so die Quellgegenden der Albasicha, die Westausläufer des Burejagebirges mit den Quellen des Njümen, die Lagar- und Murgilhöhen, wo er sich von den Zapfen der *Pinus cembra mandschurica* nährt. Die Exemplare vom mittleren Amur zeichnen sich durch ihre Grösse, die Amgunschen und Gorinschen durch ihre dunkle Färbung aus. Als reiche Jagdgebiete auf Zobel werden hier die Gegenden am Ussuri, Sidimi, die Ufer des Seituchu und Dobechu bezeichnet. Ergiebig sind auch die Jagden beim Dorfe Kosulka im Atschinsker Kreise, ferner die Wohngebiete der Orotschen, Kamenschtschiki und Dwojedanzy. Seine Südgrenze geht in West-Sibirien bis Kaschgar hinab, wo er marderähnlich aussieht — in Ost-Sibirien bildet dieselbe die Hohe Gobi und der Schilka, sowie die Südabhänge der Mandschurei, Tendi und Elgeja. Im Osten erreicht er den Stillen Ocean (Behringsmeer) und geht auf Kamtschatka bis an das Cap Lopatka (am Kurilen-Meer). Auch auf die Inseln geht er hinüber, kommt also auf Tolbaschinsk (bei Kamtschatka), den Schantar-Inseln, den südlichen Kurilen (Kunaschir und Iturup) und Sachalin vor, während man ihn auf den Aleuten vergeblich sucht. Der Sachalin-Zobel gehört zu den Uebergangsformen und ist hier sehr zahlreich, besonders bei den Caps Elisabeth und Marie, an der Tymja, bei Alexandrowka, am Geduldsbusen, im Süden beim Murawjewskij-post. Er hält sich hier hauptsächlich in den Nadelwaldungen auf und steigt im Winter in die Thäler. Die Hauptniederlagen für Zobelfelle sind auf Sachalin Klein-Tymowo, Werchneje-Urotschischtsche, Wedernikowo und Krasnij-jar. Ob er auf Yesso existirt, ist noch nicht erwiesen. Auf Korea scheint er wohl vorzukommen.

Blosse Varietäten des gemeinen Zobels sind

Var. 1. *Mustela brachyura* Temm.

Dieser „japanische Zobel" stammt von Yesso und soll auch auf Sachalin getroffen werden. Sein einheimischer Name ist „yezo-ten". Den übrigen Inseln Japans scheint er zu mangeln.

Var. 2. *Mustela americana* Turton.

*Martes, Mustela americana* var. *abietinoides, huro, leucopus* Gray. — *M. americana* Allen, Coues, Yarrow. — *M. leucopus* Kuhl. — *M. leucotis* Griff. — *M. lutreocephala* Harlan. — *M. martes?* Linné. — *M. martes* Forst., Harlan, Sabine. — *M. huro* F. Cuv. — *M. martinus* Ames. — *M. vulpina* Fisch., Raff. — *M. zibellina* Brandt, Goodm. — *M. zibellina* var. *americana* Brandt.

Der Fichtenmarder, amerikanische Zobel, „sable, pine marten", der „kachtschitschiwak" der Indianer am Kuskokwim, „kotzogija" der Inkiliker, „kysgari" der Inkalichljuaten, „jugjelnut" der Inkaliten, der „kytzogoi, wawpeestaw, wawbeechins, wappanow" anderer nordamerikanischer Stämme, bewohnt Aljaska (Kenai), das Koloschenland, die Gestade des Bristolbusens und die Strecke bis zum Kotzebuesund, die Hudsonsbay-Länder bis in den höchsten Norden, die Gegenden am Peel-River bei Fort Good-Hope, am Grossen und Kleinen Walfluss, Labrador, Superior-Lake, Canada, Saranak-Lake, Essex-county (beides in New-York), Ost-Maine (Umbagok-Lake), die Ufer des Yukon-River, Copper-River, die Landschaften um den Eliasberg und die Schugatsch-Alpen. Mehr südlich begegnet man ihm in den Adirondack-Mountains, Pennsylvanien, am Red-River, in den Parklandschaften des Felsengebirges in Colorado, Washington-Territorium, am Yubaflusse in Nord-Californien, am Puget-Sunde und in den Cascade-Bergen. Auf den Vancouver-Inseln kann sein Vorkommen nicht absolut behauptet werden; auf Kadjak und den Sitcha-Inseln fehlt er gewiss. In den Bergen von Berkshire-County (Massachusets) soll er hier und da einmal auftreten.

169. *Mustela intermedia* Sewerzow.

Der kaschgarische Zobel, „dschusar" der Kirgisen, bildet den Uebergang vom Zobel zum Marder. Sewerzow fand ihn im Gebiete von Semiretschensk, am Issikkul, oberen Naryn, Aksai, Tschu, Talas, Dschumgal, Susamir, unteren Naryn, Sonkul, Tschatyrkul, im Karatau und westlichen Tjanschan (Quellen des Arys, Keles, Tschirtschik, unterer Syr-Darja). Im Altyn-tagh ist er selten, häufiger in der Kirgisensteppe. Stellenweise geht er über die Waldgrenze im Gebirge hinauf.

### 170. *Mustela canadensis* Erxl.

*Gulo castaneus, ferrugineus* H. Smith. — *Martes canadensis* Gray, Schinz. — *Mart. Pennanti* Gray. — *Mustela alba* Rich. — *Must. canadensis* Cuv., Emmons, Fisch., Harlan, de Kay, Linsley, Rich., Schinz, Schreb. — *Must. canadensis* var. *alba* Rich. — *Must. Goodmanni* Fisch., Fitz. — *Must. huro* F. Cuv. — *Must. melanorhyncha* Bodd. — *Must. nigra* Turton. — *Must. Pennanti* Allen, Erxl. — *Must. piscatoria* Lesson. — *Viverra canadensis, piscatoria* Shaw. — *Viv. vulpecula* Schreb.

Der Fischer, Fischmarder, virginische Iltis, „Pekan" der Anglo-Amerikaner und Canadier, „wijack" der Odjibways, „otschilik" der Cree- „tha-cho" der Chippewayans, „black fox, black cat, woodschak" der Fellhändler, bewohnt Nord-Amerika vom 35. bis 66. Grad nördlicher Breite. Er ist am gemeinsten am Sclaven-See und Sclaven-Fluss, auf Aljaska, in Pennsylvanien, den Alleghanys, New-York, Vermont, Massachusets, bei Stanford. Ferner trifft man ihn in Labrador, Canada, Missouri, im Washington-Territorium, am Hoosak-River, wenn hier auch ziemlich selten. 1840 war er noch zahlreich bei Williamstown, fehlt jetzt aber östlich vom Mississippi. Im Westen erreicht er den Stillen Ocean. Auf den Vancouver-Inseln ist er nicht ganz zuverlässig sichergestellt. Richardson's *M. alba* ist ein Albino dieses Marders.

### 171. *Mustela flavigula* Bodd.

*Galidictis chrysogaster* Jard. — *Martes flavigula* Adams, Bodd., Bennett, Blyth, Jerd., Wagn. — *Mart. Gwatkinsi* Horsf. — *Mustela flavigula* Blanf. — *Must. flavigula* var. *borealis* Radde. — *Must. flavigula* var. *trunco fulvescente, fuscescente, lutescente, nigro* Wagn. — *Must. leucotis* Bechst. nec Temm. — *Must. quadricolus* (sic!) Shaw. — *Viverra quadricolor* Shaw.

Dieser Marder führt in seiner Heimath folgende Namen: in Nepal „kusiar"; bei den Birartungusen und Golde „charsá"; bei den Leptscha „sakku"; bei den Malayen „anga-praó"; in Bhutan „hussiah"; bei den Kumaon und in Gurhwal „tuturala, chitrala"; in der Sirmur-Sprache „kasia"; sonst im Himalaya „mul-sampra". Seine Verbreitung ist eine ziemlich ausgedehnte, denn wir finden ihn aufgeführt für den Himalaya, Nepal, Kaschmir, Tibet, Nord-Hindostan, wo er die subalpine Region bewohnt und bis 2500 m hinaufgeht. Auf der Halbinsel findet man ihn in den Bergen bei Travancore, in den Nilgherri-Hügeln und in den West-Ghats. Von Kaschmir und Hazara geht er nach Osten bis in die Gebirge Birmas, Ost-Assams (2300 m ins Gebirge), Hinter-Indiens und Malaccas. Nach Norden können wir ihn durch China, die Provinz Schensi, Gansu (bei Ssi-gu) Tibet (Tengri-noor bis Batang), bis nach Ost-Sibirien verfolgen. Er ist hier, zu zwei oder drei Stück zusammen- lebend, ein Hauptfeind der Moschusthiere und kommt besonders häufig im Amurlande vor, in der Mandschurei, in den Gebirgen östlich vom mittleren Ussuri, im Burejagebirge, seltener im Ditschunthal, den Dabtal-Vorbergen, am Südabhange des Stanowoi. Ebenso haust er im Lande der Golde, der Birartungusen. Seine Polargrenze fällt so ziemlich mit dem Westabhange des Burejarückens zusammen. Am oberen Amur und mittleren Sungari wurde er nicht beobachtet. Jerdon nennt ihn auch für Ceylon, doch widersprechen dem Kelaert und Tennent aufs entschiedenste. In gewissen Gegenden bildet *M. flavigula* Localspielarten, die wohl als gute Varietäten gelten können.

Var. 1. *Mustela Hardwickei* Horsf.

Gehört Formosa, Tibet, Nepal, Vorder- und Hinter-Indien, Java, Sumatra und Borneo an, kommt auch am Ussuri vor, jedoch sehr selten.

Var. 2. *Mustela Henrici* Schinz.

*Mustela Henrici* Westermann. — *Must. lasiotis* Temm.

Ist vom Ussuri, Malacca, aus dem Himalaya, von Sumatra (Padang, Bencoelen, Priaman), Borneo (Pleyharie), Java (Mount Gédé) bekannt.

Var. 3. *Mustela leucotis* Temm.

Lebt auf Java, Sumatra und Borneo, Palawan, Gross-Natuna, Balabac, den Calamianes, Cuyo, Sulu, Sibutu, Paternosterinseln.

172. *Mustela sinuensis* Humb.

Humboldt führt diese Art für den Rio Sinu in Central-Amerika und für Columbien auf. Näheres ist uns nicht gelungen in Erfahrung zu bringen.

## Genus XIV. Putorius Cuv.

173. *Putorius foetidus* Gray.

*Foetorius foetorius, putorius* Keys. et Blas. — *Mustela Eversmanni* Lesson. — *Must. foetida* Klein. — *Must. putorius* Bechst., Bell., Desm.,

F. Cuv., Linné, Pall., Schreb. — *Putorius communis* F. Cuv., Gray. — *Put. putorius* Less. — *Put. typus* Cornalia, F. Cuv. — *Put. verus* Brandt. — *Put. vulgaris* Griff., Owen. — *Viverra putorius* Shaw.

Der Iltis, Ilk, Elk, Ratz, Stänker, plattdeutsch „Hönerköter“, in Thüringen „Ilk, Ulk, Hausunk, Iltnis, Eltis, Elbthier, Elbkatze“ ist weit verbreitet und hat daher zahlreiche Namen: Albertus Magnus nennt ihn „illibenzus“; in der französischen Thierfabel heisst er „pusnais“ (= punaise, Wanze); im Altfranzösischen „fissan“; bei den heutigen Franzosen „le putois“; bei den Engländern „pole-cat, fitcher, fitchet“; bei den Italienern „puzzola“; bei den Spaniern „furon“; bei den Holländern „bunsing“; bei den Dänen „ilder“; bei den Schweden „iller“; bei den Tschechen „tschôr“; bei den Süd-Slawen „tscher, tschorz“; in Krain „twor“; rumänisch „dihor“; bei den Russen „chorjek“; bei den Letten „säskis, dukkurs, wella-kakkis“ (Teufelskatze); bei den Esthen „tuchkra“; bei den Burjäten „kunuri“; bei den Mongolen östlich vom Jablonoi-Gebirge „budrong-kudschum“; der ursprüngliche, echt mongolische Name des Iltisses ist „kurinna“.

In Deutschland ist der Iltis ein sehr gewöhnlicher Schädiger der Hühnerhöfe, besonders in Schleswig-Holstein, Brandenburg (Berlin, Potsdam, Königs-Wusterhausen), Pommern (Neustadt-Eberswalde, Grunewald), Hannover (Springe, Göhrde, Kirchrode), Provinz Sachsen (Colbitz-Letzlingen), Preussen (Sesen, Alfeld), Schlesien (Brieg, Ohlau, Noldau), Posen (Pempowo), Harz (Gedernhohenstein, Eichhorst, Wernigerode), Westphalen (Velen), Thüringen (Gräfenthal), Teutoburger Wald, Baden, Württemberg, Pfalz (besonders Forstamt Kaiserslautern), die bayerische Hochebene, Herzogthum Sachsen-Coburg (Callenberg sehr gemein), Königreich Sachsen (zahlreich bei Prohlis). Auf Rügen ist er seit 1835 sehr selten geworden.

In Oesterreich ist er ebenfalls allgemein verbreitet, besonders bei Brüx (Niedergeorgenthal), in Böhmen (Konopischt), Mähren (Datschitz), Niederösterreich (Mautern a. D., Sonnenburg, Asparn, Auhof, Laxenburg, Wiener Wald), Krain, Tirol (Innsbruck, Mutters, Natters, Wilten, Raitis, Kreith), Kroatien (Warasdin), Siebenbürgen, Steiermark, Ungarn (Munkacz, Bereger Revier, Szent Miklós, Oedenburg, Gödöllö), Kroatien. In der Schweiz bewohnt er die Ebenen und die Montanregion, steigt im Sommer bis zur Höhe von 2000 m und kehrt für den Winter zu den menschlichen Wohnungen im Thale zurück. Am zahlreichsten beherbergt ihn Graubünden. In Italien und Spanien haust er im Gebirge und erscheint zur rauhen Jahreszeit in der Ebene. In Venetien findet man ihn allenthalben. Auch in Frankreich bildet er keine Seltenheit, ebenso in Holland und Dänemark, wie im südlichen Schweden. Im zuerst genannten Staate trifft man ihn am häufigsten bei Leyden, Wassenaar und Nordwyk, wie Geldern. In England gehört er vorzüglich Cornwall an, in den übrigen Theilen, sowie auf Irland ist er ziemlich selten.

Da der Iltis im höchsten Norden nicht vorkommt, finden wir ihn in Russland nur in den gemässigten Strichen. In Finland ist er sehr selten, wie er überhaupt im Grossen und Ganzen den 60. Grad nördl. Breite nicht überschreitet. Im Petersburger Gouvernement (bei Jamburg), in den Ostseeprovinzen (besonders Livland bei Meyershof, Laudohn, Karkel, Salisburg, an der Salis und in Kurland), selbst in der Stadt Riga ist er ziemlich häufig. Gemein ist er in Lithauen, Polen, dem Gouvernement Poltawa (bei Glinsk), Kiew, überall am Dnjepr und Don, Woronesch, im Süden im Chersonschen (Elisawetgrad), bei Odessa und an der Wolga, besonders am Mittel- und Unterlaufe in den Steppen. Auch im Moskauer Gouvernement, Kostroma, in Perm, Ufa und Orenburg kommt er fast allenthalben vor. Die Krym besitzt ihn ebenfalls. In Nord-Russland und Lappland fehlt er. Im Kaukasus fand man ihn auf der Nordseite (Psebai) und bei Poti, während er Transkaukasien und Transkaspien fehlt.

Ueber den Ural (wo er im Norden mangelt, bei Tagilsk selten ist, gemeiner im Jekaterinburgschen, südlich vom Schaitanschen Zawod) geht er nach West-Sibirien und bis an den Jenissei, in die Kirgisensteppe und den Altai. In der Grossen Tartarei und am Kaspi-See bewohnt er das Flachland wie die Gebirge. In Central-Sibirien tritt er seltener auf, findet sich aber nach Przewalski's Angaben in Central-Asien südlich vom Kuku-noor und in der Dabasun-Gobi. Von dem Lande der Dwojedanzy und Kamenschtschiki reicht sein Gebiet bis Kamtschatka, und an manchen Stellen geht er über die Grenzen der gemässigten Zone nach Norden hinauf. In Ost-Sibirien ist er von verschiedenen Reisenden beobachtet worden, und zwar fehlt er hier am unteren Amur und an der Bureja, östlich vom Chingang trifft man ihn selten, ebenso in den Ebenen oberhalb der Bureja. Am oberen Amur haust er beim Posten Kasatkino, in der Staniza Bibikowo oberhalb der

Dseja, ferner in den Landschaften zwischen Argun und Schilka. Sehr zahlreich begegnete er den Reisenden bei Adon-tscholan (am Westabhange des Chingang-Rückens). In den Hochsteppen stellt er hier dem Bobac nach. Im Jablonoi und Sajan steigt er über die Schneegipfel und verfolgt im Hochgebirge den *Spermophilus Eversmanni.* An der Uda, im Selengathal, in den Gebirgen südwestlich vom Baikal, am oberen Irkut in den turkinskischen Bergen wird er in grosser Menge gefangen; längs der Angara steigt er hinab bis Ust-Bale und Alexandrowskoje.

Albinos kommen auch vor, so wurde in Deutschland einer bei Neustadt-Eberswalde erbeutet.

Var. 1. *Putorius Eversmanni* Gray.

*Foetorius putorius* var. *Eversmanni* Sewerzow. — *Mustela Eversmanni* Lesson, Licht., Schinz. — *Must. putorius* Blyth. — *Must. putorius?* Licht. — *Must. putorius* var. *Eversmanni* Fischer. — *M. putorius* var. *thibetanus* Hodgs. — *Putorius Eversmanni* Lesson, Licht., Schinz. — *Put. larvatus* Hodgs. — *Put. thibetanus* Horsf.

Der „sasyk-usün“ der Kirgisen wurde von Eversmann zwischen Orenburg und Buchara entdeckt. Diesseits des Ural kommt er nicht vor, ausser an der Wolga bei Sarepta und Astrachan, und im Süden an den Ausläufern des Ural im Orenburger Gouvernement. In West-Sibirien, im Altai (Altaiskaja staniza bis 1300 m), in der Steppenzone der Semiretsche, am Issik-kul, oberen Naryn, Aksai, Tschu, Talas, Dschumgal, Susamir, unteren Naryn, Sonkul, Tschatyr-kul, im Karatau und West-Tjanschan (bis an die Quellen des Arys, Keles, Tschirtschik und ihrer Zuflüsse), am Unterlaufe und im Delta des Syr-Darja ist er allgemein verbreitet, ebenso in den Niederungen des Ili, am Lepsa-Flusse und in den Vorbergen des Alatau. Durch Buchara geht er bis nach Nord-Sikhim, in den Utsang-District und nach Ladak (Ost-Tibet).

Dass dieser Iltis eine Varietät des gewöhnlichen, keine selbstständige Art vorstellt, sieht man aus dem Vorkommen von fahlgelben Exemplaren, die man als *Put. Eversmanni* ansprechen könnte, auch in Europa (z. B. fand man ein solches bei Schwandt nächst Penzlin, welches jetzt dem Museum Maltzan in Mecklenburg angehört).

Var. 2. *Putorius furo* L.

*Foetorius furo* Chatin, Keys. et Blas. — *Mustela furo* Fr. Cuv., Desm., Lesson, L., Schreb. — *Must. fusca* Bachm. — *Must. putorius* var. Flemm. — *Putorius foetidus* var. *furo, subfuro* Gray. — *Putor. vulgaris* var. *furo* Griff. — *Viverra furo* Shaw.

Dieses, neulateinisch „fur, furo, furetus" genannte, in Europa importirte, halbzahme Thier heisst französisch „le furet", spanisch „huron", portugiesisch „furao", englisch „ferret", celtisch „fured, fearird", in der Berberei „nimse". Aristoteles bezeichnet es mit „iktis", Plinius mit „viverra", Kaiser Friedrich II. nannte es „furetus". Bei Isidor von Sevilla figurirt es unter dem Namen „furo". Die deutsche Bezeichnung ist „Frettchen, Kaninchenwiesel".

Das Frettchen kommt wild nirgends mehr vor, ein Grund, der genügt, um es als ein Product künstlicher Zucht anzusehen. Man hält es jetzt als halbzahmes Hausthier in Nord-Afrika, Spanien und zu Jagdzwecken auch in Deutschland und anderen westeuropäischen Ländern. Unter den römischen Kaisern ward es auf die Balearen und nach Spanien importirt, die überhand nehmenden Kaninchen zu verringern. Unter der Araberherrschaft war es dort allgemein verbreitet. Auf den Canaren ist es verwildert.

174. *Putorius sarmaticus* Pall.

*Foetorius sarmaticus* Keys. et Blas Pall. — *Mustela peregusna* Güldenst. — *Must. pereouasca* Cuv. — *Must. praecincta* Rzacz. — *Must. sarmatica* Blyth, Cuv., Desm., Erxl., Fisch., Geoffr., Gmel., Hutton, Keys. et Blas., Lesson, Pall., de Philippi, Sawadzki, Schinz, Schreb., Scully, Zimm. — *Putorius sarmaticus* Gray, Griffith. — *Rhabdogale sarmatica* Pall. — *Viverra sarmatica* Shaw. — *Vormela* Gesner.

Die Russen nennen diesen Iltis „perewjaska"; die Polen „przewiaska"; in Süd-Russland ist auch die Benennung „perewostschik" gebräuchlich. Bei den Kalmücken heisst der Tigeriltis „tschocha"; bei den Kirgisen „sur-tyschkan".

Im europäischen Russland kommt er zwischen Wolga und Don, im Gebiet der schwarzen Erde, in Podolien, der Krym (in den Steppen), bei Saratow, Sarepta und im Ural bis $55^1/_2{}^0$ nördl. Breite vor. Seltener ist er in

Wolhynien, Polen, am Ufer des Schwarzen Meeres (bis zur Donaumündung) und im Gouvernement Woronesch. In Simbirsk fehlt er ganz und geht in West-Russland nicht über 53° nördl. Breite nach Norden. Nach Brincken wird er hin und wieder einmal im Bjalowescher Walde getroffen. Durch die Bukowina erstreckt sich sein europäisches Verbreitungsgebiet nach Rumelien und Bulgarien (Witoschgebirge, südlich von Sofia, Weg zwischen Dubniza und Samakow am Fusse des Bhilo-dagh), wo er sehr gemein ist. Im Kaukasus finden wir ihn bei Georgiewsk, an der Malka bis 1300 m ziemlich häufig, ferner in Transkaukasien, Talysch (Lenkoran), Armenien (Eriwan), weiter in Klein-Asien (Marasch, Zeitun) in den Ebenen und Vorbergen. Von hier geht seine Südgrenze über Persien (Shachpûr) nach Afghanistan (Quettah), wo er sehr gewöhnlich ist. Nördlicher treffen wir ihn in Turkestan sehr zahlreich am Mûrgab, in der Oase Merw, am Tedschend, seltener in den Bergen bei Sarax und Pul-i-khatun, in den Sanddünen am Chorgos und in der Ili-Niederung. In Transkaspien fand man den Tigeriltis bei Kaaka, Göurs, Dört-kuju, kann ihn also auch zur Fauna dieses Gebietes zählen. Die südlichsten Punkte, die er in Afghanistan erreicht, sind Quettah und Pishim, sowie Kandahar.

### 175. *Putorius vulgaris* Erxl.

*Foetorius nivalis* Mela. — *Foet. pusillus* Aud. et Bachm. — *Foet. vulgaris* Keys. et Blas. — *Mustela domestica* Agricola. — *Must. gale* Bechst., Cuv., Derm., Poll., Rich. — *Must. hyemalis* Poll. — *Must. nivalis* Acerbi, Forst., Grape, Gunner, L., Schreb. — *Must. pusilla* Brügger, de Kay. — *Must. stoliczkana* W. Blanf. — *Must. Stolzmanni* Taczanowski (?). — *Must. vulgaris* Aldrov., Allen, Briss., Desm., Eversm., Erxl., Gieb., Gray, Harlan, Lesson, L., Rich., Schreb. — *Must. (gale) vulgaris* Schinz. — *Must. vulgaris* var. *aestiva* Gmel. — *Must. vulgaris* var. *americana* Gray. — *Must. vulgaris* var. *nivalis* Gm. — *Mustelina vulgaris* M. Bogdanow. — *Putorius Cicognani* Rich. — *Put. pusillus* Aud. et Bachm., Linsley. — *Put. stoliczkanus* W. Blanf. — *Put. vulgaris* Brisson, Cuv., Emmons, Griffith, L., Rich., de Selis. — *Viverra nivalis* Thunb. — *Vir. vulgaris* Shaw.

Ein so weit über die Erde verbreitetes Thier, wie unser Wiesel, hat natürlich eine stattliche Reihe von Namen aufzuweisen. Die Portugiesen nennen es „doninha“; die Spanier „veso, comadreja“; die Basken

„andereigerra“; die Franzosen „beletto, marcot, marcotte“; im Altfranzösischen heisst es „bele“; italienisch „donnola“; Plinius gab ihm zuerst den Namen „mustela“, der noch heute bei Nizza in der Form „moustelle“ gebräuchlich ist. In Lothringen hat man die Bezeichnung „moteile“; in England „fairy, weesel, weasel“; in Wales „bela“; in Holland „wezel“; in Schweden „wessla“; im Plattdeutschen „lütt Wäselken“, in Bayern „Schönthierlein“; im Neugriechischen „nymphita, niphiza“; russisch „laska, lasika, lastiza, lasotschka“; ebenso bei anderen slawischen Stämmen; in Böhmen „lasice“; bei den Letten „sebbeekste, scheberis, scheberkste“; bei den Esthen „weike nürk“; bei den Meschtscherjäken und Baschkiren „ljätsa“; bei den Syrjanen „ljässitza“; bei den Lappen „seibusch, seibus“; in Lappmarken bei Utsjöki „seibelakki, seibasta, seibettamasch“; bei den Lappen am Enare „kafatsch“; bei den Mongolen „ugüss“; bei den Kirgisen „ak-tyschkan“; bei den Jakuten „nungur“; bei den Turkmenen in Yarkand „agha-makan“; endlich bei den Anglo-Amerikanern „least-weasel“.

Das gemeine Wiesel bewohnt ganz Europa und geht weiter nach Süden hinab, als das Hermelin. Auf Kola ist es selten, meist nur in der subalpinen Region. In die Ebenen wandert es nur mit den Lemmingen. Weiter begegnen wir ihm in Nordrussland (Petersburg, Ostseeprovinzen, Finnland), in den centralen Gouvernements (Moskau, aber ziemlich selten), in Litthauen, dem Kiewer, Wolhynischen, Podolischen, Charkower, Woronescher Gouvernement, am Mittellaufe der Wolga und in deren Delta, während es in den südlichen Salzsteppen fehlt. Besonders zahlreich ist es in Sareptas Umgebung. Im Süden Russlands erreicht das Wiesel die Krim (gemein bei Sebastopol). Durch Kasan und Perm (den Krasnoufinsker, Ossinsker, Oschansker, Jekaterinburger, Schadrinsker, Kamyschlower Kreis) geht es bis in die Ebenen und Berge im Ural.

Im Westen treffen wir es in Polen, Skandinavien, Deutschland. In letzterem ist es fast allenthalben sehr gemein, so in Preussen (Schleswig-Holstein, hauptsächlich in den Marschen; in der Mark bei Berlin, Potsdam, Rudow, Königswustershausen; in Pommern, dem Grunewald, Schorfheide; Posen, sehr zahlreich in Schlesien bei Nordau, Ohlau, Schräbsdorf, Raudnitz, Peterwitz, Herrnstadt, Ratibor; im Harz bei Wernigerode, Eichhorst, Gedern-

Hohenstein; in Westfalen; in Hessen, Frankfurt a. M., Kassel; in Hannover bei Springe, in der Göhrde, bei Kirchrode; in der Provinz Sachsen; in der Rheinprovinz), dem Königreich Sachsen, Württemberg, in Koburg (zahlreich bei Schloss Callenberg), im Mecklenburgischen, im Teutoburger Walde, im bayerischen Gebirge und auf Rügen, sowie Putbus.

Oesterreich beherbergt das Wiesel in allen seinen Kronländern. Am häufigsten scheint es in Niederösterreich zu sein, denn wir fanden Bemerkungen über sehr zahlreiches Vorkommen in Auhof, Laxenburg, Asparn, Baden, Seebarn, Grafenegg, Manhartsberg, Wiedendorf, Grossergrund, Aldenwörth, Utzenlaa, Neuaigen, Mautern a. D., Sonnenburg, Wiener Wald. In Böhmen (Konopischt) und Mähren (Datschitz) ist es eine gewöhnliche Erscheinung, ebenso in Ungarn (besonders bei Gereble, Tergenyé, Kerekudward, Leonyfalu, Oedenburg, Szent Miklos, Munkacs, Bereger Revier), Siebenbürgen, Steiermark und Kroatien. Nach Süden streift es bis Süd-Dalmatien. Um den Nordwinkel der Adria geht das Wiesel nach Venetien und Italien, wo es bei Salerno seinen südlichsten Punkt erreicht. Auf Sardinien fehlt es. In den Alpen treffen wir es bei Trient und in der Schweiz bis zu Höhen von 2700 m, und zwar oben häufiger, als in den Thälern, besonders in Graubünden. Obwohl wir für das westliche Europa keine specielleren Angaben fanden, so können wir doch ohne Bedenken das Vorkommen des Wiesels für Frankreich, Belgien, England annehmen. In Irland ist es sehr gemein, ebenso in Spanien (auch in der Sierra Nevada) und in Holland (bei Leyden, Noordwyk, Lisse, Katwyk), sowie der Balkanhalbinsel.

Von Südrussland geht es über den Kaukasus, wo man dasselbe an den Mineralquellen, in Georgien bei Tiflis, Kodschor, an der Malka bis 2500 m, und in Armenien fand, nach Asien hinüber, nach dem Gebiete von Talysch (Lenkoran) und Transkaspien (Aschabad), wo ebenso, wie in Turkestan, bei Yarkand, in der aralokaspischen Steppe und Afghanistan die von Blanford als *Mustela stoliczkana* beschriebene Form vorherrscht. In Persien, im Taurus (wo es bis 1200 m ins Gebirge hinaufsteigt), bei Anascha bildet es keine Seltenheit. Nach Osten können wir dasselbe, wie Sewerzow nachwies, im oberen Altai und Karatau bis zur Höhe von 1140 m finden, ebenso im westlichen Tjanschau (an den Quellen des Arys, Keles, Tschirtschik und deren Zuflüssen), am unteren Syr-Darja und im Delta desselben. Durch die Kirgisensteppe, wo unser kleiner Räuber bis

Kopal, in den Vorbergen des Alatau zahlreich umherschweift, folgen wir ihm nach Westsibirien (Tobolsk) und an den Balchaschsee. Es lebt auch in der Tundra am nördlichen Eismeer und verbreitet sich durch das russische Asien bis nach Kamtschatka hin. Seltener tritt es bei Ochotsk auf, in grosser Zahl bei Jakutsk und in den Grenzgebirgen der Mandschurei. Im Amurlande ist das Wiesel im Allgemeinen ziemlich selten (beim Giljakendorfe Allof), ebenso im östlichen Sajan, in den Baikalgegenden und in der Daurischen Hochsteppe, den Gebirgen an der Burejamündung (Skobelzina Staniza) und Kulussutajewsk. Am Ussuri scheint es häufiger erbeutet zu werden. Seine Südgrenze nach Central-Asien ist nicht genau festgelegt, scheint aber südlicher zu verlaufen, als die des Hermelins. In Korea ward es ebenfalls erbeutet.

Eine unserer Quellen nennt das Wiesel für Nord-Afrika, doch glauben wir am Vorkommen des gemeinen Wiesels daselbst zweifeln zu müssen (es liegt wohl eine Verwechselung vor).

In Nord-Amerika haust unser Räuber in den Unionsstaaten (Long Island, am Oberen See, Red-River, dem oberen Missouri, Oregon, im Washingtonterritorium, selten in Massachusetts, bei Pembina, von Minnesota bis zum Puget-Sund, um New-York) und in Britisch-Nordamerika (Hudsonsbay, Fort Resolution, Saskatschawan) und schliesslich auf Aljaska (Patskills). Wahrscheinlich, doch nicht ganz zweifellos, ist sein Vorkommen auf der japanischen Insel Yesso.

Var. 1. *Putorius boccamelus* Cuv.

*Mustela boccamela* Bechst., Schinz. — *Must. boccamele* Bonaparte, Cetti. — *Putorius boccamela* und *boccamele* Cetti. — *Put. vulgaris* var. *boccamelus* Cuv.

Diese Varietät, die „bocca di mela, boccamele, cannelnele, ana de muro e comodreja“ der Sarden, wurde vom Abbate Cetti Ende des vorigen Jahrhunderts in Sardinien aufgefunden. Später ward diese Form auf dem Festlande in Neapel, für den Kaukasus (bei Tiflis von Radde beobachtet) und Nord-Afrika (Algier) nachgewiesen.

176. *Putorius africanus* Desm.

*Gale semipalmata* Ehrenb. — *Mustela africana* Desm. — *Must. subpalmata* Sundevall. — *Putorius africanus* Schinz. — *Put. numidicus* Pucheran. — *Put. subpalmatus* Hempr.

Der arabische Namen dieses Thieres ist „ersch, abu'l'afên". Es ist eine Form, welche dem *Putor. vulgaris* und *boccamela* sehr nahe steht, vielleicht nur eine Localrasse (siehe Schluss des vorhergehenden Artikels) des gemeinen Wiesels. Man trifft unser Thier in den bewohnten Ortschaften Aegyptens, in Nord-Afrika (Algier), stellenweise in Klein-Asien und Kurdistan und auf der Halbinsel Morea.

### 177. *Putorius ermineus* L.

*Foetorius erminea* Keys. et Blas., Mela. — *Foet. ermineus* Sewerzow. — *Mus ponticus* Agricola. — *Mustela alpina* Leem. — *M. alpina candida* Wagn. — *M. alba* Rzacz. — *M. armellina* Klein. — *M. candida* Raj., Schwenkf. — *M. Cicognani* Bonap. — *M. erminea* L. et omnium systematicorum. — *M. ermineum* Pall. — *M. erminea* var. *aestiva, americana, hyberna* Gm. — *M. fusca* Aud. et Bachm. — *M.* (*Gale*) *fusca* Bachm., Schinz. — *M. longicauda?* Bonap. — *M. novaeboracensis* Wagn. — *M. Richardsoni* Bonap., Gray. — *M. vulgaris* Rich., Thompson. — *Mustelina erminea* M. Bogpanow. — *Putorius agilis* Aud. et Bachm. — *Put. Cicognani* Suckley. — *Put. erminea* Aud. et Bachm., Louis. — *Put. erminea* var. *Kanei* Gray. — *Put. ermineus* Aud. et Bachm., Cuv., Owen. — *Put. fuscus* Aud. et Bachm. — *Put.* (*Gale*) *erminea* Coues, Griff. — *Put. Kanei* Baird. — *Put. novaeboracensis* de Kay. — *Put. Richardsoni* Gray, Rich. — *Viverra erminea* Shaw.

Das Hermelin führt bei den verschiedenen Völkern seines Verbreitungsbezirkes folgende Bezeichnungen: Im Deutschen heisst es „Härnchen, Heermännchen"; im Altdeutschen „barmo"; im 12. Jahrhundert „harmelin"; im Plattdeutschen „grot Wäsel"; bei den Franzosen „l'hermine, rosselet" (Nordfrankreich); bei den Italienern „armellino"; in Spanien „armino, comadreja"; bei den Romanen der Alpen „musteila"; im Englischen „common weasel, ermine, scoat"; bei den Schweden „le-kat, ross-kat"; bei den Lithauern „szarmu, szarmonys"; bei den Letten „ermelins, sehrmulis"; bei den Russen „gornostai"; am Weissen Meere „gornostalj"; bei den Russen am Baikalsee „gornok"; bei den Polen „gronostai"; in Böhmen „chramostyl"; bei den Esthen „nürk"; in Lappland „puiti"; in Finnmarken „boaaid (♀ gadf., ♂ goaaige), sharke, pajtug, pujta (♀ katse, ♂ kajge)", die Jungen

„shuwge“; bei den Kirgisen „tygis“; bei den Baschkiren „kora-koirok“; bei den Syrjanen „sed-bosch“; bei den Jakuten „kyrnas“; bei den Giljaken „tyner, tynersch“; bei den Mangunen und Golde „dschuli“; im Geonggebirge „dscheli, dschyli“; bei den Kile und Somagern „dschuli, dschelaki“; bei den Orotschonen „krenasij“; bei den Sojoten und Burjäten im östlichen Sajan „ugüss“; bei den Tungusen am oberen Baikal „jeleki“; bei den Birartungusen „tschamuck-tschan“; auf Sachalin „tchymr“.

Im Allgemeinen nimmt das Hermelin, dessen Name wohl aus dem Lateinischen — von *pelles Herminiae* = *Armeniae* — herstammt, einen etwas grösseren Verbreitungsbezirk ein, wie das mit ihm zusammen lebende gemeine Wiesel. Wir finden es in der subalpinen Region Kolas, wo es bisweilen dem Lemming in die Ebene folgt, in Lappmarken bis an die Küste des Eismeeres hinauf, am Ponoi, auf der Insel Sosnowez, auf Kandalakscha, am Imandra, Enare, in Torneå-Lappmarken, bei Enontekis, Karesuando, Kengil, Kuusamo, Södanskylä, am Varangerfjord und am Nord-Cap. In Finnland (Wiborg), Petersburg, den Ostseeprovinzen (besonders in Riga, am Babit-See, sogar gescheckte Exemplare), in Lithauen, Polen, ferner in den Gouvernements Archangelsk (hauptsächlich im Kreise Mesen, Pinega und Schenkursk), Wologda, ist das Hermelin ziemlich reichlich vertreten. In den Dnjepr-Gouvernements, im Charkowschen, Woronescher und Moskauer ist es allenthalben verbreitet. Am Mittellaufe der Wolga, von Kasan bis zum Delta, ist dieser kleine Räuber ebenso gemein, wie an den Zuflüssen dieses Stromes. In den südlichen Salzsteppen soll er, nach Eversmann, fehlen. Bessarabien und die Krym (Simferopol) weisen ebenfalls das Hermelin auf. Im Uralgebiete bewohnt es das Gouvernement Perm (besonders die Kreise Krasnoufinsk, Ossinsk, Oschansk, Jekaterinburg, Schadrinsk, Kamyschlow, auch in cultivirten Strecken) und Orenburg (Spassk), und geht bis 62° n. Br. nach Norden (an der Wischera). Die Insel Oesel vor dem Rigaer Meerbusen zählt es ebenfalls zu ihrer Fauna.

In Deutschland fehlt das Hermelin auch nicht. Man begegnet ihm überall, am häufigsten in Mecklenburg, Preussen (Schleswig-Holstein in den Marschen, bei Berlin, Potsdam, Ohlau, Kassel, Nauheim bei Limburg an der Lahn), Württemberg, im Teutoburger Walde und in Koburg (bei Siebleben). In Oesterreich bewohnt es Böhmen in grosser Zahl, ebenso die anderen

Kronländer, Tirol (Trient, Bozen), die Hohe Tatra. Ueber die Tauernpässe, das Oetzthal und das Stilfser Joch, sowie den Pasterzen-Gletscher unter dem Grossglockner steigt unser Thier in die Schweiz, bis in die Schneezone von Graubünden und ins Tessin (St. Gotthard bis 3000 m in den Felsen der Schneeregion). In Italien geht es nicht südlicher, als bis zur Lombardei und ins Piemontesische, im Appennin fehlt es schon. Im Osten setzt der Balkan seiner südlichen Verbreitung eine Grenze. In Frankreich ist es ziemlich selten, geht aber über die Pyrenäen nach Spanien hinüber und erreicht sogar die Sierra Nevada. England und Irland beherbergen es zahlreich, ebenso Skandinavien (Nerike am Wetternsee, Schonen, Lappmarken, Ost-Finnmarken). In Holland fing man es bei Leyden, Wassenaar und in der Nordwyk.

In Asien findet das Hermelin ebenfalls zusagende Lebensbedingungen. Ueber den Kaukasus (Tiflis) können wir ihm nach Transkaukasien und in das Gebiet von Talysch, wo es den Winter in den Djungeln verbringt, folgen. In Persien, Klein-Asien, Afghanistan, dem Sedletschthal, in Nepal, Tibet, Ladak und Dras (W. von Ladak, N. von Zojila in Kaschmir) erreicht es seine Südgrenze für West-Asien. Nach Osten erstreckt sich sein Wohngebiet durch Turkestan und das Semiretschensker Gebiet (am Issikkul, oberen Naryn, Aksai, Tschu, Talas, Dschungal, Susamir, unteren Naryn, Sonkul, Tschatyrkul), bis zum Karatau und westlichen Tjanschan (Quellen des Arys, Keles, Tschirtschik und deren Zuflüsse, unterer Syr-Darja bis zum Delta), überall vertical bis zur Höhe von 4000 m im Gebirge. In Buchara im Pamir, Yarkand treffen wir auch auf das Hermelin, und von hier folgen wir seiner Südgrenze längs den Randgebirgen im Norden von Central-Asien.

Im ganzen nördlichen gemässigten Asien ist es allenthalben beobachtet worden. In West-Sibirien am Ob (Narynskaja Staniza, Scharkalskaja Staniza), im Altai (Altaiskaja Staniza), am Ischim, bei Tobolsk, Beresow, am Jenissei, in Central-Sibirien (Gebiet der Kamenschtschiki und Dwojedanzy), an der Lena (Oberlauf wie Unterlauf im Ulus Schigansk), sowie an der Jana (Werchojansk), bei den Tungusen und Jakuten, an der Indigirka und Kolyma (Sredne-Kolymsk), auf der Tschuktschenhalbinsel, am Ufer des Eismeeres überall in der Tundra, ist es gewöhnlich. Sehr häufig begegnet man dem Hermelin in den Vorbergen des Alatau (Abakumskaja Staniza), im Baikalgebiet und östlichen Sajan-Gebirge, selbst über die Schneegrenze hinauf. Auf den nackten Höhen des Stanowoi-Gebirges treibt es sich ebenso häufig umher, wie auf der Taymir-Halbinsel unter 73 Grad nördl. Breite. Die Baraba-Steppe bewohnt es in grosser Zahl, während es den Ebenen oberhalb der Bureja fehlt. Das Burejagebirge bildet seine Südgrenze. Im Amurgebiet haust es in den Dschewin-Höhen, im Geong-Gebirge, am Chongar. Während es am mittleren Onon häufig ist, tritt es im Chingang und in den Daurischen Hochsteppen nur selten auf. Seine Südgrenze im Ussuri-Gebiete bildet die Mündung des Sugatsché. Im äussersten Osten lebt es am Stillen Ocean, am Ochotskischen Meere, auf Kamtschatka. Bei Ochotsk, in den Dörfern Kuik, Wanj, Kullj, wie am Amur-Liman bei Puir ist es als Rattenvertilger ein geschätzter Mitbewohner menschlicher Niederlassungen. In bedeutender Zahl ward es auch an der Hadschi-Bay (49 Grad nördl. Breite) und in der Mandschurei beobachtet. Von den Inseln bewohnt es die Kurilen, Aleuten, Behrings-Inseln und Sachalin, wo es nur vereinzelt, im Thale der Tymja, getroffen wird. Auf den Fuchsinseln fehlt das Hermelin.

In Amerika findet man das Thier vom äussersten Norden unter 82 Grad nördl. Breite (Baffins-Bay), von Grants-Land, dem Smits-Sunde (81 Grad nördl. Breite) an über die Melville-Inseln, Grinell-Land und alle Inseln des amerikanischen Polarmeeres zerstreut. Es lebt auch in den Barren-Grounds (Tundren), auf Labrador, in Neu-Schottland, New-York, Illinois, Pennsylvanien, Arkansas und geht bis in die Gebirge Süd-Carolinas. In Massachusetts ist es ziemlich gemein, ebenso bei Boston, in Arizona, in den Staaten am Golfe von Mexico, in Neu-Mexico und Süd-Californien, sowie am Puget-Sunde. Bei Neu-Köln kommt die Form *Put. novaeboracensis* de Kay vor.

Auf der Ostküste Grönlands fand man das Hermelin bis zum 77. Grade nördl. Breite, an der Westküste auch nördlich vom Humboldtgletscher. Während wir bei Amerika fast alle Polarinseln von ihm bewohnt sehen, haben wir für den europäisch-asiatischen Theil des Eismeeres nur für Spitzbergen sicheren Nachweis über sein Vorkommen.

Seine Existenz in Nord-Afrika erscheint mehr als zweifelhaft.

### 178. *Putorius alpinus* Gebler.

*Mustela alpina* Gebler, Schinz. — *Must. altaica* Pall. — *Must. temon* Blanf., Hodg., Scully.

Die Tibetaner nennen dieses Wiesel „temon"; in Transbaikalien heisst es „s'olongo": die russischen Arbeiter in den Minen von Riddersk bezeichnen es mit „suslik, kamennij chorek". Es steht dem Hermelin sehr nahe. Seine Heimath ist der Altai (von 2300—3000 m Höhe), das Gebiet von Semiretschensk, die Gegenden am Issik-kul, Aksai, oberen Naryn und Mittel-Asien überhaupt unter dem 50. Grade nördl. Breite bis nach Sibirien hinein, ins Amurland und die Steppen des unteren Argunj. Nach Westen erstreckt sich sein Gebiet zum oberen Yarkand-Fluss, in die Mastagh-Berge und die Ebenen bei Yarkand. Nach Süden geht seine Verbreitung über den Karakorumpass und Küenlün nach Sikhim, Kumaon, Gilgit und Tibet, im Himalaya bis 3450 m und nicht unter 1700 m.

### 179. *Putorius longicauda* Rich.

*Mustela longicauda* Baird. — *Putorius Culbertsoni* Bd. — *Put. longicauda* Baird., Coues.

Diese ebenfalls dem Hermelin nahe verwandte Art, lebt am oberen Missouri und seinen Zuflüssen, am Platte-River, bei Carlton-House (wo seine Nordgrenze läuft), in Minnesota, Dakota, Montana, Neu-Mexico und Arizona. Im Westen erreicht sie das Stille Meer. Genauere Angaben seines Vorkommens fanden wir nicht.

### 180. *Putorius brasiliensis* Aud. et Bachm.

*Mustela affinis* Gray. — *Must. aureoventris* Gray. — *Must. brasiliensis* Burm., Fisch., Gray, Sewastianow. — *Must.* (*Gale*) *brasiliensis* Schinz. — *Must.* (*Neogale*) *brasiliensis* var. *brasiliana* Gray. — *Must.* (*Putorius*) *brasiliensis* d'Orbigny. — *Must. erminea* var. *xanthogenys* Gray. — *Must. frenata* Aud. et Bach., Gray, Licht. — *Must.* (*Gale*) *frenata* Wagn. — *Must. javanica?* Fisch., Seba. — *Must. Jelskii* Taczanowski. — *Must. leucogenys* nec *japanensis* Schinz. — *Must. macrura* Taczanowski. — *Must. Stolzmanni* Taczanowski. — *Must. xanthogenys* Gray. — *Putorius aequatorialis* Coues. — *Put. agilis* Tschudi. — *Put. brasiliensis* Sewastianow. — *Put. brasiliensis* var. *aequatorialis* Coues. — *Put.* (*Gale*) *brasiliensis frenatus* Coues. — *Put. frenatus* Aud. et Bachm., Bd., Coues, Licht. — *Put. Kanei* Baird. — *Put. mexicanus* Berlandier. — *Put. Stolzmanni* Taczanowski. — *Put. xanthogenys* Gray.

Der „guaxini“ der Brasilianer, die „comadreja“ der Mexikaner, bewohnt ein weites Gebiet, das sich von der Behringsstrasse bis nach Süd-Amerika hinein erstreckt, darum bildet dieses Wiesel auch klimatische Varietäten. Im Norden, an Amerikas Westküste finden wir es als *Putorius Kanei;* in Californien, bei San Francisco, San Diego haben wir *Putorius xanthogenys* und weiter südlich leben *Putorius aequatorialis* (Ecuador) und *brasiliensis* (Brasilien). Im Uebrigen gehört das Thier zur Fauna von Mexico, Texas (Monterey), Tamaulipas, Matamoras, Central-Amerika (Guatemala und Yucatan), Neu-Granada, Venezuela, Peru bis Cutervo, Yurimaguas, in der Maynas-Ebene und den nassen Wäldern (*Put. Stolzmanni*). Ferner haust es in Hoch-Bolivia und Brasilien bis Rio Janeiro hinab. Einige Autoren führen dieses Wiesel auch für Oregon, Illinois (Astoria) und Fort Crook an, andere lassen es im Osten nur bis zum Rio Grande gehen.

### 181. *Putorius nigripes* Coues.

*Putorius* (*Cynomyonax*) *nigripes* Aud. et Bachm., Gray.

Diese Art hat nur einen kleinen Verbreitungsbezirk, denn wir finden sie blos in dem centralen Hochlande der Vereinigten Staaten, am Platte-River, in Kansas, Nebraska, Wyoming, Montana, Colorado. Nach Norden reicht ihr Gebiet bis zum Milk-River in Montana. Im Süden bildet Texas (Cook-County) die Grenze.

### 182. *Putorius sibiricus* Pall.

*Mustela itatsi?* Temm. — *Must. sibirica* Cuv., Desm., Giebel, Gmel., Gray, Pall., Schreb. — *Putorius davidianus* A. Milne-Edw. — *Put. sibirica* Griff. — *Put. sibiricus* var. *sibirica* Gray. — *Viverra sibirica* Gray, Shaw. — *Vison sibirica* Gray.

Die Namen dieser Species lauten: bei den Pelzhändlern Sibiriens „kulon, kolonók, cholan, krassik“; bei den Mongolen „ssolongcha“; bei den Tungusen „nonnö, solongo“; bei den Ostjaken „sojuk“; bei den Birartungusen „soluge“; bei den Monjagern „sholié, sollogé“; bei den Sojoten „cholungó“; bei den Orotschonen „solongo“; bei den Kile am Kur „sole“; bei den Golde am Ussuri „soloi“; bei den Mangunen „tscholtschi“ und „ngwakole“; bei den Giljaken des Continents „zongrsk“.

Die Verbreitung dieses dem Nörz ziemlich nahestehenden Thieres erstreckt sich über ein ansehnliches Gebiet. Von den Bergwäldern am Jenissei und im Altaigebirge an treffen wir dasselbe bis zum Stillen Ocean fast überall. Am häufigsten fällt es den Jägern bei der Altaiskaja Staniza, am Jenissei, bei Jakutsk, überhaupt in West-Sibirien, ferner im Ussuri-Gebiet, am Suiffun, im Amurlande, am Chongar und Gorin, wo es in den Bergen gemein ist, am Ochotskischen Meere, an der Hadschi-Bay (49 ° nördl. Breite) zur Beute. Seltener ist es im System der Oka; bei dem Posten Norün-charoiskij karaul (1520 m über dem Meere) findet man es nicht mehr, wie es auch überhaupt die Waldgrenze nicht überschreitet. Um den Baikal haust es im Westen, im mittleren Irkut-Thale, am Nordwinkel des Sees, wo es sogar recht häufig auftritt. Weiter lebt es am unteren Argun, am Schilka und sehr zahlreich im Bureja-Gebirge. Einzelne Exemplare werden auch am mittleren Onon, im Gebüsch, erbeutet. Nach Norden erreicht es den 66. Grad nördl. Breite (wo der Iltis nicht mehr lebt), obwohl es hier selten innerhalb des Polarkreises auftritt, so an der Kurejka. Bei Igarskoje ($67\frac{1}{2}$ ° nördl. Breite) findet man es nicht mehr. Bei Turuchansk werden viele gefangen. Die Südgrenze geht bis China, Provinz Kiang-si, hinab. Wo es an Wäldern mangelt, fehlt auch *Put. sibiricus*, also in den daurischen Hochsteppen; aber auch auf Kamtschatka, Sachalin und den Inseln Japans ward er nicht angetroffen.

### 183. *Putorius canigula* Hodgs.

*Mustela canigula* Hodgs. — *Must. Hodgsoni* Gray. — *Putorius canigula* Blanf. — *Put. Hodgsoni* Gray. — *Vison canigula* Gray.

Dieses Thier ist sowohl mit der vorhergehenden, wie mit der folgenden Art nahe verwandt, ja möglicher Weise sind alle drei nur Varietäten einer Species, was wir aus dem uns zu Gebote stehenden Material leider nicht zweifellos feststellen konnten. Die Heimath dieser Form beschränkt sich auf Nepal, Tibet (Lhassa), Chamba und Pangi im Nordwest-Himalaya (bis 2300 m über dem Meere), Dharmsola, das Chenabthal und Kaschmir.

### 184. *Putorius subhaemachalanus* Hodgs.

*Mustela Hodgsoni* Horsf. — *Must. Horsfieldi* Gray. — *Must. humeralis* Blyth. — *Must. subhaemachalana* Jerd., Schreb., Wagn. — *Putorius Horsfieldi*

Gray. — *Put. subhaemachalanus* Blanf. — *Vison Horsfieldi* Gray. — *Vison subhaemachalanus* Gray.

In Nepal heisst dieses Thier „kran, gran“; bei den Leptcha „song king“; in Bhuton „temon“; bei den Chinesen „shui lar“. Es wird in Kaschmir, Sikhim (nicht unter 2000 und nicht über 3600 m Meereshöhe), in Chola, bei Dardjiling, Landour, Mussoree, im West-Himalaya und Afghanistan, in den Khasihügeln — überall in der Baumregion — gefunden. In China begegnete man ihm in der Provinz Gansu, bei der Stadt Ssigu, in der Alpenzone. Neuerdings fand man es in Tenassarim (Bhamo, Meteleo, Carinhills).

185. *Putorius melampus* Wagn.

*Mustela melampus* Mus. Mon., Schinz., Schreb., Temm.

Diese nörzähnliche Art, der „aka-ten“ der Japaner, lebt nur auf den japanischen Inseln, wiewohl für Yesso auch noch immer nicht sicher nachgewiesen.

186. *Putorius calotus* Hodgs.

Ueber diese Species fanden wir weiter nichts, als die lakonische Angabe „Himalaya, Tibet“.

187. *Putorius strigidorsus* Blanf.

*Mustela strigidorsa* Gray. — *Putorius strigidorsus* Gray, Hodgs., Horsf., Jerdon.

Ist nur in Sikhim und Tenasserim (Thagata) bekannt.

188. *Putorius nudipes* F. Cuv.

*Foetorius nudipes* ?. — *Gymnopus leucocephalus* Gray. — *Mustela nudipes* Cuv., Desm.

Diard führt diese Art für Sumatra, Borneo, Java, Süd-Tenasserim und Malacca auf, doch lebt sie auch auf Palawan, Tambelan, Bungoran, Balabac, den Calamianes, Cuyo, Sulu, Sibutu und Pater noster. Die Angabe „Japan“ ist offenbar ein Irrthum. Die Sohlen des Thieres sind ganz nackt.

189. *Putorius kathia* Blanf.

*Mustela auriventer* var. *kathia* Hodgs. — *Mustela kathia* Hodgs., Horsf., Jerd., Schreb., Wagn. — *Putorius kathia* Horsf., Hodgs. — *Putorius auriventer* Hodgs.

Wird im Himalaya, westlich von Mussoree, in Höhen von 900 bis 2300 m gefunden, ausserdem in den Khasihügeln und in den Bergen südlich von Assam. Der nepalesische Name lautet „kathia nyal“. Ein Reisebericht nennt ihn für das Ussuri-Gebiet, doch wird das wohl auf Verwechselung beruhen. In Tibet will man ihn ebenfalls bemerkt haben.

190. *Putorius astutus* A. Milne-Edw.

Der gelbbauchige Iltis (Nörz?) kommt auf den höchsten Bergen der Provinz Moupin und Fukjans vor und geht vielleicht bis Ost-Tibet. Am häufigsten ist er bei der Stadt Ssigu im Gansu-Gebiet und in den Bergen südlich von Tantschan, wo er die Alpenwiesen und Rhododendrondickichte bewohnt.

191. *Putorius moupinensis* A. Milne-Edw.

Besitzt dieselbe Verbreitung, wie die eben vorher genannte Art.

192. *Putorius Fontanieri* A. Milne-Edw.

Wurde aus China (Amoy) gebracht. Weiteres ist über diese beiden Arten nicht zu eruiren gewesen.

193. *Putorius lutreola* Cuv.

*Foetorius lutreola* Keys. et Blas. — *Hydromustela lutreola* M. Bogdanow. — *Lutra lutreola* Shaw, Schinz. — *Lutra minor* Erxl. — *Lutra vison* Shaw. — *Mustela lutreola* Cuv., Desm., Eversm., Giebel, Lesson, L., Nilss., Pall., Schreb. — *Must. rufa* Desm. — *Must. vison* Brisson. — *Putorius (Lutreola) lutreola* Anjubault, Brandt, Griff. — *Put. aterrima* Pall. — *Put. (Viverra) aterrima* Pall. — *Vison lutreocephala* Gray. — *Vis. lutreola* A. Brehm, Gray. — *Viverra lutreola* Acerbi, Gray, L., Pall.

Der Nörz hat bei den verschiedenen Völkern, deren Heimath er bewohnt, folgende Namen: bei den Deutschen „Sumpfotter, Wasserwiesel, kleine Fischotter, Krebs, Steinhund, Ottermarder, Menk, Wassermenk (in Lübeck), Mänk, Ottermänk“ (im Plattdeutschen); bei den Franzosen „le mink“; bei den Engländern „the mink, lesser otter“; in Schweden „mänk“; in Polen „nurek“; bei den Tschechen „norek“; bei den Russen „norka“; bei den Klein-Russen „nortschik“; bei den Letten „minkins, uhdele, duppuris“; bei den Esthen „ohdras“; bei den Baschkiren „schäschke“.

Einen grossen Theil seines Verbreitungsgebietes hat der Nörz durch die Verfolgungen der Menschen schon eingebüsst. So war er früher in Holstein und Mecklenburg sehr gemein; 1843 traf man ihn noch bei Frauenburg, 1852 in der Grafschaft Stolberg im Harz, 1859 im Braunschweigischen. Jetzt ist er ein seltener Bewohner von Mecklenburg (Ludwigslust, Schwerin, Plau, Korleputt, Waren, Ankershagen, Schwanbeck, Bützow, Wentowsee, Schalsee, Gut Viezen, Kluss, Hohen Viecheln, Greese, in der Lewitz, Müritz), Pommern, der Mark Brandenburg, Lübeck (zwischen Himmelsdorfer, Schall- und Dassower See), am Ratzeburger See, bei Bohlendorff im Lauenburgischen, in Ost-Holstein, bei Plön (Ruhleben), bei Eberswalde, Bremen (Vegesack), im Lüneburgischen, bei Emden, bei Göttingen (an der Leine), in der Drömling (Allersümpfe), an den Bergwassern im Harz, bei Riddagshausen in Braunschweig, in Schlesien (Ohlau, Brieg), in Posen.

Oesterreich beherbergt ihn hier und da in den Karpathen, in Galizien, Böhmen, aber nur höchst selten, ebenso wie er in der Schweiz am Brienzer See, bei La Braye (Morat), bei Monnaz (Marges im Waadtlande) zuweilen getroffen wird. Etwas häufiger begegnet man ihm in Siebenbürgen, Ungarn (Szent Miklós, Munkacs), sowie Niederösterreich (Sonnenburg, Mautern a. D.).

Russland weist ihn stellenweise noch ziemlich reichlich auf. Er ist hier vom Eismeere bis an den Pontus verbreitet, also in Finland, auf Kola (Kuusamo in der Waldregion, anderwärts wohl nicht), im Gouvernement Petersburg (selbst beim Smolna-Kloster), Wologda, in den Ostseeprovinzen, auch in Morästen (Livland bei Drobusch), Lithauen und Polen. Am häufigsten ist er in den Flussthälern, z. B. an der Wolga und ihrem ganzen System (Oka, Sura, Kama, Wjatka), in den Gouvernements Kasan, Simbirsk, Saratow, selbst an den kleinsten Rinnsalen, wo weder Krebse noch Fische (ausser *Cobitis barbatula* und *taenia*) vorkommen. Ferner haust er in Wjatka, Perm (Schadrinsker Kreis), Orenburg. Das Bassin des Ilmen-Sees (Msta), das Gouvernement Nowgorod ist reich an Nörzen. Nach Norden geht er bis ins Archangelsche Gouvernement an der Petschora (63 ° nördl. Breite) hinauf. Im Moskauer Gouvernement ist er höchst selten zu spüren, am Dnjepr und Don aber hat er sich bis in unsere Tage zu halten vermocht, woher man ihn öfter im Kiewschen, Wolhynischen (Shitomir), Woroneschschen, an der Medwediza (Don-Zufluss), am Donez, in Bessarabien fängt.

Nach Osten gewinnt er mehr und mehr an Ausbreitung und erscheint in Gegenden, denen er früher fehlte. So ist er jetzt in Ufa (Sterlitamak), in Perm (in den Kreisen Bogoslowsk, Kamyschlow, Irbit, Jekaterinburg, Sysertsk, Kaslinsk) seit 15 Jahren sehr gemein geworden. In der Pawdinschen Domäne, an der Soswa und Loswa, an den Kama-Zuflüssen ist er in grosser Menge aufgetaucht, während er im Kyschtymschen Ural (an der Sinara und Tetscha) noch ziemlich selten angetroffen wird. Die Ebenen meidet er hier und lebt nur im Gebirge. Der südwestliche Ural scheint ihm besonders zuzusagen, da er hier in dem Krasnoufimsker, Näsepetrowsker, Ufalijsker und Polewsker Kronforsten auf Schritt und Tritt aufstösst.

Sehr selten ist der Nörz im Süden des europäischen Russland und in der Krym fehlt er ganz. Für die Nord- und Südseite des Kaukasus (Malka bis 1300 m, Sotscha) wies ihn Radde nach. Früher ging er nicht über den Ural hinüber, doch sahen wir schon oben, dass er das Gebirge überschritten hat, und in Sibirien streift er bis an den Tobol (bei der Einmündung der Sissera). Eine sehr dunkle, aus Sibirien stammende Spielart beschrieb Pallas als *Viverra aterrima* — ein Fall von Melanismus, der öfter vorkommen dürfte.

Var. 1. *Putorius itatsi* Temm.

*Foetorius itatsi* Temm. — *Mustela itatsi* Temm. — *Mustela putorius* Giebel. — *Must. sibirica* Coues, Hensel, Pall. — *Putorius itatsi* Schleg.

Brauns scheint uns vollkommen im Rechte zu sein, wenn er den japanischen Nörz mit unserem als Varietät vereinigt. Gray hat ihn (ob Druckfehler oder Versehen des Autors?) „italsi" und „natsi" genannt, während der japanische Name „itatschi" lautet. Das Thier ist auf allen Inseln Japans gefunden worden, scheint aber auf Nippon und Yesso (auch in Häusern!) besonders häufig aufzutreten.

Var. 2 *Putorius vison* Gapper.

*Lutra lutreola* und *vison* Shaw. — *Mustela canadensis* Erxl. — *Must. canadensis* var. *vison* Bodd. — *Must. lutreocephala* Harlan. — *Must. lutreola* Evers., Fisch., Forst., Goodm., L. — *Must.* (*Lutreola*) *lutreola* var. *americana* Schinz. — *Must.* (*Lutreola*) *vison* Wagn. — *Must.* (*Martes*) *vison* Desm., Griff. — *Must. minx* Turton. — *Must.* (*Putorius*) *vison* Rich. — *Must. rufa* H. Smith.? — *Must. vison* Blainv., Bris., Gmel., Harlan, Lesson, L., Rich.,

Schreb., Tomps., Wied. — *Must. wimingus* Burton. — *Putorius lutreolus* Allen, Cuv. — *Put. lutreolus* var. *vison* Allen. — *Put. nigrescens* Aud. et Bachm., Baird. — *Put. vison* Allen, Aud. et Bach., Baird, Coope, Coues et Yarrow, Emmons, Rich., Wied. — *Vison lutreocephala* Gray. — *Vison lutreola* Gerr., Gray. — *Viverra lutreola* Pall.

Die für diese Varietät in Amerika gebräuchlichen Namen sind „Mink, Vison, Mountain-brook Mink, little black Mink"; bei den Cree-Indianern „shakweshew", „atjakashew", „jakash". Der amerikanische Nörz haust allenthalben in Nord-Amerika, wo Wasser vorhanden ist, also in Labrador, Michigan, Neu-England, am Saranak-Lake, im Essex-County, New-York, Maine, Neu-Köln, auf den Inseln an der Eismeerküste, auf Aljaska (Kadiak), bei Fort Yukon, an der Mündung des Yukon und Kuskokwim, im Colorado-Territorium, beim Fort Resolution, Fort Nelson, F. Simpson, F. Randall — wenn auch nirgends häufig. Mehr südlich finden wir ihn in Massachusetts, beim Fort Leavenworth, in Pennsylvanien, Missouri (Brookhaven) und Maryland, am Tuscaloosa und Alabama und bis Florida hinab. Im Westen erreicht er den Stillen Ocean (Puget-Sund).

## Genus XV. Lyncodon Gervais.

194. *Lyncodon patagonicus* Blainv.

*Conepatus patagonicus* Gray. — *Mustela patagonica* Blainv. — *Putorius patagonicus* Blainv., Gray.

Dem luchsähnlichen Gebisse hat dieser kleine Mustelide seinen Namen zu verdanken. Seine Heimath sind die Wälder und Gebüsche Patagoniens und das südliche Argentinien. Am häufigsten wird das einem Hermelin ähnliche Thierchen in der Sierra Mendoza, zwischen Rio Negro und Rio Colorado (Rincon grande) beobachtet.

# Subfamilie III. Lutrinae.

## Genus XVI. Lutra Erxl.

195. *Lutra vulgaris* Erxl.

*Lutra angustifrons* Lataste. — *Lutra nudipes* Melchior. — *Lutra piscatoria* Kerr. — *Lutra roënsis* Ogilby, Schinz. — *Lutra variegata* Cuv. — *Lutra* var. *albomaculata* Kraus. — *Lutra vulgaris* Blyth, Bonap., Giebel,

Jerd., Keys. et Blas., Scully, Siebold, Thomas. — *Mustela lutra* Georgi, Grape, Lagus, L. — *Viverra lutra* L., Pall.

Ein so weit über die alte Welt verbreitetes Thier, wie die gemeine Fischotter, hat natürlich eine grosse Menge localer Benennungen, die wir hier — soweit es uns gelungen, dieselben zu sammeln — folgen lassen: Deutsche, Schweden und Holländer haben das Wort „otter"; die Dänen und Plattdeutschen nennen sie „odder"; die Norweger „slonter"; die Russen „poroschna, poretschnaja, poretschnik, wydra"; die Polen und anderen Slawen „wydra"; die Letten „uhdris"; die Lithauer „udra"; die Rumänier „vidre"; die Italiener und Portugiesen „lontra, ludria, lonza"; die Spanier „nutria, perra de agua"; die Franzosen „loutre"; die Provençalen „loiria, luiria"; die Engländer „common otter"; kymrisch lautet der Name „dufrgi"; gällisch „dobran"; esthnisch „saarem"; Tataren und Baschkiren bezeichnen die Otter mit „kama"; die Kirgisen mit „kundus"; die kleinasiatischen Türken mit „kundusch, su-itti"; die Syrjanen mit „wurd"; die Japanesen nennen sie „kausso, kawa-usso": arabisch heisst sie „kelb-el-mâ"; abessynisch „dsari": amharisch „dagasta"; im Tigrié-Dialect „tagosa"; im Dekhan „pani-kutta"; im Canarese-Dialect „nirnai"; im Hindustani „ud, ud-bilao"; im Mahratten-Idiom „lad, panmandjur, jal-mandjur, jal-manus"; bei den Tamilen „nirunai"; bei den Telugu-Drawidas „niru-kuka"; malayisch „andjing-ayer"; persisch „sag-i-ab, sek-mahi"; bei den Mongolen Cis- und Transbaikaliens „kalun"; bei den Mandschu „chailon, chaulu, kaulu"; bei den Monjagern und Birartungusen „dschukin"; bei den Giljaken „ngy"; auf Sachalin „pchyik"; bei den Orotschen, Mangunen, Somagern und Golde „mudu"; bei den Kile „mugdscheki"; bei den Golde am oberen Ussuri „dschuku"; bei den Orotschonen „dschukun"; in Daurien „kalo"; bei den Ainos „jessaman"; auf den Kurilen „issaman"; chinesisch „s'üta"; bei den Lappen am Imandra „tscheuris, tschärnis, ♂ gaige, ♀ snaka, snakka"; ♂ juvenis „farrogaige", ♀ juvenis „farrosnaka".

In Spanien und Portugal lebt der Fischotter an Gebirgswässern bis 1400 m Meereshöhe. In Frankreich findet man ebenfalls noch in vielen Gewässern den schädlichen Fischräuber. In Italien haust er vom äussersten Süden an überall, ja selbst innerhalb der Mauern Roms. In Venetien wird er seltener. Die Schweiz beherbergt ihn noch zahlreich. Er ist von der Thalebene bis in die Alpenregion gemein, besonders in Graubünden, Luzern, Basel (am Rheinufer), in der Aar, in Bern, an der Limmat bei Zürich, an der Rhone bei Genf, im Waadtlande, an der Reuss, in der Oberalp, am Inn im Ober-Engadin (bis 2000 m), an der Simbacher Bahn (Pastellen), am Interfluss. Ueber 2500 m scheint er nicht hinaufzugehen.

In Deutschland ist der Fischotter noch äusserst zahlreich. Es scheint uns geboten, hier alle uns bekannt gewordenen Fundstellen genau aufzuführen, da mit der grösseren Entwickelung des Fischereiwesens diesem gefährlichen Feinde der künstlichen Fischzucht natürlich der Krieg erklärt worden ist und zu seiner endlichen Ausrottung auf deutschem Boden führen muss.

In Preussen kommt der Fischotter vor in Hannover, Lüneburg, an der Weser, Ems, im Harz (Wernigerode, Gedernhohenstein, Eichhorst), in der Provinz Sachsen, Kreis Gardelegen (Altmersleben), Bitterfeld (Ostrau), bei Wittenberg (Fleischerwerder), Dobien, Scherndorf an der Unstrut, bei Erfurt, Halle, Trotha an der Saale, bei Merseburg, bei Belgern an der Elbe, bei Ulzigerode (Mansfeld), bei Magdeburg, Ronney bei Barby, in der Altmark, in Westphalen, im Münsterlande, in der Rheinprovinz, bei Beckingen und Haustadt, Lorch, St. Goarshausen, an der Loreley, in der Bever, in Hessen, Pommern (Tangermünde, Stettin, Stolp, Anklam), Ost- und Westpreussen (Spirdingsee), Posen, Schlesien (Schräbsdorf, Peterwitz, Raudnitz,. Ratibor, Pless, Fürstenstein, Noldau, Mühlgraben von Kummernick, sogar schwarze Exemplare, Militsch), in Schleswig-Holstein, auf Rügen (war hier 1535 sehr gemein). Ferner treffen wir den Otter in Thüringen (Gräfenthal), Reuss (Saaldorf, Weidmannsheil bei Lobenstein), Schwarzburg-Rudolstadt (an der Ilm bei Gräfinau), im Württembergischen (Stuttgart), am Murrhardt (wo 1884 ein gefleckter Exemplar *L.* var. *albomaculata* v. Krauss erlegt wurde). In Boden am Bodensee, bei Bombach an der Tauber, in Hessen (Grävenweissbach bei Usingen), Waldeck (in der Diemel), in der Pfalz, am Main (Frankfurt, Rüsselsheimer Festung, Raunheim, Mönchhof, Worms), in Lothringen ist er ebenso gewöhnlich wie in Bayern. Wir finden ihn in Oberfranken für die Ortschaften an der Rodach (Zufluss des Main), an der Eger, Röslau, Thüringer Saale, Regnitz, Wiesent, Trubach, Puttlach und Ebrach und Ill angeführt. In Mittelfranken lebt er an der Rednitz, Bibert, Retzot, Roth, Schwabach, am

Donau-Main-Kanal, an der Regnitz und Pegnitz, Aurich, Altmühl, Wieseth (Bach bei Ornbau, fällt in die Altmühl), Anlauter, Wöhrnitz, Sulzach, Ampfrach, Pleinfeld, Tauber. In Unterfranken haust der Fischotter bei Kostheim am Main, an der Gersprinz, Aschaff, an der fränkischen Saale. In Schwaben treibt er sein Wesen in der Donau, am Lech, Iller, in der Memminger Ach, Günz und Weissach. Bei Fürth, bei Neustadt am Kulm, Passau, Ludesch (in Vorarlberg), Stadtprozellen, Tölz, Ditramszell, Kloster Heilsbronn, in Oberbayern (Weilheim, München, Freising), an der Loisach, Isar, am Inn, am Chiemsee, Salzach und Saalach, an der Sur, in den Forstamtsbezirken Rosenheim, Marquardstein, Reichenhall sind die Jäger beständig mit der Vertilgung des geschmeidigen Wassermarders beschäftigt. Im bayerischen Hochgebirge steigt er bis 1460 m, selbst bei tiefem Schnee, über die Grate und Pässe (Hohenwaldeck, Rhonberg, Siedleckrücken), um fischreiche Gebirgsbäche zu erreichen.

In Oldenburg und Mecklenburg ist er noch immer häufig, besonders bei Stangenhagen, Trebbin, Tollensee, Federow, Müritz, am Schilfwerder bei Schwerin, Speck bei Waren.

Für Holland und Belgien, besonders Flandern, wird der Otter ebenfalls genannt. In Dänemark bildet er die *L. nudipes Melchior* bezeichnete Localrasse. Grossbritannien und Irland besitzen ihn auch, hauptsächlich am Lea-Fluss, bei Louth in Lincolnshire, im Montgommerycounty. In Irland giebt es ebenfalls eine Localrasse, welche Ogilby *Lutra roënsis* nannte.

Oesterreich beherbergt in seinen reichen Jagdgründen selbstverständlich unseren Räuber in grosser Zahl. Niederösterreich weist ihn hauptsächlich in den Revieren Seebarn, Grafenegg, Manhardtsberg, Wiedendorf, Grossergrund, Aldenwörth, Utzenlaa, Neuaigen, Asparn, Auhof, Laxenburg auf. In Oberösterreich haust er bei Ranshofen. In Böhmen ist er so gemein, dass er sich sogar bis in die Mauern der Stadt Prag verirrt. Bei Konopischt, in Schwarzenberg, Krumau, Wittingau, Frauenberg, Winterberg, Stubenbach, Protivin, Cheynow, Domansic, Lobosic wurden 1892 22 Stück erlegt. Weiter müssen wir ihn für Mähren (Datschitz), Galizien (Brody), Krain, Steiermark (Murau), Siebenbürgen und Ungarn (Gödöllö, Gereble, Tergenye, Kerekudvard, Leanyfalu, Munkacs, Szent Miklós) nennen. In Bosnien erbeutete man Ottern bei Jezero am Pliwa-See.

In Griechenland und Bulgarien soll der Fischotter ebenfalls nicht fehlen, doch haben wir nichts Näheres in Erfahrung bringen können. Auf Island hält er sich meist an der Meeresküste auf. Von Skandinavien haben wir nur Angaben, dass er die Scheren von Tromsö bewohne.

Wenn Deutschland und das übrige Europa den Otter noch immer in grosser Zahl besitzen, so kann es natürlich nicht wunderbar erscheinen, wenn Russland sehr reich an diesem Pelzthiere ist. Auf Kola kommt er fast überall am Meere, an den See- und Flussufern vor und steigt vertical bis in die subalpine Region der Birken. Am gemeinsten ist der Otter am Ponoi an der Murmanküste, auf Kandalakscha, auf dem Saschejek am Flusse Niwa, auf der Insel Jok-ostrow, am Imandra, im Kamennij pogost, bei dem Städtchen Kola und am Not-osero (See). Die Flüsse Näwduna, Tuloma, Pas-reka, Enare und Utsjöcki liefern ihm reichliche Nahrung. Durch Finmarken bis zum Varangerfjord, in Lappland, bei Karesuando, Kuusamo und Enontekis ist er selten. Im Gouvernement Archangelsk trifft man den Otter an Bächen im Schenkursker Kreise, am Mesen, an der Pinega und den Petschoranebenflüssen bis zur Ussa. In Wologda haust er bei Ust-Sysolsk; in den Ostseeprovinzen (Livland bei Karkel, Kemmershof, in Woobach bei Werro, im Embach, am Peipus-See, Kurland und Esthland) ist er seltener als in Lithauen gespürt. Sehr viele giebt es in Petersburg (Newa) und Nowgorod. Das Moskauer Gouvernement ist nicht reich an Ottern, am ehesten trifft man sie noch im Dmitrowschen, Bogorodsker und Swenigorodschen Kreise. Die Dnjeprdepartements Kiew, Tschernigow, Kursk, Podolien, Wolhynien, Poltawa, und die am Don und Udi (Woronesch, Charkow) besitzen ihn wohl auch, aber nur in sehr geringer Zahl, in Woronesch ist er sogar — bis auf den Fluss Usman — fast ausgerottet. Einzeln stösst er einmal hier und da in Bessarabien auf. An der Wolga ist er verschwunden und lebt nur noch im Delta, am Sinij morez. Die Ostgouvernements sind dagegen wieder reicher an Ottern. Kasan besitzt sie in seinem nordwestlichen Theile, im Tannengebiete, in den grossen Wäldern an allen Flüssen. Simbirsk hat nur im Alatyrschen Kreise, in der Surskaja-Domäne, Ottern. Wjatka bewohnt das Thier soweit nach Süden, als es Flüsse giebt. Perm und der Ural haben Ueberfluss an diesem Räuber. Die meisten Felle kommen von Zarewokokschaisk (Kasan), Sterlitamak (Ufa), aus der Pawdinskaja-Domäne, von Goroblagodatskoje von den Flüssen Tura und Kuschaika, von

Tagilsk vom Kukui und von der Serebrjännaja. Seltener erbeutet man Ottern im Bogoslowsker Kreise, an den Flüssen, die zur Soswa und Loswa gehen (Wogranj, Kokwa, Tueja, Languru). Am Oberlaufe dieser beiden Ströme und im Schadrinsker Kreise fehlen sie ganz, ebenso in den Seen des südlichen Ural.

Der Kaukasus beherbergt den Fischotter in allen seinen Flüssen, im Kur, Terek, Rion, in der kleinen Besletka bei Suchum-kalé, wie in der Lenkoranka bei Lenkoran am Kaspi-See. Bei Borshom wurden öfter welche gefangen. Durch Armenien können wir dem Otter nach Klein-Asien folgen, wo er im Taurus, am Cydnus gemein ist. Durch Mesopotamien verbreitet er sich bis nach Persien, wo ihm auf dem Plateau, in der Persepolisebene, bei Ispahan, Schiraz (Bandomirfluss), in Khusistan, an den Elbruzflüssen der Aufenthalt durch Fischreichthum gesichert ist. Weiter sehen wir ihn in Beludschistan, Afghanistan, Turkestan (in Höhen bis 1200 m), in Semiretschensk am Issikkul, oberen Naryn, Aksai, Tschu, Talas, Dschumgal, Susamir, unteren Naryn, Sonkul, Tschatyrkul, im Karatau und West-Tjanschan, wo er den Arys, Keles, Tschirtschik, den unteren Syr-Darja und Amur-Darja sowie deren Delta bewohnt. Häufig ist er in Transkaspien, aber nur an klaren Gebirgsbächen bei Duschak, am Kulkulaubach, im Kopetdagh, im Altai (an der Buchtarma), in Central-Asien am Balchasch, am Ili bei Kuldscha, im Gebiete des Tarim und Lob-noor, an den zahlreichen, fischbesetzten Seen und Flüssen in der grossen Tartarei und im Altyntagh. Sibirien bietet natürlich noch genug Schlupfwinkel für unseren Räuber. Er geht hier bis zum Polarkreise nordwärts und erreicht im Osten Kamtschatka. Viel fängt man ihn am Ob bei Beresow, am Irtysch und den Zuflüssen. Seltener ist er am Jenissei, bei Sumarokowo, Bachtinskoje im Ostjakenlande. Die Dwojedanzy und Kamenschtschiki zahlen ihren Tribut in Otterfellen. Am Witim, an der Olekma, im Amur- und Ussurigebiet, wie am Stillen Ocean sind die Otter eine häufige Beute der Jäger. Am Stanowoigebirge und seinen Verzweigungen, am Argun, Gorin, Sidimi, Kur, an der Bureja, Dseja, am Jai, Chongar, Naichi, Dondon, Ussuri, Noor, Amur, im Sojotenbezirke, am Udir und Golin (Burejazufluss), im östlichen Chingang-Gebirge wird ihnen eifrig nachgestellt. Die Verfolgungen haben ihn stellenweise schon verschwinden lassen, so am Bache Tümelik (1859) bei den Sojoten, im Baikal- und Jablonoigebirge, in den daurischen Steppenflüssen, im Gebiet zwischen Argun und Schilka.

Am Ochotskischen Meere, an der Indigirka und auf Kamtschatka giebt es ihrer noch genug. Auf Sachalin ist der Otterfang ein reichlich lohnender, besonders an der Tymja beim Korsakowskij-post, bei der Taraika-Ansiedelung und an der Nabilskij-Bucht, ebenso auf den Kurilen und Korea.

Auf der chinesischen Seite, am unteren Argun, bilden die Ottern eine Seltenheit, dagegen in China selbst (Choi-sjan, in felsigen Gegenden am Meer, in Schensi, im Gansu-Gebiet) sind sie an allen Flüssen zahlreich vorhanden. Ueber Tibet, Ladak, Gilgit, Leh, das Indusgebiet, Kaschmir, den nordwestlichen Himalaya, Bengalen, Indien und Ceylon reicht dann das Verbreitungsgebiet nach Süden. Auf Japan finden wir den Otter am Meere, an allen Flüssen der waldreichen Gebirge, auch auf Yesso, reichlich vertreten.

Auch in Afrika soll (gewiss?) unser gewöhnlicher Fischotter oder wenigstens ihm sehr nahestehende Varietäten leben. Leider ist aber in systematischer Beziehung darüber nichts bekannt. Genannt wird er für Nord-Afrika, Maghreb, Selif, M'safran, Sûq, Harâsé, Algier, Bona, Abessynien (Woha-bet-Marjam, Takazié, Adowa, Thal Belegos zwischen Semiên und Wagiéra, in Gajám und Agow-meder), schliesslich (eine gelbliche Abart) am Tsana-See (nach Heuglin).

Sehr nahestehende Varietäten sind:

Var. 1. *Lutra nair* F. Cuv.

*Barangia? nipalensis* Gray. — *Lutra aurobrunnea* Anders., Hodgs. — *L. nair* Anders., Blyth, Elliot, Geoffr., Jerd., Kelaert. — *L. indica* Gray.

Diese in Pondichery „nir-naipe", bei den Hindu „nir-nair", bei den Mahratten „jul-mandschur" (Wasserkatze) genannte Form wurde von Leschenault aus Pondichery gebracht. Sie kommt ausserdem am Indus, im Pendjab, Himalaya, Nepal, Birma, auf Malacca, bei Rangoon, im Dekhan und auf Ceylon vor.

Var. 2. *Lutra tarayensis* Hodgs.

Nur für die Ebene am Himalayafusse und Nepal, sowie Tibet aufgeführt.

Var. 3. *Lutra kutab* Hügel.

Soll aus Kaschmir stammen.

Var. 4. *Lutra chinensis* Gray.

*Lutra Swinhoei* Gray.

Aus China (Ningpo) auch am Meer.

Var. 5. *Lutra lutronecta* Gray.

*Lutronecta Whiteleyi* Gray.

Aus der Mandschurei.

196. *Lutra barang* F. Cuv.

*Lutra barang* Fisch., Lesson, Raffl. — *Lut. fuliginosa* M. S. — *Lut. leptonyx* Wagn. (irrthümlich), Horsf. — *Lut. simung* Lesson, Horsf.

Die Sumatraner nennen das Thier „bomprang" oder „barang-barang"; die Javaner „sero, ambrang"; die Borneaner „adjing-ayer" (Wasserhund).

Die Heimath dieses Otters ist Java, Sumatra, Borneo, Banka und die Palawangruppe, wo er am Meer sehr zahlreich dem Fischfange obliegt.

Var. 1. *Lutra monticola* Hodgs.

*Lutra Ellioti* Anders., Blanf., Flower. — *L. macrodus* Gray. — *L. monticola* Anders., Gerrard, Gray, Schinz. — *L. nair* Blyth, Cantor. — *L. tarayensis* Blyth.

Im Sindh heisst dieses Thier „ludra"; in Birma „hpyan"; bei den Talain „phey"; bei den Karen „bong"; bei den Malayen „mamrang, amrang, adjing-ayer".

Seine Verbreitung geht durch ganz Indien, vom Fusse des Himalaya an durch das Sindh, Birma und Malacca sowie Tenassarim (Taho, Carinhills bis 1200 m).

197. *Lutra sumatrana* Gray.

*Barangia sumatrana* Gray. — *Lutra barang* Cantor, Gerrard. — *Lutra simung* Horsf., S. Müller. — *Lutra sumatrana* Anders., Blanf.

Auf Borneo nennt man diesen Otter „simung"; bei den Malayen „adjing-ayer".

Verbreitet ist er über die Sundainseln, vor allen Dingen Java, Sumatra, Borneo, Palawan, Bolabac, Bungoran, die Calamianes, Cuyo, Sulu, Sibutu, Paternoster und Solombo, vielleicht auch über Malacca.

### 198. *Lutra cinerea* Illig.

*Aonyx Horsfieldi* Gray. — *Aonyx indigitata* Gray. — *Aonyx leptonyx* Blyth., Cantor, Gray, Horsf. — *Aonyx sikimensis* Hodgs. — *Lutra cinerea* Flower. — *Lutra indigitata* Hodgs., Horsf. — *Lutra leptonyx* Anders., Blanf., Blyth., Fisch., Horsf., Jerdon. — *Lutra perspicillata* J. Geoffr. — *Lutra Swinhoei* Gray.

Die Namen dieser Art sind im Bhutân „chusam“; bei den Leptcha „suriam“.

Die bei *L. sumatrana* genannten Inseln, Malacca, Assam, Birma, Süd-China (Amoy), der untere Himalaya, Nepal, Sikhim, die Gegend um Calcutta, Madras und das Nilgherrigebirge bilden die Heimath dieser Form.

### 199. *Lutra canadensis* F. Cuv.

*Latax canadensis* und *latacina* Gray. — *Lataxina mollis* Gray. — *Lutra americana* Wymann. — *L. brachydactila* Wagn. — *L. brasiliensis* Desm., Goodm., Harlan, Thomps. — *L. californica* Bodd., Coope, Gray. — *L. canadensis* Allen, Aud. et Bachm., Barnston, Coues und Yarrow, F. Cuv., Emmons, Fisch., H. Geoffr., Giebel, Griff., de Kay, Lesson, Lindsley, Rich., Sabine, Samuels., Schreber, Schinz., Wied., Woodh. — *L. canadensis* var. Aud. et Bachm. — *L. chilensis* Berm., Molina. — *L. destructor* Barnston. — *L. felina* Gray. — *L. gracilis?* Oken. — *L. hudsonica* F. Cuv. — *L. latacina* F. Cuv., Fisch., Geoffr. — *L. lataxina* F. Cuv., Fisch., J. Geoffr., Griff., Lesson, Schinz. — *L. vulgaris* var. *canadensis* Schreb., Wagn. — *Mustela canadensis* Turton. — *Must. felina* Molina. — *Must. hudsonica* Lacepéde. — *Must.* (*Lutra*) *chilensis* Kerr.

Die Yakima-Indianer nennen diesen Otter „nookshi“; die Cree-Indianer „neekeek“.

Er ist über ganz Nord-Amerika, wenn auch überall nur sparsam, verbreitet. Man findet ihn an allen ins Eismeer gehenden Flüssen bis zu ihrem Oberlaufe hinauf, ebenso auf Aljaska und den Küsteninseln, an der Hudsonsbay, im britischen Nord-Amerika, New-Foundland und in den Vereinigten Staaten bis Costa Rica im Süden. Die meisten Felle kommen aus Canada, vom Kaskadegebirge, vom Mackenzie-River, dem Oberen See, Umbagogsee (Maine), Fort Berthold (Dakota), Saranacsee (New-York), Bayfield, County

Milwaukee (Wisconsin), Fort Cobb (Indianaterritorium), vom Missouribassin, dem Mississippi, aus Tenessee, Maryland, Massachusetts, vom Potomak und Klamath-Lake. Früher sehr häufig, jetzt seltener, erbeutet man ihn in Neu-Mexico, Mexico (Tabasco), Arizona am Chevelon-Fork, in Carolina, Louisiana, Georgia, Saint Simons Island, Texas, Kansas, Jowa, am Salt-Lake, in Washington und an der Pacifickiiste (Oregon, Californien).

### Var. 1. *Lutra latifrons* Nehring.

*Lontra brasiliensis* Gray. — *Lutra brasiliensis* F. Cuv., Gmel., Gray, Pall., Schreb., Wagn. — *Lutra californica* und *Californiae* Gray. — *Lutra chilensis* Bennett, Molina, Tschudi. — *Lutra enhydris* F. Cuv., Fisch., Geoffr. — *Lutra felina* Molina, Pöppig, Shaw. — *Lutra lontra* Gray. — *Lutra paranensis* Rengg., — *Lutra paroënsis.* — *Lutra peruviensis* Gervais — *Lutra platensis* d'Orbigny, Waterh. — *Lutra solitaria* Natterer, Schinz., Wagn. — *Lutra suricaria* Lesson. — *Mustela felina* Molina. — *Must. lutra brasiliensis* F. Cuv., Gmel. — *Nutria felina* Gray.

Die „lontra pequena, ijija, carigueibeiu" gehört zur Fauna von Brasilien (Rio Jacuhy, Ypanema, Rio Macacu im Orgelgebirge, Provinz Rio Janeiro, Bahia, Matto grosso, Rio Gauporé, Nas Torres), Paraguay, Parana, Argentinien (Buenos-Ayres), Patagonien (Flüsse und Lagunen, Westküste, Magellanstrasse), Chili (auch auf dem Chonos-Archipel), Peru (San Lorenzo) und Guyana.

Nach Gray soll dieser Otter auch in Central-Amerika, Guatemala und Californien, sowie in der mexikanischen Provinz Orizaba heimisch sein.

### Var. 2. *Lutra insularis* F. Cuv.

*Lutra insularis* H. Geoffr.

Lebt auf den kleinen Antillen (Trinidad).

Nahe verwandt mit *Lutra latifrons*, vielleicht identisch ist

### 200. *Lutra montana* Tschudi.

Wir lassen diese Art einstweilen als selbstständig gelten, da aus dem uns zugänglichen Material sich keine sicheren Schlüsse ziehen liessen. Sie soll in Peru bis 2000 m über dem Meere vorkommen.

201. *Lutra brasiliensis* Zimm.

*Lutra brasiliensis* Burm., F. Cuv., Fisch., nec Gray, Hensel, Kerr., Nehring, Ray., Wied. — *Lutra lupina* Schinz. — *Lutra paraguaensis* Schinz. — *Lutra Standbackii* (sic!) Gray. — *Mustela brasiliensis* Gmel. — *Pteronura brasiliensis* Nehring. — *Pteronura Sambachii* (sic!) Gray. — *Pteronura Sandbachi* Gray. — *Pteronura Standbackii* Lesson. — *Pterura Sambachi* Wiegm. — *Saricoria brasiliensis* Lesson.

Diese grosse, flachsschwänzige Art gehört Süd-Amerika an, wo sie unter dem Namen „ariranha" bekannt ist. Man findet sie an den Gewässern vom britischen und holländischen Guyana, bei Demerary, Essequibo, Surinam, am Sarayacu, Orinocco, in Brasilien am Rio Macacu im Orgelgebirge, am Jacuhy, Rio Madeira, am Guapuré, im Matto grosso, bei Borba, Marabitanas, in Rio Grande do Sul, im Lagunengebiete (Rio Santa Maria, Mundo novo), Minas Geraes, am Rio Negro und auch südlich vom Rio Uruguay. Westlich kommt sie im Osten der Republik Ecuador vor (Olf. Thomas); ihre Südgrenze bildet Paraguay und Argentinien.

## Genus XVII. Aonyx Lesson 1827.

202. *Aonyx de Lalandei* Lesson.

*Anahyster calabaricus* Murr. — *Aonyx de Lalandei* J. Geoffr. — *Lutra capensis* F. Cuv., A. de Lalande, Rüpp., Schinz. — *Lutra inunguis* F. Cuv. — *Lutra aonyx* ?. — *Lutra Lenoiri* Rochebr. — *Lutra leucothorax* ?. — *Lutra poënsis* Waterh.

Der arabische Name des Thieres ist „jâ-sêtân-bêgi, jâ-sêtân-faras"; am Zambesi heisst es „subiti"; bei den Njamnjam „limmu".

Seine Heimath bilden die südafrikanischen Sümpfe, die Gewässer der Algoabay, die Landschaften am Zambesi (vom Victoria-Fall bis zur Küste), die Seen Ngami und Tioge (nach Anderson), die Ostküste bis Habesch hinauf (Bereza in Schoa selten, häufiger zwischen dem 13. und 12. Grad nördl. Breite), das Bosêres-Gebiet, Om-Durmân, sowie die Flüsse bei Hêwân im Fazoglo. In Urua lebt es im Flusse bei Manda.

Schweinfurth beobachtete diesen Otter bei den Njamnjam; ob er im Lande der Galla vorkommt, ist noch fraglich. An der Westküste Afrikas wurde er im Gebiete von Liberia und bei Otjipahe, südlich von Mossamedes, gefangen. Auf Fernando Po haust er ebenfalls und ist von Waterhouse als besondere Art betrachtet worden, die aber einer strengeren Kritik nicht Stand halten kann.

203. *Aonyx maculicollis mihi.*

*Hydrogale maculicollis* Büttikofer, Gray, Licht. — *Lutra grayi* Verr. — *Lutra maculicollis* Licht.

Lebt in Süd- und West-Afrika, im Kaffernlande, an der Goldküste und im Gebiete von Liberia.

## Genus XVIII. Enhydra F. Cuv.

204. *Enhydra marina* F. Cuv.

*Enhydra lutris* Gers., Gray, de Kay. — *Enhydra marina* Aud. et Bachm., Coope, Elliot, Flemm., Griff., Licht., Mart. — *Enhydra Stelleri* Rich. — *Enhydris canadensis* Schreb., Schrenk, Temm. — *Enhydris gracilis* Fisch., Shaw. — *Enhydris lutris* Coues, Gray, Licht. — *Enhydris marina* Emmons, Flemm., Gerv., Giebel, Licht., Schinz, Schreb., Schrenk, Steller, Temm., Wagn. — *Enhydris Stelleri* Fisch., Flemm. — *Latax argentata* Lesson. — *Latax gracilis* Pennant. — *Latax* var. *gracilis* Shaw. — *Latax marina* Lesson. — *Lutra gracilis?* Oken., Shaw. — *Lutra lutrina* F. Cuv. — *Lutra lutris* Fisch., J. Geoffr., Lesson. — *Lutra marina* Desm., Elliot, Erxl., Gloger, Goodm., Harlan, Shaw, Schreb., Steller, Wagn., Zimm. — *Lutra (Enhydra) marina* Rich. — *Lutra Stelleri* Lesson. — *Mustela lutra* L., Schreb. — *Must. lutris* Gmel., Linné, Schreb., Turton. — *Phoca lutris* Pall. — *Pusa orientalis* Oken.

Die russischen Pelzjäger nennen den Seeotter „morskoi bober (Seebiber), medwedka (Bärin), koschlak, kal'an"; die Japaner „kaiku, rakkö"; die Giljaken „lygni"; die Mangunen „takko, targa, targachssa"; Buffon bezeichnete das Thier „saricovienne"; die Franzosen „loutre de Kamtschatka"; die Engländer „sea otter".

Wie häufig das interessante Geschöpf früher war und wie selten es jetzt geworden ist, das wird am deutlichsten durch das Steigen der Preise auf die Felle illustrirt. Während zu Steller's Zeit ein Balg für 12 Mk. zu erhalten war, kostet ein solcher jetzt 300 bis 1500 Mk., bessere Sorten bis

2500 Mk. Seine Nordgrenze bilden etwa die Behringsinseln, das Behringsmeer und der Eskimo-Sund. Die Südgrenze auf der asiatischen Seite reicht jetzt nur bis zu den Kurilen; auf der amerikanischen geht sie noch bis zum 28. Grad nördl. Breite, also bis nach Californien hinab (Scammon). Am häufigsten wird jetzt der Seeotter auf den Aleuten (Amukta, Seguam, Sanak oder Soanach, Unimak, Tschernobur, Umnak, Districte Lanak und Belkowsky und Attu) gefangen. Westlich von Attu, auf Unalaschka, bei Sitcha, ist er noch ziemlich häufig, aber sonst überall sehr selten geworden, so auf den drei ersten Kurilen, auf den Commodore-Inseln, an Kamtschatkas Küste (Awatscha-Bay, Cap Lopatka), auf Aljaska, den Charlotte-Inseln und am amerikanischen Ufer. Auf den Pribylow-Inseln, an der nordöstlichen Küste Sachalins, in Nord-Japan ist er vollständig ausgerottet, während er früher, nach Siebold's Angaben, auf Yesso und Nord-Nippon hier und da vorkam. An der Küste von Korea fehlt er schon seit Jahrzehnten.

Schliesslich nennen wir einige Arten, über die wir so geringe Auskunft gewinnen konnten, dass es nicht einmal möglich war, sie in irgend eine der Subfamilien oder Genera hineinzuordnen.

205. *Mustela cuja* Molina.

Ohne Heimathsangabe oder sonstigen Ausweis.

206. *Putorius cuja* ?

Soll aus Chili herrühren. Vielleicht mit der vorhergehenden Art identisch und ein Stinkthier?

207. *Putorius quiqui* Pöppig.

Soll, wie wir in der Litteratur bemerkt fanden, nicht mit *Mustela quiqui* Molina's zusammengehören. Heimath Chili.

208. *Putorius barbatus* L.

Ohne allen Ausweis.

209. *Mephitis virginiana* ?

Heimath Nord-Amerika. Die Beschreibung fehlte, so dass nicht festgestellt werden konnte, zu welcher Species sie zu ziehen war.

## Vertheilung der Familie Mustelidae nach den Regionen.

| | I. | II. | III. | IV. | V. | VI. | VII. | VIII. | IX. | X. | Bemerkungen |
|---|---|---|---|---|---|---|---|---|---|---|---|
| Subfamilie I: **Melinae** . . . . | . | * | * | * | * | * | . | * | * | . | |
| Genus I: ***Meles*** . . . . . . | . | * | * | ? | * | . | . | . | . | . | |
| Spec. 1. *Meles taxus* Schreb. . . | . | * | * | ? | * | . | . | . | . | . | |
| var. *Meles leptorhynchus* A. Milne-Edw. . . . . . . . | . | . | . | . | * | . | . | . | . | . | |
| Spec. 2. *Meles anakuma* Temm. . | . | . | . | . | * | . | . | . | . | . | |
| Genuss II: ***Arctonyx*** . . . . | . | . | . | * | * | . | . | . | . | . | |
| Spec. 3. *Arctonyx collaris* F. Cuv. | . | . | . | * | * | . | . | . | . | . | |
| var. *Arctonyx taxoides* Blyth. . | . | . | . | * | * | . | . | . | . | . | |
| Genus III: ***Mydaus*** . . . . . | . | . | . | * | . | . | . | . | . | . | |
| Spec. 4. *Mydaus meliceps* F. Cuv. | . | . | . | * | . | . | . | . | . | . | |
| Genus IV: ***Mephitis*** . . . . . | . | . | . | . | . | . | . | * | * | . | |
| Spec. 5. *Mephitis mephitica* Coues. | . | . | . | . | . | . | . | * | * | . | |
| „ 6 „ *macrura* Coues. | . | . | . | . | . | . | . | * | * | . | |
| „ 7. „ *putorius* L. . . | . | . | . | . | . | . | . | * | * | . | |
| Genus V: ***Ictonyx*** . . . . . | . | . | * | . | . | * | . | . | . | . | |
| Spec. 8. *Ictonyx zorilla* Sundevall. | . | . | * | . | . | * | . | . | . | . | |
| var. *Ictonyx frenata* Flower. . | . | . | * | . | . | * | . | . | . | . | |
| Spec. 9. *Ictonyx albinucha* Thnub. | . | . | . | . | . | * | . | . | . | . | |
| Genus VI: ***Conepatus*** . . . . | . | . | . | . | . | . | . | * | * | . | |
| Spec. 10. *Conepatus mapurito* Coues. | . | . | . | . | . | . | . | * | * | . | |
| Genus VII: ***Taxidea*** . . . . | . | . | . | . | . | . | . | * | ? | . | |
| Spec. 11. *Taxidea americana* Waterh. . . . . . . | . | . | . | . | . | . | . | * | . | . | |
| var. *Taxidea Berlandieri* Coues. | . | . | . | . | . | . | . | * | ? | . | |
| Genus VIII: ***Helictis*** . . . . | . | . | . | * | * | . | . | . | . | . | |
| Spec. 12. *Helictis orientalis* Gray. | . | . | . | * | . | . | . | . | . | . | |
| „ 13. „ *personata* Geoffr. . | . | . | . | * | * | . | . | . | . | . | |
| „ 14. „ *subaurantiaca* Flow. | . | . | . | . | * | . | . | . | . | . | |
| Genus IX: ***Mellivora*** . . . . | . | . | . | * | . | * | . | . | . | . | |
| Spec. 15. *Mellivora capensis* Schreb. | . | . | . | . | . | * | . | . | . | . | |
| var. *Mellivora leuconota* Sclater. | . | . | . | . | . | * | . | . | . | . | |
| Spec. 16. *Mellivora indica* Burton. | . | . | . | * | . | . | . | . | . | . | |
| Subfamilie II: **Mustelinae** . . | * | * | * | * | * | . | . | * | * | . | |
| Genus X: ***Galictis*** . . . . . | . | . | . | . | . | . | . | . | * | . | |

| | I. | II. | III. | IV. | V. | VI. | VII. | VIII. | IX. | X. | Bemerkungen |
|---|---|---|---|---|---|---|---|---|---|---|---|
| Spec. 17. *Galictis barbara* Bell. . | . | . | . | . | . | . | . | . | * | . | |
| var. *Galictis peruana* Tschudi. . | . | . | . | . | . | . | . | . | * | . | |
| Genus XI: ***Grisonia*** . . . . . | . | . | . | . | . | . | . | . | * | . | |
| Spec. 18. *Grisonia crassidens* Nehring. . . . . . . | . | . | . | . | . | . | . | . | * | . | |
| Spec. 19. *Grisonia vittata* Bell. . | . | . | . | . | . | . | . | . | * | . | |
| var. *Grisonia chilensis* Nehr. . | . | . | . | . | . | . | . | . | * | . | |
| Genus XII: ***Gulo*** . . . . . . | * | * | . | . | * | . | . | * | . | . | |
| Spec. 20. *Gulo borealis* Nilss. . . | * | * | . | . | * | . | . | * | . | . | |
| Genus XIII: ***Mustela*** . . . . | * | * | * | * | * | . | . | * | . | . | |
| Spec. 21. *Mustela martes* L. . . . | * | * | * | . | ? | . | . | . | . | . | |
| „ 22. „ *foina* Erxl. . . . | . | * | * | * | ? | . | . | . | . | . | |
| „ 23. „ *zibellina* L. . . . | * | * | . | . | * | . | . | . | . | . | |
| var. 1. *Mustela brachyura* Temm. | . | . | . | . | * | . | . | . | . | . | |
| „ 2. „ *americana* Turton. . | * | . | . | . | . | . | . | * | . | . | |
| Spec. 24. *Mustela intermedia* Sew. | . | * | * | . | ? | . | . | . | . | . | |
| „ 25. „ *canadensis* Erxl. . | ? | . | . | . | . | . | . | * | . | . | |
| „ 26. „ *flavigula* Bodd. . . | . | * | ? | * | * | . | . | . | . | . | |
| var. 1. *Mustela Hardwickei* Horsf. | . | . | . | * | * | . | . | . | . | . | |
| „ 2. „ *Henrici* Schinz. . . | . | . | . | * | * | . | . | . | . | . | |
| „ 3. „ *leucotis* Temm. . . | . | . | . | . | . | * | . | . | . | . | |
| Spec. 27. *Mustela sinuensis* Humb. | . | . | . | . | . | . | . | . | * | . | |
| Genus XIV: ***Putorius*** . . . . | * | * | * | * | * | . | . | * | * | . | |
| Spec. 28. *Putorius foetidus* Gray. . | * | * | ? | . | . | . | . | . | . | . | |
| var. 1. *Putorius Eversmanni* Gray. | . | * | * | . | * | . | . | . | . | . | |
| „ 2. „ *furo* L. . . . | . | * | * | . | . | . | . | . | . | . | |
| Spec. 29. *Putorius sarmaticus* Poll. | . | * | * | . | . | . | . | . | . | . | |
| „ 30. „ *vulgaris* Erxl. . | * | * | * | . | * | . | . | * | . | . | |
| var. *Putorius boccamelus* Cuv. | . | . | * | . | . | . | . | . | . | . | |
| Spec. 31. *Putorius africanus* Desm. | . | . | * | . | . | . | . | . | . | . | |
| „ 32. „ *ermineus* L. . . | * | * | * | ? | * | . | . | * | . | . | |
| „ 33. „ *alpinus* Geblr. . | . | * | * | . | * | . | . | . | . | . | |
| „ 34. „ *longicauda* Rich. | . | . | . | . | . | . | . | * | . | . | |
| „ 35. *Putorius brasiliensis* Aud. Bachm. . . . . . . | . | . | . | . | . | . | . | * | * | . | |
| „ 36. *Putorius nigripes* Coues. | . | . | . | . | . | . | . | * | . | . | |

| | I. | II. | III. | IV. | V. | VI. | VII. | VIII. | IX | X. | Bemerkungen |
|---|---|---|---|---|---|---|---|---|---|---|---|
| Spec. 37. *Putorius sibiricus* Pall. | ? | * | . | . | * | . | . | . | . | . | |
| „ 38. „ *canigula* Hodgs. | . | . | * | * | * | . | . | . | . | . | |
| „ 39. „ *subhaemachalanus* Hodgs. | . | . | * | * | * | . | . | . | . | . | |
| „ 40. *Putorius melampus* Wagn. | . | . | . | . | * | . | . | . | . | . | |
| „ 41. „ *calotus* Hodgs. | . | . | . | * | * | . | . | . | . | . | |
| „ 42. „ *strigidorsus* Blanf. | . | . | ? | * | . | . | . | . | . | . | |
| „ 43. *Putorius nudipes* F. Cuv. | . | . | . | * | . | . | . | . | . | . | |
| „ 44. „ *kathia* Blanf. | . | . | . | * | ? | . | . | . | . | . | |
| „ 45. „ *astutus* A. Milne-Edw. | . | . | . | . | * | . | . | . | . | . | |
| „ 46. *Putorius moupinensis* A. Milne-Edw. | . | . | . | . | * | . | . | . | . | . | |
| „ 47. *Putorius Fontanieri* A. Milne-Edw. | . | . | . | . | * | . | . | . | . | . | |
| „ 48. *Putorius lutreola* Cuv. | ? | * | . | . | . | . | . | . | . | . | |
| var. 1. *Putorius itatsi* Temm. | . | . | . | . | * | . | . | . | . | . | |
| „ 2. „ *vison* Gapper. | * | . | . | . | . | . | . | * | . | . | |
| Genus XV: ***Lyncodon*** | . | . | . | . | . | . | . | . | * | . | |
| Spec. 49. *Lyncodon patagonicus* Blainv. | . | . | . | . | . | . | . | . | * | . | |
| Subfamilie III: **Lutrinae** | * | * | * | * | * | * | . | * | * | . | |
| Genus XVI: ***Lutra*** | * | * | * | * | * | * | . | * | * | . | |
| Spec. 50. *Lutra vulgaris* Erxl. | * | * | * | * | * | . | . | . | . | . | |
| var. 1. *Lutra naïr* F. Cuv. | . | . | . | * | . | . | . | . | . | . | |
| „ 2. „ *tarayensis* Hodgs. | . | . | ? | * | . | . | . | . | . | . | |
| „ 3. „ *kutab* Hügel | . | . | ? | * | . | . | . | . | . | . | |
| „ 4. „ *chinensis* Gray. | . | . | . | . | * | . | . | . | . | . | |
| „ 5. „ *lutronecta* Gray. | . | . | . | ? | * | . | . | . | . | . | |
| Spec. 51. *Lutra barang* F. Cuv. | . | . | . | * | . | . | . | . | . | . | |
| var. *Lutra monticola* Hodgs. | . | . | . | * | . | . | . | . | . | . | |
| Spec. 52. *Lutra sumatrana* Gray. | . | . | . | * | . | . | . | . | . | . | |
| „ 53. *Lutra cinerea* Illig | . | . | . | * | * | . | . | . | . | . | |
| „ 54. „ *canadensis* F. Cuv. | . | . | . | . | . | . | . | * | * | . | |
| var. 1. *Lutra latifrons* Nehring. | . | . | . | . | . | . | . | ? | * | . | |
| „ 2. „ *insularis* F. Cuv. | . | . | . | . | . | . | . | . | * | . | |
| Spec. 55. *Lutra montana* Tschudi. | . | . | . | . | . | . | . | . | * | . | |

| | I. | II. | III. | IV. | V. | VI. | VII. | VIII. | IX. | X. | Bemerkungen |
|---|---|---|---|---|---|---|---|---|---|---|---|
| Spec. 56. *Lutra brasiliensis* Zimm. | . | . | . | . | . | . | . | . | * | . | |
| Genus XVII: ***Aonyx*** . . . . | . | . | . | . | . | * | . | . | . | . | |
| Spec. 57. *Aonyx de Lalandei* Lesson. | . | . | . | . | . | * | . | . | . | . | |
| „ 58. „ *maculicollis* Flow. | . | . | . | . | . | * | . | . | . | . | |
| Genus XVIII: ***Enhydra*** . . . | * | * | . | . | . | . | . | * | . | . | |
| Spec. 59. *Enhydra marina* F. Cuv. | * | * | . | . | . | . | . | * | . | . | |
| Spec. 60. *Mustela cuja* Molina . | . | . | . | . | . | . | . | . | ? | . | fragliche Species. |
| „ 61. *Putorius cuja* ? . . . | . | . | . | . | . | . | . | . | * | . | |
| „ 62. „ *quiqui* Pöppig . | . | . | . | . | . | . | . | . | * | . | |
| „ 63. „ *barbatus* L. . | . | . | . | . | . | . | . | . | . | . | |
| „ 64. *Mephitis virginiana* ? . | . | . | . | . | . | . | . | * | . | . | |
| Im Ganzen: Subfamilien . . . . | 2 | 3 | 3 | 3 | 3 | 2 | . | 3 | 3 | . | |
| Genera . . . . . . | 5 | 6 | 5 | 7 | 7 | 4 | . | 8 | 7 | . | |
| Species . . . . . . | 8 | 16 | 13 | 17 | 21 | 5 | . | 15 | 15 | . | |

Die grösste Zahl der Mustelidenspecies treffen wir sonach in der chinesischen, indischen, europäisch-sibirischen, nord- und südamerikanischen sowie mittelländischen Region; dann folgt die arktische und zuletzt die afrikanische Region. Die madagassische und australische besitzen keine einzige Art. Vertreten sind die Musteliden durch 3 Subfamilien in 18 Genera mit 59 (64) Arten und 25 Varietäten:

---

## Familie VI. Ursidae.

| | | | | |
|---|---|---|---|---|
| ıwanz ng. | Zehen gekrümmt, Krallen ± retractil: Subfamilie I. **Cercoleptinae:** | Sohlen nackt, Wickel- oder Greifschwanz. | Ohren mit Haarpinsel, M. 5/5 (6/6) | Genus 1. *Arctictis* Temm. |
| | | | Ohren ohne Haarpinsel, Zunge vorstreckbar, M. 5/5 . . . | „ 2. *Cercoleptes* Illiger. |
| | | Sohlen behaart. | Oberer Reisszahn mit doppeltem Innenhöcker, Ohren gross, M. 6/6 . . . . . . . . . | „ 3. *Bassaris* Licht. |
| | | | Reisszahn nicht charakteristisch, M. 6/6 . . . . . . . . . | „ 4. *Bassaricyon* O. Th |
| | | | Ohren klein, gerundet, langbehaart, Schwanz schlaff, buschig, M. 5/6 (5/6) . . . . . . . | „ 5. *Ailurus* F. Cuv. |
| | Zehen gerade, Krallen nicht retractil, Subfamilie II. **Subursinae:** | | Schnauze kurz, spitz, M. 6/6 . . | „ 6. *Procyon* Storr. |
| | | | „ rüsselartig, M. 6/6 . . | „ 7. *Nasua* Storr. |

| | | | |
|---|---|---|---|
| …wanz …ehr …urz. | M. 6/7. Subfamilie III. **Ursinae:** | Krallen mittelgross, Lippen wenig vorstreckbar, Sohlen halbnackt . . . . . . . . . | „ 8. *Ursus* L. |
| | | Krallen sehr lang und gross, Lippen beweglich, weit vorstreckbar . . . . . . . . | „ 9. *Melursus* Meyer. |
| | M. 6/6. Subfamilie IV. **Ailuropodae:** | Sohlen fast ganz behaart, nicht vollkommen plantigrad . . | „ 10. *Ailuropus* Milne-E… |

## Subfamilie I. Cercoleptinae.

### Genus I. Arctictis Temm.

210. *Arctictis binturong* Temm.

*Arctictis binturong* Blanf., Raffl. — *Arctitis binturong* Blyth, Cantor, Jerd., Temm. — *Arctictis penicillata* Temm. — *Arctitis aurea* und *penicillata* F. Cuv. — *Ictides albifrons, ater, aurea* F. Cuv. — *Paradoxurus albifrons, aureus* F. Cuv. — *Viverra binturong* Raffl.

Der Binturong, „schwarze Bärenkatze“ der Engländer, führt in Assam den Namen „binturong, young“; bei den Birmanen heisst er „myonk-kya“, offenbar eine Nachahmung seiner Stimme; bei den Malayen „untarong“. Dieses den Schleichkatzen in mancher Beziehung nahestehende Thier wurde 1809 von Farquhar auf Malacca entdeckt und von Raffles zuerst beschrieben. Seine Heimath erstreckt sich über Hinter-Indien, Malacca, die Gebiete von Siam, Anam, Arakan, Tenasserim und soll auch in die Gebirge von Bhutan und Nepal, im Himalaya hinaufgehen, und zwar in bedeutende Höhen. Ob das richtig ist oder angezweifelt werden soll, ist schwer zu entscheiden, da das Thier bei seiner nächtlichen Lebensweise nicht leicht zu beobachten ist. Auf den Sunda-Inseln Sumatra, Java, Borneo, Banka und der Palawan-Gruppe ist er sicher nachgewiesen. F. Cuvier beschrieb irrthümlich ein junges Exemplar als eine weitere Species des Binturong und gab ihm den Namen *Paradoxurus aureus*.

### Genus II. Cercoleptes Illiger.

211. *Cercoleptes caudivolvulus* Illig.

*Caudivolvulus flavus* Schreb. — *Cercolabes caudivolvulus* Pall. — *Cercoleptes brachyotus* Mart. — *Cercoleptes caudivolvulus* Pall. — *Cercoleptes megalotus* Mart. — *Lemur flavus* Schreb. — *Potos caudivolvulus* Desm. — *Ursus caudivolvulus* Pall. — *Viverra caudivolvula* Gmel.

Der Wickelbär, Kinkajou, „micoleon, oso melero (Honigbär), pedo" der Südamerikaner, „jupará" der Guatemalesen, „potoi" der Einwohner Jamaikas, „cuchumbi, hupurâ, massaviri" der verschiedenen Eingeborenen Brasiliens, kommt in den Wäldern von Venezuela, Neu-Granada, Brasilien (am Rio Negro, Wälder bei Pernambuco), Guyana und Peru vor, wo er den Vögeln und ihren Eiern nachstellt, aber auch Insecten verzehrt und den Bienen den Honig raubt. Nach Norden geht er durch Central-Amerika, in Guatemala 1150 bis 1430 m ins Gebirge hinaufsteigend, bis nach Mexico (Tabasco), vielleicht auch Louisiana und Florida hinein. Als Orte, wo er am häufigsten gefangen wurde, werden namhaft gemacht: Balzar in Ecuador, Sarayacu, die Barro do Rio Negro, die Gegenden oberhalb Cocuy, Marabitanas, Cumará und Caracas; in Central-Amerika Mesa de Guamdiuz, Muyo. Auf Jamaika ist er jetzt sehr selten geworden; auf Cuba fehlt er.

## Genus III. Bassaris Licht.

### 212. *Bassaris astuta* Licht.

*Bassaris astuta* Allen, Aud. et Bachm., Baird., Blainv., Cordero, Coues, Charlesworth, Flover, Gervais, Giebel, Gray, Kirk-Patrik, Schreb., Sullivant, Temm., Thomson, Villada, Wagl., Wagn., Wolf et Sclater. — *Bassaris astuta* var. *fulvescens* Gray. — *Bassaris raptor* Alston, Baird.

Die Mexicaner nennen das Thier „cacamizli, cacamixtli, tepemaxtlaton, cuapiote". Im Jahre 1651 beschrieb es Hernandez unter dem Namen „tepemaxtla". Seine Heimath bilden die Gehölze, Felder und Gebüsche von Arizona, Nord- und Ost-Ohio, Nord-West-Oregon (Roque River), Texas, Californien, des mittleren Kansas und Mexicos, wo es bei Veracruz, in der Provinz Orizaba, bei San Louis Potosi und in der Sierra Santiago erbeutet wurde. Es scheut auch die Nähe der Menschen nicht, wird oft in den Maisfeldern gespürt, ja haust sogar in der Stadt Mexico selbst.

### 213. *Bassaris sumichrasti* De Saussure.

*Bassaris monticola* Cardero. — *Bassaris variabilis* Peters. — *Paradoxurus annulatus* Wag. — *Wagneria annulata* Jentink.

Seine Namen sind: „tepechichi del cofre de Perote" in Central-Amerika, auch „cacomistle de monte" in Mexicos südlichen Provinzen.

Man erbeutete diese Art in Central-Amerika bei Las Palma, in Costa Rica, bei Mirador, Tehuantepec, Duenas in Guatemala und bei Jalapa.

## Genus IV. Bassaricyon O. Thom.

214. *Bassaricyon Alleni* O. Thom.

Dieses anfangs nur aus Knochenresten, die in Ecuador gefunden wurden, bekannte Thier ist schliesslich wirklich bei Sarayacu erbeutet worden. Genauere Angaben über seine Verbreitung stehen aber noch immer aus.

215. *Bassaricyon Gabbi* Allen.

Bisher kennt man nur eine Kinnlade, welche Gabb in Costa Rica gefunden hatte und nach welcher die Art aufgestellt wurde. Ob man es mit einem fossilen Thiere oder einer Species zu thun hat, die mit der vorhergehenden identisch ist, war aus den spärlichen Notizen, die wir nach vieler Mühe zusammenbrachten, nicht zu eruiren. Vielleicht findet man noch den lebenden Repräsentanten der Art, wie es ja auch bei *Bassaricyon Alleni* geschehen ist.

## Genus V. Ailurus F. Cuv.

216. *Ailurus fulgens* F. Cuv.

*Ailurus fulgens* Bartlett, Flower, Horsf., Jerd., Simpson. — *Ail. ochraceus*, *refulgens* F. Cuv. — *Ail. ochraceus* Hodgs. — *Viverra narica* ?

Der „rothe Katzenbär, Himalaya-Racoon" der Engländer, bietet Anklänge sowohl an den Binturong, wie an *Ailuropus melanoleucus*. Die Nepalesen nennen ihn „wah, ye"; die Bewohner Bhutans „wakdonka"; die Leptcha „sankam, saknam, panda, chitwa"; die Limbu „thokya, thongwa"; die Bothia „wadonka, waki".

Aufgefunden und zuerst beschrieben wurde das interessante Geschöpf von Hartwicke. Nach Westen geht er, wie es scheint, nicht über Nepal, nach Osten nicht über Yünnan hinaus. Die Wälder der Provinz Moupin, die bewaldeten Gebirge Ost-Indiens beherbergen ihn zahlreich. In Nepal haust er an den Flussläufen und steigt bis an die Schneekette des Himalaya, bis

3700 m über dem Meere in die Berge hinauf. Unter 2000 m ist er selten. In Assam bewohnt er die nördlichen Bergketten. Neuerdings fand man ihn auch zwischen Batang und Tengri-noor.

## Subfamilie II. Subursinae.

### Genus VI. Procyon Storr. 1780.

217. *Procyon lotor* Storr.

*Lotor vulgaris* Tied. — *Meles lotor* ?. — *Meles albus* Briss. — *Procyon brachyurus* Wagn. — *Proc. gularis* ?. — *Proc. Hernandezi* Baird., Wagl., Wagn. — *Proc. Hernandezi* var. *mexicana* Baird., Wieg. — *Proc. lotor* Desm., Geoff., Harlan, Rich., Wiegm. — *Proc. lotor* var. *alba* ?. — *Proc. lotor* var. *mexicana* St. Hilair. — *Proc. nivea, niveus* Gray. — *Proc. obscurus* Wagn., Wiegm. — *Proc. psora* Gray. — *Ursus lotor* L.

Der Waschbär, Schupp, Raton, heisst in Nord-Amerika „racoon“ oder „coon“; in Mexico „marpach“; nach Hernandez „tepe maxtlaton“. Seine Verbreitung über Amerika ist eine ziemlich weite und wenn er durch die starke Verfolgung auch stellenweise selten geworden ist, ausgerottet hat man ihn noch nirgends. Im Westen von Nord-Amerika geht er bis in die Polargegenden hinauf und nach Süden erstreckt sich sein Gebiet bis nach Costa Rica. Von Aljaska an treffen wir ihn an den Seen und Flüssen, wo es Wälder giebt, fast überall. Besonders häufig ist er jetzt noch in Wisconsin (Neu-Köln), bei Floyds Bluff, am White River, am Missouri oberhalb der Einmündung des L'Eau qui court, in den Gebirgen von Massachusets, in Michigan (Detroit), Newyork (Essex-county), Pennsylvanien, im Adirondack-Territorium, Nebraska, im Indianer-Territorium (Fort Cobb), in Texas, Neu-Mexico, am Rio Grande, in Californien (San Francisco, am Sacramento), in Florida, Georgia (Saint Simons Island), am Golfe von Mexico (Mirador, Colima), bei Tehuantepec und in Central-Amerika (Guatemala, Costa Rica). Im Westen geht er bis Fort Kearny. Während er auf den Vancouver-Inseln gemein ist, fehlt er dem Königin Charlotte-Archipel.

Die als *Proc. Hernandezi* beschriebene Spielart wird am Rio Grande in Texas, bei San Francisco und längs der Pacific-Küste bis zum Puget-Sunde getroffen. Einen Albino erbeutete man 1876 bei Cincinnati.

218. *Procyon cancrivorus* Desm.

*Procyon cancrivorus* Cuv., Geoffr., Illiger. — *Urva cancrivora* Cuv., Hodgs.

Die zweite südamerikanische Art ist unter dem Namen „aguara, aguarapopé, mao pellado, guachinim, cachorro do matto" bekannt. Dieser Krabbenwaschbär, Krabbendago, bewohnt die bewaldeten Flussufer der Ostküste Süd-Amerikas, südlich vom Rio Negro, und reicht von Guyana durch das östliche Brasilien bis Paraguay hinab, in den Manglegebüschen auf kleinere Nager, Reptilien, Krebse und Insekten jagend. Sehr zahlreich haust er bei Ypanema, Cuyabá, Caiçara, im Matto Grosso. Ob er westlich bis an den Fuss der Anden streift, ist nicht sicher ausgemacht, doch hat man ihn für Columbien (Neu-Granada) und das südliche Mittel-Amerika (Provinz Chiriqui, an Flussläufen beider Oceane, Guatemala, Vera Paz, Colon, Panama) öfters nachgewiesen. Dass er auch bei der Stadt Mexico existirt, erscheint zweifelhaft.

## Genus VII. Nasua Storr.

219. *Nasua narica* Illig.

*Bassaricyon Gabbi* Allen. — *Nasua aurea* Lesson. — *Nasua narica* Hensel, L. — *Nasua nocturna* Wied. — *Nas. socialis* De Saussure. — *Nas. socialis* var. *brunea* Wagn. — *Nas. socialis* var. *fusca* Fischer. — *Nas. solitaria* De Saussure. — *Nas. solitaria* var. *mexicana* De Saussure, Weinland. — *Nas. leucorhyncha, leucorhynchus* Tschudi. — *Ursus narica* G. Cuv. — *Viverra narica* Desm., Erxl., Gmel., L., Shaw, Schreb., Zimm.

In Central-Amerika heisst das Thier „pisotes".

Der nördlichste Verbreitungsbezirk dieser Species ist Texas und Californien. Die Sammlungen besitzen Exemplare aus Texas (Unterer Rio Grande), Mexico (Jalapa, Colima, Mazatlan), Costa Rica (Talamanca, Pacuaré, Las Cruces de Candelaria in Höhen von 1700 bis 2000 m), Guatemala (bis 2600 m über dem Meer), vom Golf von Honduras und aus Yucatan, sowie von Tehuantepec. Von der Halbinsel Yucatan ist dieser Nasenbär auch auf das Inselchen Cozumel im Meerbusen von Honduras hinübergegangen.

220. *Nasua rufa* Desm.

*Meles surinamensis* Brisson. — *Myrmecophaga annulata* Desm. — *Myrmecoph. striata* Shaw. — *Myrmecoph. tetradactyla* L.? — *Nasua dorsalis*

Gray. — *Nasua fusca* Desm. — *Nasua montana* Tschudi. — *Nas. monticola* Tschudi. — *Nas. narica* Gray. — *Nas. olivacea* Gray. — *Nas. quasje* Desm. — *Nas. rufa* Gray, Lesson. — *Nas.* var. *rufa* Pelzeln. — *Nas. socialis* Burm., Giebel, Hensel, Rengger, Schinz, Tschudi, Weinland, Wied. — *Nas. socialis* var. *fulva* aut *rufa* Wagn. — *Nas. socialis* var. *rufa* Fisch. — *Nas. solitaria* Fisch., Giebel, Rengger, Schmidt, Tschudi, Wied. — *Nasua vittata* Tschudi. — *Ursus nasua* G. Cuv. — *Viverra narica* Cuv., Desmoul., Schreb. — *Viverra nasua* Cuv., Desm., Desmoul., Erxl., L., Shaw, Schreb., Zimm. — *Viverra quasje* Gmel., L., Schreb. — *Viverra vulpecula* Erl.

Azara nannte diese Art der Nasenbären „el cuati"; die Portugiesen in Brasilien bezeichnen ihn mit „coati da bando, coati vermelho"; in Guyana heisst er „kuassi"; bei den Eingeborenen „quasje".

Die Heimath dieses possirlichen Gesellen ist über den grössten Theil Süd-Amerikas ausgebreitet. Von Surinam bis Paraguay, dem Atlantischen Ocean bis in die Anden hinein ist er allenthalben zu treffen. In Brasilien beobachteten ihn verschiedene Reisende in Rio Grande do Sul, bei Rio Janeiro, Carcavado, San Salvador de Bahia, Pernambuco, am Rio Madeira, bei Ypanema, am Rio de Flechas, bei Caiçara, Borba Legitima, an der Bahia do Linoeiro, am oberen Jacuhy und in der Provinz Minas Geraes. Im britischen Guyana erbeutete man ihn am Rio Takutu. Ferner wurde er für Argentiniens Wälder, die Ufer des Rio Capataza, die Umgebung von Balzar in Ecuador und auch für Neu-Granada (Santa Fé de Bogota) nachgewiesen.

## Subfamilie III. Ursinae.

### Genus VIII. Ursus L.

Die typischen Repräsentanten der Bärenarten sind die Grossbären. Die altweltlichen Glieder dieses mehrere Arten zählenden Genus waren auch diejenigen, mit denen die Culturvölker Europas und Asiens zuerst bekannt wurden. Im Bibelbuche geschieht zuerst Erwähnung des Bären in der bekannten Geschichte des Propheten Elisa bei Beth-El (2. B. d. Könige, Cap. 2, V. 23, 24). Aristoteles und Pausanias geben schon genauere Beschreibungen und Ptolomaeus Philadelphus brachte welche nach Aegypten. Wenn wir dann weiter die Litteratur verfolgen, welche über die Bären handelt, sehen wir, dass von den ältesten Zeiten an die Naturforscher bemüht gewesen sind, immer wieder die Arten, welche von ihren Vorgängern aufgestellt waren, zu verwerfen, neue an die Stelle zu setzen, nach einiger Zeit wieder auf die alten Ordnungen zurückzugreifen und so fort — bis dann schliesslich ein Wirrwarr entstanden war, der die Sache kaum mehr überblicken lässt. Wir wollen einen Versuch machen, soweit es uns gelungen, die einschlägige Litteratur zu Gesicht zu bekommen, in historischer Reihenfolge diesen Entwickelungs- oder eher Verwickelungsgang hier darzulegen, ehe wir an die Festlegung der geographischen Grenzen der einzelnen Arten gehen.

Albertus Magnus kennt schwarze, braune und weisse Bären;

Agricola will nur zwei Arten, nach der Grösse, unterscheiden;

Conrad Gessner führt „Hauptbären" und „Steinbären" auf;

Gadd nimmt wieder drei Arten an: eine schwarze, eine bräunliche mit weissem Halsbande und eine kleine braune Art.

Worm stellt ebenfalls drei Varietäten auf, den braunen Grasbären (Graesdjur), den schwarzen Aasbären (Ilgiersdjur) und den kleinen Ameisenbären (Myrebjörn). Diese drei unterschiedlichen Formen kreuzen sich oft und bilden dann Uebergänge von einer zur anderen Art.

Klein und Rczaczinski sondern die europäischen Bären in grosse schwarze Aasbären, braune Ameisenbären und kleine Silberbären.

Ridinger führt alle Unterschiede nur auf verschiedenes Alter zurück.

Buffon stellt einen braunen Bären (ours brun) mit einer weissen Varietät (ours blanc terrestre), einen schwarzen (ours noir), mit dem er den *Ursus americanus* identificirt, und den Eisbären (ours blanc maritime) auf.

Linné kennt nur zwei Arten, *U. arctos* und *U. maritimus.*

Bei Pantoppidan finden wir wieder den Aasbären oder Pferdebären (Hestebjörn) als grosse Form und den Ameisenbär (Myrebjörn) als kleine.

Erxleben und im Anschluss an ihn Blumenbach führen *U. arctos niger* (mit *U. americanus* als Abart), *U. fuscus* und *U. arctos albus* (wie sie den silberfarbigen europäischen und den kleinen hellen persischen Bären nennen) als selbstständige Arten auf.

Pallas betont wieder das Variiren der Formen nach Alter und Geschlecht und zieht daher alle von seinen Vorgängern aufgestellten Arten unter *U. arctos* zusammen, trennt aber als erster davon den *U. americanus.*

Ebenso sind Zimmermann und Boddaert geneigt, die schwarzen und braunen Bären als Abänderungen einer Art anzusehen.

Gmelin will nur den *U. arctos* mit vier Varietäten gelten lassen, nämlich *U. arctos niger* (Europa und Nord-Asien), *U. arctos fuscus* (Pyrenäen, Norwegen, Schweiz, Karpathen, Polen, Griechenland, Kaukasus, Aegypten (!), Berberei (!), Persien, Ost-Indien, Ceylon, China, Japan), *U. arctos albus* (Island, schwarz mit weissen Haaren!), endlich *U. arctos variegatus* (Island, gescheckt).

Schrank führt einen neuen Namen ein, indem er ausser *U. niger* noch einen *U. badius*, als braune Art, für Böhmens Grenzgebirge abtrennt.

G. Cuvier kehrt wieder zu Buffon's Ours noir d'Europe, Ours brun des Alpes (Alpen, Schweiz, Savoyen, Polen) mit der Varietät Ours blanc terrestre zurück, während

Fr. Cuvier diese beiden Arten nur als Rassen gelten lässt, dagegen aber als selbstständig den *U. pyrenaicus, U. norwegicus* und *U. collaris* (Sibirien) anerkannt wissen will.

Fischer behält *U. pyrenaicus, U. norwegicus* und *U. collaris* bei, trennt wieder den braunen und schwarzen Bär als *U. arctos* und *U. niger* (zu welchen er Bechstein's *U. rufus, fuscus* und *niger* zusammenzog).

Reichenbach fügt zu *U. arctos, U. collaris* und *U. pyrenaicus* den *U. falciger* (indem er irrthümlicher Weise einen *U. ferox* für einen Pyrenäenbären nahm) und den *U. syriacus* (für das westliche Mittel-Asien).

Eversmann unterscheidet nach der Form des Kopfes und der Grösse sowie Färbung und dem geringeren oder vollständigeren Auftreten mit der Sohle den *U. cadaverinus* und den *U. formicarius*, welch letzterer hauptsächlich Sibirien angehören soll.

Blasius kennt wieder nur *U. niger* und *U. arctos.*

Wagner vereinigt unter *U. arctos* die Uebrigen, d. h. *niger, pyrenaicus, norwegicus, collaris* und *albus,* als Varietäten, während *U. syriacus* als selbstständige Art belassen wird.

Gray identificirt *U. niger, pyrenaicus, norwegicus, collaris* Wagner's und *cadaverinus* und *formicarius* Eversmann's unter dem Artnamen *U. arctos,* ohne diesen Formen das Recht als Varietät zu lassen. Den *U. albus* (Ours blanc terrestre G. Cuvier's) vereinigt er zu einer Art mit *U. syriacus* Ehrenberg und *U. isabellinus* Horsf., während bei ihm als Rassen des *arctos* Middendorff's *U. meridionalis* und Schrank's *U. caucasicus* dazukommen.

W. Smith nimmt wieder eine Trennung vor, denn bei ihm begegnen wir abermals *U. arctos, U. pyrenaicus, U. niger* (für Schweden), *U. collaris* (alle diese Formen in Europa und Asien), *U. syriacus* und *isabellinus* für Nepal und Südwest-Asien.

Schinz stellt Varietäten zu *U. arctos* auf, und zwar wieder die alten Reichenbach's, wobei auch der Irrthum mit *falciger* mit herübergenommen wird, so dass uns die Namen *pyrenaicus, collaris, norwegicus, albus, niger* wieder begegnen. Getrennte Arten bilden bei ihm *U. isabellinus* (= *syriacus*) und *longirostris* (= *formicarius*), während *cadaverinus* mit *collaris* identificirt wird.

Giebel erkennt keine Arten noch Rassen an, sondern hält alle diese Formen für Abänderungen des *U. arctos.*

Fitzinger endlich sieht es für erwiesen an, dass *U. niger* (der dunkle europäische Bär), *U. arctos* (braune Bär Norwegens, Schwedens, Russlands, Polens, Galiziens, Ungarns, des östlichen Persiens und der Pyrenäen), *U. collaris* und *U. aureus* (= *U. formicarius* Evers. = *longirostris* Schinz) verschiedene Arten sind — meint auch, dass gewiss noch mehr Formen bei genauerer Untersuchung sich finden dürften.

Wir haben Gelegenheit gehabt, eine Menge russischer Bären lebend zu beobachten, ebenso zu jagen und auch den hellen kaukasischen Bären im Moskauer zoologischen Garten mehrere Jahre hindurch zu vergleichen und können in Bezug auf diese Thiere nicht anders als zugeben, dass fast nicht ein einziges dem andern glich. Der Kaukasier hatte in seiner Figur, im Kopfe, dem Gange, der Farbe, vor allen Dingen im Bau des Hinterkörpers so etwas Besonderes, dass sofort auch jeder Laie in ihm ein von unserem gewöhnlichen russischen Bären wohl unterschiedenes Thier erkennen musste. Unter den anderen gab es braune und schwarze, die die Merkmale aller möglichen Varietäten der Autoren an sich trugen, ja selbst das weisse Halsband (bei einigen) war so unregelmässig, dass es bald die Kehle, bald den Oberhals einnahm, bei einem Exemplare sich sogar nur auf einer Seite vorfand. Wir neigen daher dazu, alle europäisch-nordasiatischen Bären blos als eine Art, *U. arctos,* anzusehen und die von manchen Autoren aufgestellten

Species als Localrassen gelten zu lassen, während der kaukasische graue Bär des hiesigen zoologischen Gartens, am ehesten unter die Beschreibung des *U. syriacus* Ehrenb. passend, entschieden eine besondere Art bildet.

Soweit es sich um die übrigen asiatischen und amerikanischen Formen handelt, finden wir eine viel grössere Uebereinstimmung in den Ansichten der Systematiker und können daher einfach die Synonyme constatiren, im Uebrigen aber uns einen weitläufigeren historischen Ueberblick ersparen.

### 221. *Ursus arctos* L.

*Ursus albus* Lesson. — *U. arctos* Fisch., Fitz., Giebel, Gmel., Gray, Keyserl. et Blas., Pall., de Philippi, Reichenb., Schinz, Schreb., Schrenk, H. Smith, Wagn. — *U. arctos* var. *albus* Buffon, Cuv., Erxl., Gmel., Schinz, Wagn. — *U. arctos* var. *beringiana* Middendorf, Schrenk. — *U. arctos* var. *fuscus* Bodd., Cuv., Erxl., Giebel, Gmel., Zimm. — *U. arctos* var. *niger* Blumenb., Bodd., G. Cuv., Erxl., Giebel, Gmel., Schinz, Schrank, Wagn., Zimm. — *U. arctos* var. *pyrenaicus* F. Cuv. — *U. arctos* var. *variegatus* Gmel. — *U. badius* Schrank. — *U. beringianus* Middend. — *U. cadaverinus* Evers., Giebel. — *U. euryrhinus* Nilss. — *U. falciger* Reichenb. — *U. ferox* Sieboldt, Temm. — *U. formicarius* Eversm. — *U. fuscus* Albertus Magn., Bechst., G. Cuv., Gmel. — *U. grandis* auct? — *U. gularis* E. Geoffr. — *U. longirostris* Eversm., Schinz. — *U. meridionalis* Middend. — *U. normalis* auct? — *U. norwegicus* F. Cuv., Fisch., Schinz, Wagn. — *U. niger* Albertus Magn., Cuv., Fisch., Fitz., Gmel., Keys. et Blas., Lesson, Schinz, Schrank, H. Shmith. — *U. piscator* Pucheran. — *U. pyrenaicus* Fr. Cuv., Fisch., Reichenb., Schinz, Schmidt, Wagn. — *U. rufus* Bechst. — *U. sibiricus* F. Cuv.

Es kann nicht Wunder nehmen, dass ein Thier, welches in den Sagen aller Völker der nördlichen Halbkugel eine wichtige Rolle spielt und in seinem Wesen soviel Ernst-Possirliches hat, eine Menge Namen führt. Die deutschen Namen „Petz, Brummbär, Honigbär, Zeidel, Zeiselbär" sind ja Jedem bekannt. Die Russen nennen ihn „medwed", den einjährigen jungen Bär „pestun, lontschak", den dreijährigen „tretjak" (am Schilka und Argun). Ausserdem hat er bei diesem Volke einige gemüthliche Rufnamen: „Mischka (Michel), general Toptigin (General Tappfuss), Michail Iwanowitsch, kossolapüi (Schiefbein)". Die Polen heissen ihn „niedzwez";

die Kleinrussen „wedmed“; die Letten „latschis“; die Esthen „karro“: die Finnen und Magyaren „karhu“; die Tataren „aju“; die Türken „aiyu“; die Bucharen „ajik“; die Kalmücken „ajoo“; die Katchinzen am Jenissei „awa, irei“; die Baschkiren und Meschtscherjaken „aiju“; die Jakuten „aesch, doegyllah, doe-togonná, ehhoc, ebbecha, poe-agai, sillyhs-onan-agi“; die Tschuwaschen „ohag“; die Mongolen „karà-goroessù“: die Burjaten „utugu“; die Dauren „chara-gurogen, kara-gurós, kong-naptu“; die Lamuten „kaaki“; die Aleuten auf Kadiak „pagunak“; die Jukahiren „tscholondi“; die Tawginzen „ngenu-wutté“; die Koibalen „maina“; die Kamaschinzen „mainja“; die Permjaken „oosch“; die Tscheremissen „muskiae“; die Syrjanen „osch“; die Wotjaken „gjandor“; die Wogulen „oape, ohbaa“; die Mordwinen „aba, ofta, jelpungui, tarok, tariu“; die Ostjaken „jingwoi, jemwai“; die Surguten am Narim „jich“: am Kaasflusse „korgo, choijé“; die Tanguten „tschidrit“; die Kamtschadalen „kaadsch, káscha“: die Korjaken „kainga“; die Giljaken auf Sachalin „mafá, tschchif“; die Giljaken des Festlandes „kotr, tschehyf“: die Birartungusen „njönnjüko“; die Mangunen (Oltscha) „mafa“, so viel wie „der Alte“; die Golde unterhalb des Geonggebirges „mafa“; oberhalb des Geong, am Ussuri, „mafa, mafka, itka“; die Kile-Somagern am Gorin „mafa“, am Kur „itka“ und „mafa“; die Orotschen am Meer „mapa“; die Monjagern „njonnjuko“: oberhalb Albasin „hobái“; die Aino Nord-Sachalins „mafa“, Süd-Sachalins „isso“; die Orontschonen „kongoldai“; die Sojoten im Sajan „charà-gurogen“; die Mandschu „lofú“; die Nichanen „schiumpi“; die Bewohner von Gansu „chun-guresu“ (Menschenthier); die Chinesen „gau-hsiung“; die Japaner „kmanoschischi, ohokuma (grosser Bär), aka-kuma (rother Bär)“; Indier und Zigeuner „ritsch, làl-bhalu, barf-ka-rintsch“; in Kaschmir „háput“; in Balti „drendschmo“; in Ladak „drinmor“; in Kischtwar „brabu“; in Nepal „dub“; in Tibet „tom-khaina“; in Persien „khirs, chors“; in Kurdistan „wordsch“; in Armenien „artsch, ardschas“; bei den Osseten im Terekthal „ars“; bei den Tscherkessen „myscha“; in Albanien „arusca“; bei den Basken „artz“; bei den Kymren „arth“; in Portugal „urso“; in Spanien „oso“; in Italien „orso“; in Frankreich „ours“; rumänisch „ursz“; englisch „bear“; in Skandinavien „björn“; bei den Samojeden „warga, wark, nark, chaibidassernik, ngarka, choig, boggo, irei, chairachan"; bei den Lappen am Imandra „pobondsch", ♂ „ores-pobondsch", ♀ „nenjus", ein Junges „piern", ein einjähriger Bär „wuswodi"; in Lappland „gyonzhia, gwontschka, puoldokotsch, bire guopescha, ruomse kulles, waari aijá", ♂ „aenak", ♀ „äorte", ein Junges „pierdne, gwontschka-pierdne", ein einjähriger Bär „wuosta, waddie, adde".

Heutzutage ist der Bär in Deutschland, England (Schottland, Cornwall), Frankreich, Belgien, Holland, Dänemark und im grössten Theile Deutsch-Oesterreichs ausgerottet. Für Deutschland haben wir recht zahlreiche Daten, die sein allmähliches Verschwinden illustriren. So war er im Elsass im 6. Jahrhundert noch häufig; im 10. Jahrhundert jagte man ihn noch im Walserthale in der Schweiz; 1017 wurde einer bei Scherviller (Elsass) erlegt und lebten Bären am Dachstein und bis Pfaffenhofen: im 13. Saeculum wird von Bärenjagden bei Oderen und Thann am Hirschensprung im Thale Amarin im Reichslande berichtet: 1446 ward der letzte Bär im Münsterlande (Westphalen) zur Strecke gebracht; 1448 wurde in den Weinbergen von Ammerswihr (Reichsland) der Vater Geiler's von Kaisersberg von einem Bären zerrissen; 1475 war das Raubthier bei Gebweiler im Elsass sehr häufig; 1535 waren Bären in Neupommern, Brandenburg und Mecklenburg nicht selten; 1579 wurden sechs Stück zwischen Suhl und Schmiedefeld erlegt; 1624 hausten Bären bei Schwerin, wurden aber seit dem dreissigjährigen Kriege ausgerottet; ebenso gab es im 17. Jahrhundert noch welche im Lüneburgischen; 1704 und 1705 erlegte man bei Schreiersgrün und Pöhl im Amte Plauen sehr starke Bären; 1705 ward der letzte Petz am Brocken getödtet; 1707 im April jagte man bei Schöneck in Sachsen noch auf Bären; in Henneberg hatten die Bären seit dem dreissigjährigen Kriege sich stark vermehrt; 1625 spürte man sie zwischen Schüsslersgrund und den oberen Wasserlöchern; 1725 bis 1755 lebten die letzten im Münsterlande; 1730 trieben sie sich noch in Mecklenburg, bei Anklam, in Lüneburg bei Weyhausen und im Lustwalde umher: 1737, 1738 waren sie in Hinterpommern sehr häufig, aber 1749 und 1750 waren sie bei Stepenitz und Gollnow in Hinterpommern schon selten geworden; 1770 wurde der letzte in Oberschlesien und bei Zwiesel in der Oberpfalz im Fichtelgebirge geschossen; 1835 fiel der letzte Bär bei Traunstein in Bayern und 1856 am 11. December der letzte im Solnauer Bezirke des Böhmerwaldes; 1864 fand man die Schneespuren eines Bären im Sataver Revier am Winterberge.

In den Gebirgen und grossen Waldungen des südlichen und östlichen Europa hat der Bär sich aber noch bis jetzt zu halten gewusst. Ebenso wie er noch in den spanischen Hochgebirgen, den Pyrenäen (auch eine weissliche Varietät), in der Provinz Estremadura ziemlich häufig auftritt, ist er auch in der Sierra de Gredos, in Leon, Galizien und Asturien durchaus keine Seltenheit. In den Alpen der Schweiz war er ehedem allgemein verbreitet, so noch zu Anfang unseres Jahrhunderts in den Cantons Basel, Luzern, Schwyz und Bern. Im Berner Oberlande wurden die letzten Bären 1812 an der Grimsel und 1815 im Grindelwalde (zwei) erlegt. 1822 schoss man einen am Mont Salève. In Appenzell verschwanden die Bären 1673, in Glarus 1816 und etwas früher in Wallis. Während sie in früheren Zeiten die Ebenen und Vorländer der Alpen bewohnten, zogen sie sich vor den Verfolgungen allmählich mehr ins Hochgebirge zurück. 1830 wurden zwei bei Urseren erbeutet und 1835 einer bei Romainmotier, im Waadtlande, wo in den wilderen Partien auch jetzt noch einzelne Bären leben. Aus dem Canton Uri ist der Bär fast ganz verschwunden, während in Graubünden die montane und alpine Region ihn noch beherbergt (1861 wurden acht, 1872 sechs, 1873 vier, 1879 mehrere im Unter-Engadin erlegt), besonders bei Davos, im Val Bewers, Alveneu, Arosa, Veltlin, im Scarlthal (sogar Albinos), bei Misox (Misocco), Bergell (Val Bergaglia), Zernez und Klosters, sowie im Berninathal. In Tessin kommt er ebenfalls noch ziemlich häufig vor, so am Mont Camoghé, ferner an der schweizerisch-französischen Grenze, bei Anccy auf dem Mont St. Jorio im Savoyischen. Bei Bellinzona wurden in den Thälern Arbedo und Morobbio 1852, 1854, 1860 und 1862 Bären erlegt, mögen also auch jetzt noch dort ihr Leben fristen, wie sie auch im Jura hier und da, z. B. bei Neuchatel, auftreten. In der Nähe von Genf wurde 1851 einer geschossen. In den Tridentiner Alpen, am Berge Sadron und in der Valsinella-Schlucht, in den Monti Lessini, am Monte Baldo, im Valle Sassina (1866), Tastavalle (1867), Grigna und in den Friauler Alpen ist der Bär noch jetzt häufig. Ins Tyrolerland, das Bayerische Hochgebirge kommen dann und wann Ueberläufer. Im gebirgigen Italien, an der schweizerischen

Grenze, wie in den Abruzzen, soweit es Wälder giebt, ist der Bär (wenn auch selten) zu treffen, besonders am Gran Sasso.

Nach Nordosten erstreckt sich sein Gebiet weiter durch Steyermark, Salzburg, Kärnthen und Krain, Kroatien; sehr häufig ist er in den transsylvanischen Alpen, den Karpathen (auch nach Mähren zu, von wo zuweilen Irrlinge in den Böhmerwald gerathen), im Berglande Ungarns (im Fogaraser Comitat, Marmaroser District, im Körösmezöer Comitat, in der Csik, bei Haroncszek, Betler im Gömörer Comitat, im Trensiner Gebiete, bei Györgyöi, in den Murany-Bergen und dem Rosenauer- oder Rosznyo-Gebirgswald) und in Siebenbürgen (Hermannstädter, Udvarhelyer, Bistrizer, Brooser, Kronstädter, Borgoprunder Kreis, bei Görgeny Sz. Imre), in welch letzterem er bis zur Krummholzregion hinaufsteigt und bei Piatra Krajului am öftesten getroffen wird. Nach Süden begegnen wir dem Bären im Donautieflande, in den Dinarischen Alpen, Bosnien (Serajewo, Wodsici), im Balkangebirge. ja auch noch in der Türkei und selten in Griechenland. Auf Sicilien und Kreta ist er ausgerottet.

Im Norden geht er aus den Karpathen durch Galizien ins russische Polen hinein. In Russland erreicht er im Norden die Tundra und das Meer, obwohl er sein Winterlager stets nur innerhalb der Grenze der Nadelwälder aufschlägt. Seine südliche Verbreitungsgrenze fällt so ziemlich mit einer Linie zusammen, welche von Kischinew (in Bessarabien) über Tscherkassy (Gouvernement Kiew), die südlichen Kreise des Kursker Gouvernements, die Mündung des Woronesch in den Don, die Stadt Samara an der Wolga und bis an das südliche Knie der Belaja (Zufluss der Kama) geht. Besonders häufig tritt er im Pripetj-Gebiete (Dnjepr-Nebenfluss von rechts), also in den Gouvernements Wolhynien, Minsk, Grodno, und in den nördlichen Gouvernements auf, wie in Nowgorod, Archangel (am Mesen, an der Pinega, im Schenkursker Kreise), Olonez (in der Winnizkaja Oblast, am Onega-See, Landwosero-See, Armosero, Schakschosero, bei Petscheniza, Nirtschinitschi, Winniza), Wladimir (Sudogodscher Kreis), Wologda und Pskow. Im Kreise Kargopol (Gouvernement Olonez) richteten die Bären im Laufe der vier Sommermonate des Jahres 1886 mehr Schaden an, als die dort sehr häufigen Feuerschäden. Der Gouverneur berichtete an die Regierung über eine Einbusse an Vieh durch Bären bis nahe an 10000 Rubel (25000 Mk.). Ein wahres Bäreneldorado ist die Umgebung des Städtchens Pudosch im genannten

Kreise, denn hier kommen sie am hellen Tage bis in die Strassen, um sich Beute zu holen. Andere Gouvernements, in denen es immer noch genug Bären giebt, sind: Petersburg (im Lugaschen Kreise und an der Mra), Twer, Kostroma, Nischnj-Nowgorod (besonders an der Mündung der Wjetluga in die Wolga), Moskau (die Kreise Klin, Bogorodsk, Dmitrow, seltener im Kreise Moskau), Smolensk, Witepsk, Wilno, Kowno, Mohilew, Ufa, Perm (bei Werchoturje, Bogoslowsk am Flusse Wagranj, am Oberlaufe der Koswa und Winterra, seltener im Westen, an den pawdinskischen Domänen, an der Loswa, bei Goroblagodatsk, am Tagil, bei Serebrjansk, bei den Alapajewschen und Saldinschen Minen sehr viele, selten südlich an der Tschusowaja, im Südostwinkel keine, aber sehr viele an den Flüssen Resch, grosse und kleine Rewta, bei Jekaterinburg, im Sysertsky Ural beim Dorfe Soswa, im Kaslinsker und Kyschtymschen Ural, bei Krassnoufimsk, im Ufimsker, Slatouster Kreise, seltener in den Kreisen Ossinsk, Oschansk und im Kamyschlower Wald), Wjätka, Kasan (bei Zarewokokschaisk), links von der Wolga (im Kosmodemjansker und Tscheboksarschen Kreise), Simbirsk (in den Tannenwäldern des Kurmyschsker und Alatyrschen Kreises und bei der Surskaja-Domäne), Samara (selten in den Shiguli-Bergen auf der Nordhälfte des Samarabogens der Wolga).

Seltener treffen wir unseren Petz im Gouvernement Pensa (wo er vor 40 Jahren an der Quelle der Sura und des Barysch, im Chwalinsker Kreise häufig war), Tambow, Rjasan, Tula, Kaluga, Orel, Tschernigow, Kiew und Podolien. An der Wolga waren Bären beim Dorfe Tscherny Saton vor etwa hundert Jahren gemein; der letzte wurde im Atkarsker Kreise, bei Schiroky Karamysch am Pawlowo-See auch vor hundert Jahren erlegt. In alten Zeiten jagte man sie am Choper (Zufluss des Don); jetzt fehlen sie hier, wie auch im Gouvernement Charkow.

In den Ostseeprovinzen ist der Bär bis auf gewisse Gegenden ausgerottet. Heutzutage findet man ihn nur noch auf dem westlichen Küstenstriche, zwischen Pernau und der Mündung der livländischen Aa, wo noch grosse Wäldercomplexe stehen, bei Homeln, Naukschen, Wagenküll, in den Kürbis-Salisschen Forsten und dann in Esthland bei Narwa und im östlichen Theile. In Kurland fehlt er. In Finland, auf Kola und in Lappland reicht seine Verbreitung so weit nach Norden, als Nadelwaldungen vorhanden sind, doch streift er auch in die Tundra, sogar bis ans Meer, um ausgeworfene

Cadaver von Walen und anderen Seethieren oder mausernde Seevögel zu suchen. Das Uralgebirge beherbergt ihn nur im nördlichen und mittleren Theile (wie schon oben fürs Permsche Gouvernement aufgeführt wurde), im südlichen scheint er zu fehlen.

In Skandinaviens Gebirgswäldern ist der Bär auch heute noch ein ganz gewöhnliches Raubthier, obwohl er auch hier zusehends an Terrain verliert. Aus Schonen ist er schon gänzlich vertrieben und lebt jetzt nur noch nördlich vom 58. Grad nördl. Breite im Norbottens-, Westerbottens-, Oestrersunds-, Westnorrlands-, Gefleborgs- und Wermlands-län. In Norwegen beherbergen ihn noch zahlreich die Kreise Hedemarken, Christians, Busherud, Bratsberg, Nedernaes, Nordre Bergenhus, Romsdal, Södre und Nordre Trondhjem, Nordland und Tromsö, sowie Lie.

Auf der europäischen, d. h. nördlichen Seite des Kaukasus begegnen wir *U. arctos* bei Wladikawkas, am Berge Bartabas, in den Wäldern des Kuban- und Terekgebietes, bei Borshom, von wo er nach Transkaukasien, ins Suchumer Gebiet, Grusien (Achalziché) und Talysch (Lenkoran) hinabsteigt, von Middendorff als Varietät *U. meridionalis* vom gewöhnlichen *arctos* unterschieden.[1])

Aber sein Verbreitungsgebiet in Südwest-Asien reicht noch viel weiter, denn wir finden ihn auch in Klein-Asien, besonders in den Landschaften an der Küste des schwarzen Meeres, bei Issaboli und südlich bei Mersina, hier sogar in mehreren (graubraunen und weisslichen) Varietäten. In Syrien, dem Libanon und in Palästina ist der braune Bär ziemlich selten, ebenso in Persien, am Elbrusgebirge und Elwend. Für Afghanistan ist er sicher nachgewiesen. Ferner haust er in Nepal (östlichster Punkt), im Himalaya, ist in Kaschmir gemein, ebenso in Suru, Zanskar, Gilgit und Astor und im Wardwanthale; er fehlt aber in Ladak. Gmelin's Behauptung, dass er auch in Ost-Indien, auf Ceylon und in China vorkomme, beruht jedenfalls auf Verwechselung mit *U. torquatus* oder anderen Arten.

Wenden wir uns dem östlichen Asien zu, so begegnen wir *U. arctos* im ganzen Sibirien. Am Ob ist er sehr gemein (zwischen Beresow und

[1]) Radde führt folgende genauere Daten über den Bär im Kaukasus an: er lebt im Dagestan, bei Tioneti, im Malkathal zwischen 130 und 2600 m, bei Psebai, in der Jelidscha-Schlucht (Nucha-Jewlach), Galachwan-dere-Schlucht, Köl-deril-or-Thal; er fehlt auf dem Gunib-Plateau und in Tuschetien; in Pschawien bildet er eine Seltenheit.

Samarowo), ebenso in dem Irtischquellgebiete, am Saisansee, am Jenissei, an der Lena, Olekma und am Witim. Eine Hauptnahrung der Bären bilden hier die Zirbelnüsse, ausserdem sind die periodischen Wanderungen derselben in diesen Gegenden bemerkenswerth, die sie antreten, um ihr Winterlager zu beziehen, so dass man sie im Sommer dort findet, wo man sie im Winter vergebens suchen würde. Einzelne beziehen nie ein Winterlager und führen bei den russischen Ansiedlern den Namen „Schatun", d. h. Bummler. In der Kirgisensteppe ist der Bär selten. Aus den nordasiatischen Waldgebieten, der Taiga, streifen die Bären regelmässig in die Tundra und man stösst auf ihre Spuren von der Lenamündung bis Kamtschatka hin. Einige Gegenden Sibiriens scheinen bei den Bären besonders beliebte Aufenthaltsorte zu sein, da sie sich dort in grosser Menge versammeln, so z. B. die Ansiedelungen zwischen der unteren und oberen Tunguska (Sumarokowo und Werchneinbatskoje), weiter nach Süden bei Ossinowka, wo sie unter dem Vieh viel Schaden anrichten, bei Turuchansk und Lusino. Aber auch einige sehr weit nördlich gelegene Punkte sind reich an Bären, so unter 71° nördl. Breite Korennoje Filippowskoje, unter 72° nördl. Breite an der Chatanga, Chatanskij Post und schliesslich als äusserste Grenze des *U. arctos* nach Norden hin 72° 35′ nördl. Breite am Flusse Nowaja.

Sehr genaue Angaben haben wir über das Vorkommen des Bären in Ost-Sibirien, wofür wir hauptsächlich Middendorff und Radde Dank schuldig sind. Die Ortschaften, an denen diese Reisenden den Bären beobachteten, sind folgende: in der östlichen Mandschurei das Gebiet des oberen Ussuri, die Wälder am Sungatschi-Flusse (Abfluss des Kenka-Sees), der Atschinsker District im Jenisseisker Gouvernement, der Changinskij-Posten im Osten Sajans bei den Burjaten; während er in der mongolo-daurischen Hochsteppe fehlt, treffen wir ihn wieder im Jablonoi-Gebirge, in Transbaikalien, am Irkut (mündet bei Irkutsk in die Angara), an der Bystraja und Dschida (Zufluss der Selenga). Sehr selten ist er an der Oka, einem Flusse im Munku-Ssaryk-Gebirge, häufiger bei den Alar-Burjaten (Ost-Sajan), am Frölicha-See (tungusisch = Dawatschanda), auf der Insel Olchon, besonders deren Nordende (im Baikal), auf der Halbinsel Swjätoi-Nos (heiliges Cap), im selben See, oberhalb der Bargusinmündung, bei den Turkinskischen Minen, im Kamara-Gebirge an der Südwestecke des Baikal und im Bauntischen

Gebirge. An der Selenga, am Orgon und Onon giebt es keine Bären, soweit Wälder fehlen. Im Quellgebiete der Ingoda, welche, mit dem Onon sich vereinigend, die Schilka bildet, bei Nertschinsk an den Quellen des Gasimur, im Moquitui und bei Akschinsk, sowie am Schilka und Argun bilden die Bären seltene Gäste.

Im Chingang, am oberen Amur, im Lande der Golde, Orotschen, Orontschonen und Dauren findet unser Bär abergläubische Verehrung. Nahe der Gorinmündung, bei Pachale, bei Burri (Ussurimündung), am Suifun (fällt in die Amur-Bay) giebt es Bären in den verschiedensten Farbenschattirungen. Sehr gemein sind sie im Burejagebirge, bei Albasin und in den Kamnibergen, sowie im Wanda-Gebirge. Ueber die Pässe Nukudaban und Munguldaban führen Bärenspuren ins sajanische Bergland. Auf den Schneehöhen des Sachando-Plateaus frisst der Bär die Beeren der Wachholdersträuche (*Juniperus Sabina*) in einer Höhe von 2150 m. Die fahlbraunen Bären des Amurgebietes nennt Middendorf *U. arctos* var. *behringiana*. Höher in den Gebirgen sind überhaupt hellere, tiefer im Thale dunklere Individuen zu finden. Alle Bären des Transbaikal- und Amurgebietes wandern zum Winter nach den Lazar- und Murgilhöhen des Burejagebirges, wo die meisten von ihnen auch überwintern.

Ueber Werchojansk, die Kolyma erreicht der Bär im Osten den Stillen Ocean. Er ist hier bei Ochotsk, am Behringsmeer, an der Udabucht, auf Kamtschatka sehr häufig und meist von sehr grossem Wuchse. Hier wie am Amur und Ussuri, an der Hadschi-Bay (Kaiserhafen) unter 49° nördl. Breite, bei Oettu, im Kimalegebirge, im Kadjaker Bezirke treten die Bären förmliche Wege ein, welche sicher zu Pässen, Beeren- und Fischplätzen leiten. Auch sollen sie hier, trotz ihrer gewaltigen Grösse, von sehr gutmüthigem Naturell sein, so dass man sie wenig fürchtet.

Auf den Bären- und Schantar-Inseln (erstere im Eismeer, letztere im Stillen Ocean) leben auch Bären, während ihr Vorkommen auf den Kurilen (Iturup vielleicht?) noch nicht erwiesen ist. Nach einigen Berichterstattern soll es hier überhaupt keine Bären geben, während andere welche getroffen haben wollen. Was die Inseln an der Ostküste Asiens anbelangt, so ist genau erforscht in Bezug auf Bären nur Sachalin, dank der eingehenden Arbeit Nikolski's. Die sachaliner Bären gehören meist in die Middendorff'sche Rasse *behringiana*. Die Hauptfundorte für sie sind der Susuifluss am See Tauro, wo sie sich hauptsächlich von Fischen nähren, besonders wenn die Keta (*Oncorhynchus lagocephalus* Pall.) und Gorbuscha (*Oncorhynchus proteus* Pall.), beides Salmoniden, zum Laichen flussaufwärts ziehen. Man findet in dieser Zeit das Ufer von Bären förmlich wimmelnd und zahlreiche Reste ihrer Beute. In der übrigen Zeit halten sie sich an Beeren und vom Meere ausgeworfenes Aas. In grosser Menge lebt der Bär an der Tymja, am Tokoi (Nebenfluss des Ononai), an der Taraika. Am Meerbusen „Saliw Terpenja" (Geduldbusen) jagen die Orontschonen, Aino und Tungusen den Bären, der hier sehr hellfarbig erscheint, aber ebensowenig *U. maritimus* ist, wie der auf Yesso und Sachalin von Siebold (*Fauna japonica*) für *U. ferox* gehaltene ein Grizzly.

Auf den japanischen Inseln lebt *U. arctos* auf Yesso (bei Saporro, am Poronai, am Oberlaufe des Ischikari, an der Vulkanbay sehr zahlreich), Karafto, Nipon (im Hukusan-Gebirge), wo es auch ganz schwarze Exemplare giebt. Bei Hondo auf Nipon existirt auch eine kleine Rasse. Für Korea ist noch nichts Bestimmtes, ob und welche Bären dort zu finden sind, ausgemacht.

Var. *Ursus collaris* Fr. Cuv.

*U. collaris* Eversm., Fisch., Fitz., Gadd., Reichenb., Schinz, Smith, Wagn.

Die Golde nennen ihn „monoko", die Giljaken „molk". Seine Verbreitungszone fällt so ziemlich mit der des gewöhnlichen *U. arctos* in Asien zusammen, beginnt schon auf der europäischen Seite des Ural und reicht durch das Waldgebiet des russischen Asiens ziemlich weit nach Osten, nach Sibirien hinein. Sicher nachgewiesen ist er für das Flussgebiet des Ob (Berësow und Samarowo), des Jenissei und der Lena. Auch wird er für Kamtschatka und die Strecke zwischen Batang und Tengri-noor genannt.

222. *Ursus syriacus* Hempr. und Ehrenb.

*Ursus albus* = *syriacus* Gray. — *U. caucasicus* Schrank. — *U. syriacus* Reichenb., H. Smith, Wagn.

Die Kleinasiaten nennen ihn „aiyee"; die Kaschmirianer „harpat". Dieser hellfarbige, silbergelbliche Bär ist eine südliche Form, welche zwar *U. arctos* sehr nahe steht, aber doch von demselben deutlich unterschieden ist. Sein Vorkommen erstreckt sich auf den Kaukasus, Transkaukasien (sehr zahlreich im Gebirge am Schwarzen Meere bei Suchum-kalé, in Mingrelien und Grusien), Kleinasien (SO.) bei Gozna nahe bei Mersina, Syrien, den Libanon (am Berge Makrael), Palästina. Nach Osten finden wir *U. syriacus* von Talysch (Lenkoran) an durch Persien, wo er am Elburs und Elwend mit hellen *Arctos* zusammen haust, in Chorassan, bei Bampur und Bam, in der Umgebung der Rosenstadt Schiraz und bei Imam-zadéh-Ismaël, wo er den unreifen Weintrauben nachgeht. Weiter nach Afghanistan und Kaschmir zu wird er seltener, es löst ihn die gleich zu besprechende Varietät *U. isabellinus* ab. In Beludschistan fehlt er, dagegen gehört er den Hügeln Mesopotamiens und des angrenzenden Arabien wohl an.

Var. 1. *Ursus isabellinus* Horsf.

*U. isabellinus* Adams, Blyth, Jerdon, Lyddeker, Scully, H. Smith. — *U. pruinosus* Blanf., Blyth.

Die Engländer in Indien bezeichnen ibn mit „Snow-hear". Er vertritt die typische Form in den Gebirgen Afghanistans, Kaschmirs (Wardwanthal), im Himalaya, Nepal und Tibet. Es ist dies ein Thier des waldlosen Hochgebirges, fehlt daher südlich vom Himalaya, in Gilgit, Astor, Zanskar, Suru und Süd-Ladak. Blyth beschrieb ihn als *U. pruinosus* aus Tibet (Lhassa). Sein Vorkommen in nördlicheren Gegenden erstreckt sich auf die Quellgebiete des Kitoi, der Belaja, Oka, des Irkut und des Jenissei (Tagnu, Ergik-Targak-Taigan), ferner auf das Juldus-Plateau, das Pamir und den Tjanschan, aber auch nur in waldlosen Hochebenen der Alpenregion.

Var. 2. *Ursus lagomyiarius* Sewerzow.

Von Przewalski haben wir die eingehendsten Angaben über die Verbreitung dieser Spielart. Er fand sie in Nord-Tibet, im Burchan-Buddha und Schuga in der Provinz Gansu. Am Chungure-su sah dieser kühne Reisende ihn den Murmelthieren nachstellen, ebenso im Nomochungol und den blauen Bergen (Kuku-schili); in der Westfortsetzung des Bajan-chara-ula und den Sümpfen Tibets findet dieser Bär, der also nicht nur Hochgebirgsbewohner zu sein scheint, ebenfalls zusagende Zufluchtsstätten. Auf dem Wege nach Lhassa, im Tanla-Gebirge, dem Sagan-obo-Rücken und Marco-Polo-Plateau ist er ebenso häufig, wie im Tjanschan (Kegenj und Aksu) und in der Alpenregion am Kuku-noor. Im Alaschan, am Bagagori (Zufluss des Chuang-he), in der Galbin-Gobi und am Bajan-gol (Abfluss des Tosso-noor bei Zaidam), wie im Sansi-bei-Gebirge am oberen Chuanghé nährt er sich von Charmykbeeren (*Nitraria Schoberi*). Das Altai-Gebirge beherbergt ihn auch (Land der Kamenschtschiki und Dwojedanzy), ebenso, wie er die Waldsäume der Kirgisensteppe, des Balchaschgebietes, der Gegenden am Ili bewohnt. Ueber alle hier aber, wie auch bei Semiretschensk, am Alakul und im Olekma-Witim-Bezirke, bei Sergiopol (Aschkokoberge) und im chinesischen Altai, dem Marka-kul, meidet er die kahle Steppe und bevorzugt den Wald und die Klüfte des Gebirges.

223. *Ursus torquatus* Blanf.

*Helarctos tibetanus* Adams, Horsf. — *Ursus japonicus* Schleg. — *U. gedrosianus* W. Blanf. — *U. tibetanus* F. Cuv., Jerdon, Lyddeker, Temm. — *U. torquatus* Schreb., Wagn.

Der schwarze Himalaya-Bär führt bei den Hindu den Namen „rich, rinch, bhalu"; die Beludschen nennen ihn „mamh"; die Kashmirer „haput"; die Nepalesen „sassar, hingbong"; die Bothia „dom"; die Leptcha „sona"; die Limbu „mágyen"; die Daphla „sutum"; die Abor „situm"; die Garo „mapal"; die Kachari „muphur" und „musu-bhurma"; die Kukis „vumpi"; die Manipuri „sawern"; die Naga „hughum, thágua, thega, chup, seváu, sapa"; die Birmanen „wekwon". Die Japanesen bezeichnen ihn mit „kuma" = Bär schlechtweg, hellere Exemplare heissen in Nord-Japan „shiguma", so viel wie „Todtenbär", weil Weiss die Trauerfarbe. Auch der Name „tsukin-siwa-kuma" wird gebraucht. Bei den Aino heisst er „kimui-kamui" und bei den Birartungusen „wiogene". In China ist sein Name „ghou-hsiung".

Sein Verbreitungsgebiet ist verhältnissmässig ein grosses. Die Wälder des Himalaya bis 4000 m, Afghanistans Grenzgebirge gegen Persien, Beludschistan bilden die Ostgrenze seines Gebiets. Weiter begegnen wir ihm in Kirthar, dem Grenzgebirge nach dem Sind, Nepal, Assam, selten bei Pegu (nach Theobald), Mergui, Süd-China, in der ostbengalischen Ebene, im Terai (Tarrai), Kaschmir. Nach Norden hinauf kennt man *U. torquatus* in den Provinzen Schensi und Dschyli Chinas; in Tibet scheint er nur die Provinzen Rupschu und Pangkong zu bewohnen. Dann können wir ihn bis an den Amur verfolgen, da man sichere Nachweise für seine Existenz in Silbet, Zaidam, Dschachar (Gebirge am oberen Chuanghe), Kuku-noor, südliches

Apfelgebirge und der Stanowoikette (47°—48° nördl. Breite), sowie am Ussuri (in den Waldgebirgen), mittleren Amur und Bureja-Gebirge hat. Sieboldt führt im Allgemeinen alle Festlandsgebirge und Inseln Süd-Asiens als seine Heimath auf. Radde fand ihn in Südost-Sibirien, im Ditschunthale und auf den Chotschio-Höhen. Ob er Koreas Fauna angehört, ist noch zweifelhaft. Neuerdings fand man ihn im Sedletschthale und zwischen Tengri-noor und Batang.

Von Ost-Asiens Inseln beherbergen ihn Hainan, Formosa, alle japanischen Inseln (besonders die Provinzen Echigo, Aidzu, Kotsuke). Auf Yesso giebt es auch Albinos, „schiguma“, wie schon bei Aufzählung seiner Namen erwähnt wurde.

Var. *Ursus leuconyx* Sewerzow.

Auch diesen Bären fand Przewalski. Er ist hauptsächlich Waldbewohner und steigt auch hoch ins Gebirge hinauf. Man begegnete ihm in Tibet, im Gansu-Gebiete, Süd-Tetung, Ost-Nanschan, im Dschachar-Gebirge, am Südende des Kuku-noor, in der Dabasun-Gobi, am Bagagori (Nebenfluss des Chuang-he), im Pamir. In Taschkent, im Kuldscha-Gebiete, im Tjanschan und überhaupt den Gebirgen Mittel-Asiens, in Höhen von 2300—3000 m, ist er gemein. Im Semiretschenskischen Gebiete (2000—4000 m), am Issik-kul, am Naryn und Aksai, bei der Festung Kopal ist er recht häufig. Sonst werden als Fundorte dieser Spielart aufgeführt: die Gegenden am Tschu, Talas, Dschumgal, Sussamir, Sonkul, Tschatyrkul, im Karatau, das westliche Tjanschan, längs den Flüssen Arys, Keles, Tschirtschik und deren Tributären, am unteren Syr-Darja (von der Arys-Mündung bis zum Aral-See) und seinem Delta. Die Umgegend von Chodschend, das ganze Sarafschanthal, das zwischen diesem und dem Syr-Darja liegende Kunges-Gebirge (jenseits der Teke und des Juldusplateaus am Narat-Pass) sind reich an weisskralligen Bären. Die dicht bebuschte Steppe zwischen Sarafschan, Syr-Darja und der Kisil-kum-Wüste bietet ihm allerlei Wurzeln und Beeren, während er im Gebirge die Obstbaumwälder (Wallnüsse, Aepfel, Pistacien, Urjuk) aberntet. Aber auch die Ziesel gräbt er aus ihren Bauen, ähnlich wie es *U. lagomyiarius* thut, und geht den Bienen des Honigs wegen nach.

224. *Ursus ferox* Lewis et Clarcke.

*Danis* und *Daris ferox* Gray. — *Ursus candescens* Griff., H. Smith, Wilson. — *U. cinnamomeus* Aud. et Bachm., Baird, Ord. — *U. cinereus*

Desm. — *U. falciger* Reichenb. — *U. ferox* Geoff., Rich. — *U. griseus* Desm. — *U. horribilis* Ord., Say. — *U. horribilis* var. *horriaeus* Baird. — *U. isabellinus* Aud. et Bachm. — *U. Richardsoni* Mayne Reid.

Der Grizzly-Bär, „old Ephraim, Master Grizzly, mesatchie" der Nord-Amerikaner, bewohnt die dichten Gebüsche und Wälder, die unzugänglichen Schluchten des westlichen Nord-Amerika, wo er für die Jäger ein gefürchteter Gegner ist.

Seine Heimath erstreckt sich durch das Felsengebirge, Californien (an der Küste) bei Sacramento, Fort Tejon, los Nogales (Sonora), die Sierra Nevada, wo er sehr zahlreich haust, bis in die Wüstengegenden von Neu-Mexico (Coppermines), das San Juan-Gebirge, Mexico (Monterey, Hochländer von Jalisco), wo er seine Südgrenze erreicht, einerseits; andererseits findet man den Grizzly am oberen Missouri, kleinen Missouri, Yellowstone (im Nationalpark), an der Mündung des Nebraska, am Wabasch (was auf Indianisch Bär bedeutet) und Partridge-Creek in den St.-Francisco-Mountains. Während er im Süden sich von Wachholderbeeren und Cactusfrüchten nährt, hält er mehr im Norden sich an Beeren und Eicheln, so z. B. in den Chapparaldickichten der Santa Isabella Mountains und in der Coast Range. Im Colorado-Staate, Arizona, Nebraska, Dakota, in den Medicine-Bow Mountains, im Washington-Territorium, Oregon wird er dem Vieh und dem Wilde schädlich. Seltener traf man den grauen Bären in Wyoming (Henry's Lake), am Puget-Sund, in Wisconsin, Montana (Milestitz und Big Porcupine-Creek), in den Bighorn-Mountains südlich vom Yukon, in British Columbia, um den Eliasberg, bei Fort Laramie und im Platte-Gebirge (42° 12' nördl. Br., 104° 48' westl. L.); seine Polargrenze erreicht er auf Aljaska, der Kenaihalbinsel, in Sitcba, bei Cooks-Einfahrt, am Kotzebue-Sund, Cap Lisburne und an der Franklinbay am Eismeere. Für die Vancouver-Inseln führen ihn einige Quellen als sehr „zahlreich" auf, andere lassen ihn dort ganz fehlen.

### 225. *Ursus americanus* Pall.

*Ursus americanus* Allen, Emmons, de Kay, Lindsley, Rich., Schreb. — *U. arctos niger* Erxl. — *U. canadensis* ? — *U. cinnamomeus* Aud. et Bachm., Ord. — *U. isabellinus* Aud. et Bachm. — *U. niger* D'Aub., Griff., Schinz.

Der schwarze amerikanische Bär heisst in seinem Heimathlande „barribal, muskwa, mackbear“ und ist durch ganz Nord-Amerika verbreitet, bildet auch Farbenspielarten, die aber nicht als Varietäten aufgeführt zu werden verdienen, da sie nicht constant sind. Von Sitcba, Aljaska (Nulato) und dem Eliasberge reicht sein Gebiet bis Canada und Neu-Braunschweig. Am oberen Mississippi und Missouri, in Wisconsin (mit Ausnahme des County Milwaukee), am Bucklandflusse (Nordwest-Nord-Amerika) im Yuconthale, Wyoming (Henry's Lake), am Puget-Sund, im Yellowstone-Gebiete, Texas, Neu-Mexico (Copperminеs) und in Californiens Wüstendistricten bewohnt er überall die Schluchten und Höhlen. In Montana, Colorado, der Sierra Nevada, in den Hoosac-Mountains, bei Adams- und Williamstown, den Bergen des Adirondack-Gebietes, in den Alleghanies und im Washington-Territorium ist er noch immer zahlreich genug. Seltener trifft man ihn im Staate New-York (St. Lawrence-County), in Pennsylvanien, Tenessee, Louisiana (Prairie Mer Rouge), Carolina, Georgia und Florida (Key Biscayne). In Massachusetts haust er nur noch im westlichen Theile, bei Berkshire war er in früheren Zeiten häufig, jetzt aber ist er ausgerottet. Am Prinz-William-Sund, den Flüssen Aljaskas, bei Cooks Inlet und am Kenai-Golf tritt er förmliche Wege, die zu den Laichplätzen führen, ähnlich wie die Bären in Ost-Asien. In den Rocky-Mountains, in Colorado, am Oregon, in Californien und Wisconsin lebt die hellere Form *U. cinnamomeus* oder *isabellinus*. Ebenso kommt diese Farbenspielart öfters auf den Vancouver-Inseln und im Königin Charlotte-Archipel vor, doch prävalirt hier die gewöhnliche typische Form. Ihre Nahrung auf diesen Inseln besteht hauptsächlich aus Holzäpfeln (*Pyrus rivularis*), die hier in Menge wachsen. Auf den Aleuten fehlt er.

226. *Ursus maritimus* Desm.

*Ursus albus* Ross. — *U. maritimus* L., Schreb. — *U. marinus* Gmel., Pall., Schreb. — *U. polaris?* — *Thalassarctos albus* L. — *Thalassarctos maritimus* Gray. — *Thalassarctos polaris* Kraus., L.

Die russischen Jäger nennen ihn „beloi, morskoi medwed“ (weisser, See-Bär); die Samojeden „sira-boggo, djög-dadė-boggo“; die Jakuten „yrung-eesse“; die Tschuktschen „neingin, akliok“; die Aleuten „tanhak“; die Pomory (Küstenbewohner) Kolas „omkyu“, auf Grönland bei den Eskimo heisst er „njönnok“.

Wie weit der Eisbär nach Norden geht, ist noch nicht bestimmt, vielleicht nur bis 82° nördl. Breite, wenigstens verlautet nichts von weiter nördlich gelegenen Fundorten. Südlicher als 53° nördl. Breite trifft man ihn gewöhnlich nicht, doch kommen verirrte Exemplare natürlich zuweilen auch weiter nach Süden vor. Auf König-Karls-Land (östlich von Spitzbergen), Giles-Land, Franz-Josephs-Land, Rudolfs-Land (82° nördl. Breite), bei Eira Harbour (80,5° nördl. Breite, 48° 35′ östl. Länge), auf den Inseln der arktischen Region, Prinz Patrick-, Melville-, Parry-Inseln, am Wellington-Canal und auf den Bären-Inseln lebt er sehr zahlreich. An der Ostküste Grönlands und an dem Nordwest- und Ost-Ufer Spitzbergens trafen ihn die meisten Nordpolfahrer. Auf Nowaja-Semlja erscheint er im November von Osten her, wandert auch mit dem Wechsel der Jahreszeiten bald nach Norden, bald an die Südspitze. Bei Aulezavick (59° 30′ nördl. Breite), an der Küste Labradors (bis 55° nördl. Breite hinab), an der Hudsons-Bay (55° nördl. Breite) ist er ziemlich selten, ebenso an der Küste Aljaskas. Einzelne Fälle, wo Eisbären mit Eisschollen in Gegenden angetrieben wurden, wo man sie sonst nicht suchen darf, werden ziemlich zahlreich angeführt. So waren Eisbären an der Casco-Bay (Maine) in den Jahren 1550, 1551 erschienen; auf New-Foundland fanden sich 1497, 1534, 1583 welche ein, und 1550 einer südlich von Neu-Schottland. Auf Kamtschatka, bei Jetsigo in Japan (1690), in Norwegen und Island fanden auch hin und wieder Besuche von Eisbären statt, so im März 1851 am Kjöllefjord (Fries) in Ost-Finnmarken. An der Südspitze Sachalins kamen derartige Irrlinge nur selten an, nach Kola aber werden öfter welche von Spitzbergen und den Bären-Inseln aus verschlagen. Die Küste Nord-Sibiriens scheint dem Polarbär stellenweise als ständiger Aufenthalt zu dienen, so das Ufer an der Lenamündung, wie auch die Inseln in der letzteren; im Ulus Schigansk, wie am Jenissei streifen sie oft bis 70° nördl. Breite nach Süden (Ansiedelung Tolstonosowskoje). Im Dolganenlande, an der Chatanga-Mündung ist man auch welchen begegnet, während sie im Taymirlande fehlen oder nur auf die Taymirbusen-Strecke (75° 30′ nördl. Breite) beschränkt sind.

Bei Amerika finden wir *U. maritimus* in der Baffins-Bay, an der Westküste der Davis-Strasse, in der Frobisher-Bay, an der Nordwest- und Ostküste Nord-Amerikas, jenseits des Mackenzie nur selten. Zahlreich lebt er aber im arctischen Archipel, in der Disco-Bay, am Cap Farewell und bei

Umenak, andererseits im Behrings-Meer, auf der Insel St. Matthäus, kommt auch zuweilen bis auf die Kurilen. Von Neu-Sibirien treibt er oft mit den Eisschollen an die Festlandsküste, wie auch von Nowaja-Semlja an das Ufer der Waigatschstrasse und von Beeren-Island an Island. Den südlichsten Punkt, den je Eisbären erreichten, haben wir auf Spotted-Island, nördlich vom Dominohafen, unter 53 ° 5 ' nördl. Breite zu suchen.

In Nill's Garten in Stuttgart wurden 1876 und 1877 Bastarde von *U. maritimus* ♂ und *U. arctos* ♀ geboren.

227. *Ursus ornatus* F. Cuv.

*Tremarctos ornatus* Trouessart.

Der Anden-, Sonnen- oder Schildbär wurde von Ulloa und Condamine entdeckt. Ob er die ganzen Anden bewohnt, ist bisher nicht entschieden. Sicher nachgewiesen hat man ihn für die Gebirge Chilis, Perus (bei Lima), das Departement von Tacna und Bolivia (Departement del Veni, Mojos).

Var. *Ursus frugilegus* Tschudi.

Der „hukumari“ der Eingeborenen ist aus denselben Gegenden, von den Abhängen der Gebirge bekannt, scheint also mehr eine Form der Vorberge zu sein, während der typische *U. ornatus* Hochlandsthier ist.

228. *Ursus malayanus* Blanf.

*Helarctos euryspilus* Horsf. — *Helarctos malayanus* Blanf., Blyth, Cantor, Horsf. — *Prochilus malayanus* Gray. — *Ursus euryspilus* Horsf. 1824. — *U. malayanus* Blyth, L. (1766), Raffl.

Die Malayen nennen dieses Thier, welches sich schon viel mehr von *U. arctos* unterscheidet, als alle bisher aufgeführten Species, „bruang“; die Burmesen nennen ihn „biruang, wekwon“.

Der Verbreitungsbezirk des malayischen Bären ist ein verhältnissmässig beschränkter. Die Halbinsel Malacca, Hinterindien, vor allen Dingen die Landschaften Tschittagong, Arakan, Tenasserim, Birma, die Garohügel und das Terai bilden auf dem Festlande — unter den Inseln Borneo, Celebes, Sumatra, Java und Banka, Palawan, Tambelan, Gross-Natuna, Labuan, Balabak, Calamyanes, Cuyo, Cogayan, Sulu, Sibutu, Solombo und Paternoster-Inseln seine Heimath. Ob er weiter nach Norden sich verbreitet, ist fraglich. In Pegu ist er vielleicht vorhanden — in Nepal schreibt man ihm die Verwüstung der Cacaoplantagen zu, doch kann das auch ein anderer Bär sein.

## Genus IX. Melursus Meyn 1794.

229. *Melursus labiatus* Meyn.

*Bradypus ursinus* Pall., Shaw. — *Melursus labiatus* Blainv. — *Melursus ursinus* Blanf., Shaw. — *Prochilus labiatus* Illig. (1811). — *Prochilus ursinus* Illig. — *Ursus inornatus* Pucheran. — *Ur. labiatus* Blainv., Blyth, Elliot, Desm., Jerdon, Sykes, Tickell. — *U. longirostris* Tied. — *U. lybius?*

Der indische oder Lippenbär wird von den Franzosen „le jongleur“ (Gaukler) genannt. Die Hindu bezeichnen ihn, wie fast alle Bären Indiens, mit „rinch, rich, bhalu, adam-zád“; in Bengalen kennt man ihn unter dem Namen „bhaluk“; in Sanser „rikscha“; bei den Mahratten „aswal“; in Gondwara „yedjal, yerid, asol“; bei den Oraon „bir-mendi“; bei den Kol „bana“; bei den Telugu „elugu“: im Canuri und bei den Tamilen „kaddi, karaddi“; bei den Malayans „pani karudi“; bei den Singhalesen „usa“; in Beludschistan „mamb“.

Zum Wohnorte dienen diesem, durch sein Aeusseres schon scharf von allen übrigen Bären getrennten Thiere die Gebirge Dekhans und Nepals, die ganze Halbinsel Ost-Indien überhaupt, vom Cap Comorin bis zum Fusse des Himalaya. Man hat ihn in Ost- und Nordbengalen, bei Calcutta, im Silbet, an der Grenze von Beludschistan am Indus (ob westlich von demselben?), im Karetschi-Gebirge und bei Pegu gejagt. Am Indus, in Kattywar und Kutsch liegt seine Westgrenze, — nach Norden erreicht er die Breite von Nepal und die indische Wüste, seine Ostgrenze aber ist noch nicht festgestellt, da sein Vorkommen in Assam fraglich ist. Der Fauna Ceylons soll er angehören.

# Subfamilie IV. Ailuropodae.

## Genus X. Ailuropus A. Milne-Edw.

230. *Ailuropus melanoleucus* Alph. Milne-Edw.

*Ailuropa melanoleucus* A. Milne-Edw. — *Ailuropus melanoleucus* Gervais. — *Ursus melanoleucus* David.

Dieses merkwürdige, der Ostecke Tibets angehörende Geschöpf wurde 1869 von David gefunden. Die Chinesen nennen es „pei-hsioung“ (weisser Bär) oder „chua-hsioung“ (gescheckter Bär). In den Museen Europas existiren nur zwei Exemplare des *Ailuropus* (in Petersburg und Paris), wie er denn auch sehr wenig erforscht ist. Die Gebirgswälder Ost-Tibets, die Provinz Moupin, die Gebirge südlich von der Stadt Ssigu, auf der Grenze der Provinzen Gansu und Setschwan, die Hochwälder am Kuku-noor bilden seine Heimath, aus der er Verwüstungszüge in die Thäler unternimmt, um Wurzeln, Bambusrohrschösslinge und Gemüse in den Gärten zu vertilgen. Den Ssigufluss aufwärts (bei der Stadt selbst aber nicht) haust er in den Bambusbeständen bei 3430 m über dem Meere. Den Tantschanbergen fehlt er und in Setschwan erreicht er seine Westgrenze. Nach Gestalt und Zähnen steht er dem Bär, im Schädelbau aber dem Panda (*Ailurus fulgens*) näher.

Wegen des fabelhaften *U. Crowtheri* Schinz sind die Acten hoffentlich für immer geschlossen. Zu Anfang unserer Arbeit führten wir fossile Bären aus Nord-Afrika auf. Herodot, Virgil und Juvenal reden von afrikanischen Bären. 801 soll Karl der Grosse einen numidischen Bären zum Geschenk erhalten haben. 1670 werden Bären in der Berberei erwähnt; wir müssen also — wenn nicht schon damals Verwechselungen vorlagen — annehmen, dass der Bär in Afrika ausgestorben ist, denn die Behauptungen, dass es noch jetzt Bären im nördlichen Afrika gäbe, sind auf sehr wackelige Gründe basirt. Im Anfange unseres Jahrhunderts wollte Capitän Sergent, eine dem Jägerlatein nicht abgeneigte Persönlichkeit, bei Azeba ein Stück Bärenfell gesehen haben, welches ja auch durch Handel nach Afrika gelangt sein mochte. R. Hartmann bezweifelte daher schon die Angabe (Zeitschr. f. allg. Erdk. 1868). In Habesch sah Ehrenberg von weitem ein Thier — wie er meinte, einen Bären —, welches die Eingeborenen „karrai“ nannten, was aber der Name für *Hyaena crocuta* ist. Gmelin führt nicht allein für die Berberei, sondern auch für Aegypten Bären auf. Die Verfechter der Existenz des *U. Crowtheri* behaupten, er lebe im Maghreb und heisse dort „dabh“. „Dabáa, dabha“ heisst aber arabisch die Hyäne, also wieder eine offenbare Verwechselung. Langkavel hat unserer Meinung nach (im Zool. Garten 1886) schlagend nachgewiesen, dass ein *U. Crowtheri* nicht existirt — woher wir ihn auch aus der Liste gestrichen haben.

## Vertheilung der Familie Ursidae nach den Regionen.

| | I. | II. | III. | IV. | V. | VI. | VII. | VIII. | IX. | X. |
|---|---|---|---|---|---|---|---|---|---|---|
| Subfamilie I: **Cercoleptinae** . . . . . | . | . | . | * | * | . | . | * | * | . |
| Genus I: ***Arctictis*** . . . . . . . . | . | . | . | * | . | . | . | . | . | . |
| Spec. 1. *Arctictis binturong* Temm. . . | . | . | . | * | . | . | . | . | . | . |
| Genus II: ***Cercoleptes*** . . . . . . | . | . | . | . | . | . | . | * | * | . |
| Spec. 2. *Cercoleptes caudivolvulus* Illig. | . | . | . | . | . | . | . | * | * | . |
| Genus III: ***Bassaris*** . . . . . . . | . | . | . | . | . | . | . | * | * | . |
| Spec. 3. *Bassaris astuta* Licht . . . | . | . | . | . | . | . | . | * | ? | . |
| „ 4. „ *Sumichrasti* De Saussure | . | . | . | . | . | . | . | ? | * | . |
| Genus IV: ***Bassaricyon*** . . . . . | . | . | . | . | . | . | . | *? | * | . |
| Spec. 5. *Bassaricyon Alleni* O. Thom . | . | . | . | . | . | . | . | ? | * | . |
| „ 6. „ *Gabbi* Allen . . | . | . | . | . | . | . | . | ? | * | . |
| Genus V: ***Ailurus*** . . . . . . . . | . | . | . | * | * | . | . | . | . | . |
| Spec. 7. *Ailurus fulgens* F. Cuv. . . . | . | . | . | * | * | . | . | . | . | . |
| Subfamilie II: **Subursinae** . . . . . | . | . | . | . | . | . | . | * | * | . |
| Genus VI: ***Procyon*** . . . . . . . | . | . | . | . | . | . | . | * | * | . |
| Spec. 8. *Procyon lotor* Storr. . . . . | . | . | . | . | . | . | . | * | * | . |
| „ 9. „ *cancrivorus* Desm. . | . | . | . | . | . | . | . | . | * | . |
| Genus VII: ***Nasua*** . . . . . . . . | . | . | . | . | . | . | . | * | * | . |
| Spec. 10. *Nasua narica* Illig. . . . . | . | . | . | . | . | . | . | * | * | . |
| „ 11. „ *rufa* Desm. . . . . . | . | . | . | . | . | . | . | . | * | . |
| Subfamilie III: **Ursinae** . . . . . . | * | * | * | * | * | . | . | * | * | . |
| Genus VIII: ***Ursus*** . . . . . . . . | * | * | * | * | * | . | . | * | * | . |
| Spec. 12. *Ursus arctos* L. . . . . . | * | * | * | * | * | . | . | . | . | . |
| var. *Ursus collaris* Fr. Cuv. . . . | . | * | . | . | ? | . | . | . | . | . |
| Spec. 13. *Ursus syriacus* Hempr. u. Ehrenb. | . | . | * | . | . | . | . | . | . | . |
| var. 1. *Ursus isabellinus* Horsf. . . | . | * | ? | ? | ? | . | . | . | . | . |
| „ 2. „ *lagomyiarius* Sewerzow | . | ? | * | . | * | . | . | . | . | . |
| Spec. 14. *Ursus torquatus* Blanf. . . . | . | * | * | * | * | . | . | . | . | . |
| var. *Ursus leuconyx* Sewerzow . . . | . | . | * | . | * | . | . | . | . | . |
| Spec. 15. *Ursus ferox* Lewis et Clarcke | . | . | . | . | . | . | . | * | ? | . |
| „ 16. „ *americanus* Pall. . . | *? | . | . | . | . | . | . | * | ? | . |
| „ 17. „ *maritimus* Desm. . . | * | ? | . | . | . | . | . | . | . | . |
| „ 18. „ *ornatus* F. Cuv. . . . | . | . | . | . | . | . | . | . | * | . |
| var. *Ursus frugilegus* Tschudi . . . | . | . | . | . | . | . | . | . | * | . |
| Spec. 19. *Ursus malayanus* Blanf. . . | . | . | . | * | . | . | . | . | . | . |

| | I. | II. | III. | IV. | V. | VI. | VII. | VIII. | IX. | X. |
|---|---|---|---|---|---|---|---|---|---|---|
| Genus IX: ***Melursus*** . . . . . . . . | . | . | . | * | . | . | . | . | . | . |
| Spec. 20. *Melursus labiatus* Meyn. . . | . | . | . | * | . | . | . | . | . | . |
| Subfamilie IV: **Ailuropodae** . . . . . | . | . | . | . | * | . | . | . | . | . |
| Genus X: ***Ailuropus*** . . . . . . | . | . | . | . | * | . | . | . | . | . |
| Spec. 21. *Ailuropus melanoleucus* M. E. | . | . | . | . | * | . | . | . | . | . |
| Im Ganzen: Subfamilien . . . . . . . . | 1 | 1 | I | 2 | 3 | . | . | 3 | 3 | . |
| Genera . . . . . . . . . . | 1 | 1 | 1 | 4 | 3 | . | . | 5 | 6 | . |
| Species . . . . . . . . . . | 3 | 2 | 3 | 6 | 4 | . | . | 6 | 9 | . |

Am reichsten an Bärenspecies ist also die südamerikanische Region, ihr zunächst folgen die nordamerikanische und indische, dann die chinesische, ärmer sind die arktische und mittelländische und nur zwei Arten besitzt die europäisch-sibirische.

Vertreten sind die Bären durch 4 Subfamilien in 10 Genera mit 21 Species und 5 Varietäten.

---

## Allgemeine Uebersicht.

| | Sub-familien | Genera | Sub-genera | Species | Varie-täten | Bemerkungen |
|---|---|---|---|---|---|---|
| *Viverridae* . . . . | 3 | 21 | . | 62 | 3 | Also im Ganzen 230 Species, wenn man auch alle zweifelhaften Arten mitzählt. Merkwürdig ist die Uebereinstimmung in Subfamilien, Genera und Species bei Viverren und Musteliden. |
| *Felidae* . . . . . | . | 4 | 10 | 42 | 7 | |
| *Hyaenidae* . . . . | . | 2 | . | 4 | . | |
| *Canidae* . . . . . | . | 5 | . | 37 | 14 | |
| *Mustelidae* . . . . | 3 | 18 | . | 64 | 25 | |
| *Ursidae* . . . . . | 4 | 10 | . | 21 | 5 | |
| Summa: | 10 | 60 | 10 | 230 | 54 | |

Aus nachstehender Tabelle ist deutlich zu ersehen, wie die tropischen und subtropischen (indische, afrikanische, südamerikanische, chinesische und mittelländische) Regionen in ihrem Reichthum an Formen voranstehen, dass die gemässigten Breiten (nordamerikanische und europäisch-sibirische Region) schon weniger productiv sind, während der unwirthliche Norden (arktische

Region) und die abgeschlossenen Inselgebiete (madagassische und australische Region) ziemlich ärmlich bedacht sind.

## Uebersicht der Speciesanzahl nach den Regionen.

| | I. | II. | III. | IV. | V. | IV. | VII. | VIII. | IX. | X. |
|---|---|---|---|---|---|---|---|---|---|---|
| *Viverridae* . . . . . . . | . . | 1 | 7 | 25 | 6 | 24 | 10 | . | . | 1 |
| *Felidae* . . . . . . . . | . | 6 | 15 | 18 | 14 | 6 | 2 | 7 | 10 | . |
| *Hyaenidae* . . . . . . . | . | . | 1 | 1 | . | 4 | . | . | . | . |
| *Canidae* . . . . . . . . | 3 | 4 | 10 | 8 | 5 | 11 | . | 4 | 11 | 1 |
| *Mustelidae* . . . . . . . | 8 | 16 | 13 | 17 | 21 | 5 | . | 15 | 15 | . |
| *Ursidae* . . . . . . . . | 3 | 2 | 3 | 6 | 4 | . | . | 6 | 9 | . |
| Summa: | 14 | 29 | 49 | 75 | 50 | 50 | 12 | 32 | 45 | 2 |

Somit hätten wir unsere Aufgabe erfüllt, eine Uebersicht der Verbreitung der Raubthiere zu geben. Weiterer Schlussfolgerungen enthalten wir uns, zumal unsere Absicht war, nur die bisher bekannt gewordenen Thatsachen zu sammeln und festzustellen. Ausserdem ist es (für die Ordnung der Carnivoren) nach diesem Material nunmehr Sache der Zoologen, welche sich mit der philosophischen Seite unserer Wissenschaft befassen, etwaige Consequenzen aus demselben abzuleiten.

# Litteratur-Verzeichniss.


1. Abhandl. d. Königl. Akad. d. Wissenschaften, Berlin 1836.
2. Allen, Geographical variation among North-American Mammals. 1879.
3. „ On the Coatis, Wash. 1879.
4. „ „ „ species of the genus Bassaris. 1879.
5. „ List of mammals of the Titicaca.
6. „ Mammalia of Massachusets.
7. Anderson, Reisen in Afrika.
8. Annal. of Nat. hist. Vol. I. 1838. III. Ser. — Vol. I. u. IV. 1858. — Vol. VI. 1860.
9. Archiv für Naturgeschichte, Jahrg. III. 1837. B. I.
10. „ „ „ von Hilgendorff, Jahrg. LV. B. II.
11. Asiat. Research, Vol. XIX. 1836.
12. Ausland, das. — 1871, 1877-81, 1887, 1888, 1891.
13. Baird, Catalogue of the North American Mammals. 1857.
14. „ Mammals of Mexican bondary.
15. „ and Kennerly, Mammals, collect. in California.
16. Barth, Reisen in Afrika, B. I–V.
17. Belke, Sur le chat sauvage de Podolie.
18. Blanford, Eastern Persia, 1876, Zoology.
19. „ Fauna of british India, Ceylon and Bhurma. I. 1888.
20. „ The Second Yarkand Mission. 1879. Mammalia.
21. Blasius, Foetorius itatsi (Separatabdr. d. k. Ak. d. Wissenschaften, Berlin 1836).
22. „ Fauna der Wirbelthiere Deutschlands, B. I. Säugethiere. 1857.
23. „ Reise in das europäische Russland.
24. Bogdanow, M., Vögel und Säugethiere der Schwarzen Erde und des Wolgagebietes (russisch).
25. „ Fauna der Oase Chiwa und der Wüste Kisil-kum (russisch).
26. Brandt, Einige Bemerkungen über die Wirbelthiere des nördl. europ. Russland.

27. Brandt, Einige Worte über das Vorkommen der wilden Katze in Russland.
28. „ Beiträge zur näheren Kenntniss der Säugethiere Russlands. 1857.
29. „ Observations sur le Manul. Bull. Soc. Acad. Petersb. T. 9. 1842.
30. Brehm, Vom Nordpol zum Aequator. 1890.
31. „ Thierleben. 1887, B. I. 1890, 1891, Bd. I. II.
32. Brown, On the Mammalfauna of Greenland.
33. Brügger, Fauna von Chur (Naturg. Beiträge z. Kenntniss d. Umgebung von Chur).
34. Bruhin, Wirbelthiere Vorarlbergs.
35. Buch der Natur. 1863. B. I.
36. Büchner, Säugethiere der Gansu-Expedition 1884—1887.
37. Büttikofer, Reisebilder aus Liberia. 1890. B. I. II.
38. Bull. de la soc. imp. d. naturalistes de Moscou. 1840. 1841. 1848. 1853. 1867. 1892.
39. „ phys. math. de l'Acad. de St. Petersbourg. 1850. T. VIII.
40. Burmeister, Handbuch der Naturgeschichte. 1837.
41. „ Descript. phys. de la republ. Argentine, Mammifères.
42. „ Systematische Uebersicht der Thiere Brasiliens. 1854. I. Mammalia.
43. „ Erläuterungen zur Fauna Brasiliens.
44. Calcutta Journ. nat. hist. 1842. V. II.
45. Calderon, Vertebrados de España.
46. Cameron, Quer durch Afrika.
47. Cattaneo, Fauna de la Lombardia.
48. Charlesworth, Magaz. nat. hist. N. Ser. 1838. V. II.
49. Chenu, Encyclopédie d'histoire naturelle. Carnassiers. I. II. Paris.
50. Claus, Lehrbuch der Zoologie.
51. Commit. Lond. zool. Soc. 1832. II.
52. Cope, The genera of Felidae and Canidae.
53. Cornalia, Fauna d'Italia. Mammalia.
54. Costa, Mammiferi.
55. Coues, Furbearing Animals. 1871.
56. Cuvier, Le regne animal.
57. Dwigubsky, Primitiae faunae Mosquensis, neue Bearbeitung vom Congresscomité zu Moskau. 1892.
58. Elliot, A monograph of the Felidae. 1888.
59. Eversmann, Naturgeschichte des Orenburger Kreises (russisch).
60. Expedition al Rio Negro, Patagonia, Buenos Ayres. 1881.
61. Fatio, Vertebrés de la Suisse. 1869.
62. Finsch, Reise nach West-Sibirien.
63. Fitzinger, Untersuchungen über die Artberechtigung einiger mit *U. arctos* vereinigt gewesener Formen.

64. Fitzinger, Verzeichniss der Thiere der Novara-Expedition.
65. „ Revision der zur nat. Fam. der Katzen gehörenden Formen. 1868.
66. Flower and Lydekker. An introduction of the study of Mammals. 1891.
67. Frič, Die Wirbelthiere Böhmens. 1870.
68. Gebler, *Mustela alpina* (Separatabdr. aus: Bull. de la Soc. d. nat. de Moscou).
69. Gervais, Atlas der Zoologie. Paris 1844.
70. Giebel, Naturgeschichte. B. I. 1859.
71. Globus, der, Zeitschrift. Jahrg. 1854—1882. 1893.
72. Gray, Revision of Ursidae.
73. „ „ „ Viverridae.
74. „ „ „ genera and species of Mustelidae.
75. Gundlach, Catal. d. l. Mammiferos Cubanos.
76. Haidinger, Berichte, B. I. 1847.
77. Handwörterbuch der Zoologie, v. Knauer.
78. „ „ „ Anthropologie und Ethnographie von Jäger-Reichenow. B. I—VI.
79. Hildebrandt, Reise um die Welt.
80. Hoeven, van, Over het geslacht Icticyon van Lund.
81. Horsfield et Vigors, Observations sur *Felis maculata* et *F. nipalensis*, Feruss. Bull. 1830. T. 20.
82. Hugo, Deutsche Jagdzeitung. 1889—90.
83. Humboldt, Reisen. B. I. II.
84. „ Zeitschrift für die gesammten Naturwissenschaften. 1882—1890.
85. Jahreshefte des Vereins für vaterländische Naturkunde Württembergs. 1886. Jahrgang 42.
86. Jeitteles und Horvath, Wirbelthiere Ungarns.
87. Isis, 1824, 1830, 1834, 1835.
88. „ Zeitschrift für naturwissenschaftliche Liebhabereien. 1889.
89. Junker, Reisen in Afrika. 1892. B. I—III.
90. Lebedew, Geographie Russlands (russisch). 1885.
91. Lesson, Manuel de Mammalogie. Paris 1827.
92. Leunis, Synopsis der drei Naturreiche, Zoologie, B. I. 1883.
93. Lilljeborg, Sveriges och Norges Mammalia.
94. Livingstone, Reisen in Süd-Afrika.
95. Loche, Catalogue des mammifères de l'Algerie.
96. Macgillivray, Nat. hist. of british Quadrupeds.
97. Major, Beschreibung d. Amerikanischen Schulpe. Kiel 1668.
98. Mém. de l'Acad. d. Sc. de St. Petersbourg. 6 Sér. T. 9. sc. nat. T. 7. 1855. 7 Sér. T. XL. N. I.

99. Merriam, North American Fauna.
100. Middendorff, v., Zur Naturgesch. d. braunen Bären. St. Petersb. 1851 (russisch).
101. „ Sibirische Reise, B. II, Wirbelthiere. 1853.
102. Mittheilungen der deutschen Gesellschaft für Natur- und Völkerkunde Ost-Asiens, Tokio. 1891. B. V.
103. Mivart, Monographe of the Canidae. 1890.
104. Möbius, Die Thiergebiete der Erde, Archiv für Naturgeschichte. 1891. Heft 3.
105. Möllhausen, Reisen in den Felsengebirgen Nord-Amerikas. 1857.
106. Mohnicke, Pflanzen- und Thierleben der malayischen Inseln.
107. Müller, v., Reisen in Mexico, B. III, Fauna.
108. Murray, Vertebrate zoology of Sind.
109. „ The geographical distribution of Mammals. London 1866.
110. Museum d'histoire naturelle des Pays-Bas. Leide, I—VIII, IX, XI, XII.
111. Neue deutsche Jagdzeitung. 1889.
112. Nikolski, Fauna des Balchaschbeckens. 1887 (russisch).
113. „ Fauna der Halbinsel Krym (russisch). 1892.
114. „ „ „ Insel Sachalin. 1889 (russisch).
115. Notes from the royal zoological Museum of the Netherlands at Leyden. V. I—XIV.
116. Nouv. Mém. de la Soc. d. nat. de Moscou. 1855. I.
117. Novi Commentarii Acad. Petropol. 1749. T. 2. 1769. T. 16.
118. Ochotnitscha gazeta (Jagdzeitung — russisch). 1888. 1889.
119. Otto, Ueber die *Viverra hermaphrodita* Pall. 1835.
120. Pallas, Zoographia rosso-asiatica. 1811.
121. Pelzeln, Brasilische Säugethiere von Natterers Reise. Wien 1883.
122. Petermann's geographische Mittheilungen 1855—1887, Ergänzungshefte 9—53.
123. Peters, Säugethiere Ost-Afrikas.
124. „ Eine neue Bassaris (Monatsb. der Akademie der Wissenschaften. Berlin 1874, November).
125. Philosoph. Transact. 1723. N. 377. Vol. 32.
126. Pleske, Fauna von Kola (russisch). 1887.
127. Pogge, Im Reiche des Muat-Yamwo.
128. Pohlig, Die grossen Säugethiere der Diluvialzeit.
129. Priroda i schota (Natur und Jagd — russisch). 1876· 1878. 1885—1889.
130. „ (die Natur — russisch). 1876. B. III.
131. Proceed. L. zool. Soc. 1833—1839, 1842, 1850—1858, 1864, 1865, 1867—1892.
132. „ Acad. Nat. Sc. Philadelphia. 1879.
133. Przewalski, Reisen in Tibet und am Oberlaufe des Gelben Flusses.
134. „ „ „ der Mongolei und im Gebiete der Tanguten.
135. Radde, Fauna und Flora des Südwest-Caspigebietes.

136. Radde, Reise in Mingrelien.
137. „ Reise im Süden von Südost-Sibirien. 1862.
138. Rathke, Beiträge zur Fauna der Krym.
139. Reichenbach, Naturgeschichte der Säugethiere.
140. Reinhardt, Mephitis Westermanni. Kjöbenhavn 1857.
141. Reise des Prinzen Waldemar von Preussen in Indien 1845—1846.
142. Rengger, Säugethiere von Paraguay.
143. Rundschau, Deutsche, für Geographie und Statistik 1882, 1890, 1891.
144. Sabanejew, Die Wirbelthiere des südlichen Ural und ihre geographische Verbreitung. 1874 (russisch).
145. „ Der Zobel und sein Fang. 1875 (russisch).
146. Sarasin, Ergebnisse naturwissenschaftlicher Forschungen auf Ceylon.
147. Schinz, Systematisches Verzeichniss aller bekannten Säugethiere. 1844. 1845.
148. Schmidt, Jagd auf reissende Thiere in Indien. 1882.
149. Schreber, Säugethiere, fortgesetzt von Wagner.
150. Schrenk, Die Luchsarten des Nordens. Dorpat 1849.
151. „ Reise im Amurlande. I. 1858.
152. Schlosser, Die Beziehungen der ausgestorbenen Säugethiere zur Säugethierfauna der Gegenwart (Sklarek, 1891, Nr. 37).
153. Schütt, Reisen am Congo.
154. Schweder, Wirbelthiere der russischen Ostseeprovinzen.
155. Schweinfurth, G., Im Herzen von Afrika. I. II.
156. Sewerzow, Horizontale und verticale Ausbreitung d. Thiere Turkestans (russisch).
157. „ Fauna des Gouvernements Woronesch (russisch).
158. Sieboldt, Fauna japonica.
159. Simaschko, Fauna Russlands (russisch).
160. Sitzungsbericht der Gesellschaft naturforschender Freunde. Berlin 1886. Nr. 2.
161. Smuts, Enumeratio mammalium capensium.
162. Soyaux, Reisen in Afrika.
163. Struck, Säugethiere Mecklenburgs.
164. Stuxberg, A Faunan pä och kring Nowaja Semlja. Stockholm 1886.
165. Swinhoe, Mammals of China.
166. Transact. L. zool. Soc. 1841. V. II.
167. Trautzsch, System der Zoologie. 1890.
168. Trouessart, Conspect. system. et geograph. mammalium, IV. Carnivora. 1886.
169. „ Die geograph. Verbreitung der Thiere, deutsch von Marshall. 1892.
170. Tschudi, Reisen durch Süd-Amerika.
171. „ Thierleben der Alpen.
172. „ Fauna von Peru.

173. Verhandlungen der Berliner geographischen Gesellschaft. 1873. 1874.
174. Vogt und Specht, Die Säugethiere in Wort und Bild. 1883.
175. Wagner, Die geographische Verbreitung der Säugethiere.
176. Wallace, „ „ „ „ Thiere 1878 (deutsch von Meyer).
177. Weidmann, Der — 1891, 1892, 1893, 1894.
178. Westnik der Moskauer Acclimatisationsgesellschaft 1878 (russisch).
179. Wied, Prinz, Verzeichniss der in Nordamerika beobachteten Säugethiere 1862—1865.
180. „ „ Beiträge zur Naturgeschichte Brasiliens.
181. Wiegmann, Ueber die grossen gefleckten Katzenarten (Isis 1831, Separatabdruck).
182. Woropai, Notizen über die Jagd im Gouvernement Archangelsk, 1871 (russisch).
183. Zarudnoi, Recherches zoologiques dans la contrée Transcapienne, 1890.
184. Zeitschrift für allgemeine Erdkunde. 1854—1881.
185. „ „ wissenschaftliche Geographie. 1882.
186. Zelebor, Säugethiere der Novara-Expedition.
187. Zoologische Jahrbücher von Prof. Spengel, B. I—VI.
188. Zoologische Garten, Der — 1861—1892. 1894.
189. Zoology of the Herald-Expedition, Mammals.

---

Während des Druckes konnten wir noch einsehen:

190. Arbeit. d. St. Petersb. Naturforschergesellschaft 1886. T. XVII. Lief. 1.
191. Beiträge z. Kenntniss d. russ. Reichs, IV. Folge. B. I. St. Pet. 1893.
192. Congrès international de zoologie. 1892. Moscou.
193. Keller, Thiere d. class. Alterthums. 1887.
194. Nachrichten (Iswestia) d. Ges. von Freunden der Naturwissensch. zu Moskau. T. LXXXII. Zool. Abth. Bd. VIII. 1886. T. L. Lief. 1.
195. Sapiski (Notizen) d. russ. geogr. Gesell., sibir. Abth. IX. X. 1887. 1888.
196. „ d. uralischen Gesell. d. Naturf. T. XI. 1887. Jekaterinburg.
197. „ d. kais. Acad. d. Wiss. zu St. Petersb. T. LIV. T. LVI. Beilage 1.
198. The Annals and magazin of zoologie 1860. B. 5.
199. Thomas, O., on the Mammalia collet. by sign. L. Fea. Genova 1892.
200. Zusammenstellung der russischen zool. Literatur 1885—1889. Koshewnikow. Moskau 1893.
201. Wissenschaftliche Resultate von Przewalski's Reisen in Central-Asien von E. Büchner. Mammalia T. I. Heft 5.

# Alphabetisches Speciesregister.

# Nachträge.

Während der Drucklegung des Buches konnten noch einige Ergänzungen zu den Verbreitungsangaben für einzelne der behandelten Thiere, sowie auch eine neue Art notirt werden und bittet der Verfasser, dieselben vor Benutzung der Arbeit gehörigen Ortes einschieben zu wollen. Es ist nachzutragen unter

<table>
<tr><td>Nr. 3 für Viverra Zibetha L.</td><td rowspan="11">auf Palawan, Tambelan, Gross-Natuna, Labuan, Balabak, den Calamianes, Cuyo, Cogayan, Sulu, Sibutu, den Solombo- und Pater-Noster-Inseln.</td></tr>
<tr><td>„ 6 „ Prionodon gracilis Horsf.</td></tr>
<tr><td>„ 13 „ { Hemigalea Hartwickei Gray.<br>„ Hosei Thom.</td></tr>
<tr><td>„ 14 „ Arctogale leucotis Blanf.</td></tr>
<tr><td>„ 17 „ Paradoxurus hermophroditus Blanf.</td></tr>
<tr><td>„ 18 „ „ philippinensis Jourd.</td></tr>
<tr><td>„ 23 „ „ leucomystax Gray.</td></tr>
<tr><td>„ 25 „ Cynogale Bennetti Gray.</td></tr>
<tr><td>„ 36 „ Herpestes Smithi Blanf.</td></tr>
<tr><td>„ 41 „ „ semitorquatus Gray:</td></tr>
</table>

„ 63 „ *Felis tigris* L. das Synonym *F. tigris* var. *amurensis* Dode.

„ 64 „ „ *macroscelis* Temm.
„ 65 „ „ *marmorata* Martin. } auf Palawan, etc. etc., wie oben.

„ 67 „ „ *catus* L. in neuerer Zeit wieder sehr häufig in Tübingens Umgebung, bei Schönbuch, Herrenberg, Entringen, Einsiedel, Bebenhausen.

„ 74 „ „ *pardus* L. das Synonym *F. pardus antiquorum* Griff.

„ 75 „ „ *irbis* Wagn. in der südlichen Tetung-Kette, am Kunges, Juldus, in der Keria-Kette, dem Nan-schan südlich von der Oase Ssa-tschsheu.

Nr. 82 für *Felis scripta* A. Milne-Edw. im Süd-Tetung beim Kloster Tscheibsen.

„ 83 „ „ *planiceps* Vigors. auf Palawan etc. etc., wie oben.

„ 94 „ „ *shawiana* Blanf. am Lob-noor, Chotan-darja, im russischen Gebirge.

„ 95 „ „ *caudata* Gray. am Tarim und Lob-noor häufig.

Hinter Nr. 95 (*F. caudata* Gray.) muss eine neue, von E. Büchner beschriebene Art, welche Przewalski mitbrachte, folgen: *Felis pallida* Büchner. Sie wurde im Süd-Tetung, Gansu, erbeutet und heisst bei den Mongolen „mori-tschelessun".

Unter Nr. 97 für *Lynx vulgaris* A. Brehm. das Synonym *Lyncus tibetanus* Hodgs.

Unter Nr. 182 für *Putorius Sibiricus* Pall. zwischen Tengri-noor und Batang.

Unter Nr. 199 für *Lutra Canadensis* F. Cuv. Dixon- und Kotzebue-Sund, die Flüsse Noatak und Colville, das Rumjanzow-Gebirge auf Aljaska, die Aleuten.

Unter Nr. 210 für *Arctictis binturong* Temm. Palawan etc. etc., wie oben.

Auf Seite 138 ist aus Versehen des Verfassers bei der Correctur statt *Vulpes Denhami* — *Vulpes Deschami* stehen geblieben.